景观艺术构形
与文化空间之人类学研究

刘 朦 著

云南大学一流大学国家智库建设专项项目资助

科学出版社

北 京

内 容 简 介

本书采用艺术人类学的研究方法，将文化空间分为三类：仪式象征空间、文化认同空间和景观消费空间，并探求与之对应的三类建筑景观艺术构形在人类社会中的缘起、功能与意义，使读者深入理解景观艺术与人类社会的互动与互构，从而构建适合人类生存和发展的景观艺术。

本书适合建筑学、景观设计、人类学、民族学、城市规划等方向的研究者、爱好者阅读。

图书在版编目（CIP）数据

景观艺术构形与文化空间之人类学研究 / 刘朦著. —北京：科学出版社，2020.3

ISBN 978-7-03-062551-9

Ⅰ．①景⋯ Ⅱ．①刘⋯ Ⅲ．①景观设计－研究 Ⅳ．① TU983

中国版本图书馆 CIP 数据核字（2019）第 222563 号

责任编辑：沈力匀 / 责任校对：马英菊
责任印制：吕春珉 / 版式和封面设计：向语思

科学出版社 出版
北京东黄城根北街16号
邮政编码：100717
http://www.sciencep.com

三河市骏杰印刷有限公司 印刷

科学出版社发行　　各地新华书店经销

*

2020年3月第 一 版　　开本：787×1092 1/16
2020年9月第二次印刷　　印张：15 1/2
字数：380 000

定价：78.00元
（如有印装质量问题，我社负责调换〈骏杰〉）

销售部电话 010-62136230　编辑部电话 010-62135235

前　言

　　以往对居住环境的描述，大多基于地理学的范畴。随着人们生活水平和对居住要求的提高，"环境"一词似乎难以承载人们对居住的全部要求，于是，一个新兴的词汇——"景观"便出现了。实际上，景观也并不是一个全新的词汇，它从最早的表示土地、地域、地区等地理学的意义，到今天成为一个包罗万象的词汇，经历了一个漫长的演变过程。一方面，景观指的是风景、景色，后来衍生为具有一定美感的景象；另一方面，景观还是人们的居住地，人类学把它称为"地方"。可见，景观具有居住和观赏的双重功能，景观也因此天然包含了内在者和外在者的两重视角。

　　20世纪初，在德国一些著名地理学家的大力倡导下，景观逐渐摆脱了纯粹自然产物的概念，由指代区域、景色、自然等意义转为人文景观的综合体，成为文化的一种载体。

　　景观词义的演化过程，折射的是人们人生理念和生活内涵不断提升的历程。

　　当今，全球经济一体化进程日益加快，城市的功能越来越强，人们生活越来越便捷的同时，也出现了令人担忧的一系列问题。例如，在乡村振兴进程中，农村改造中样式统一的楼房、千村一面的景象，既不符合文化的多样性，又让庭院式、多样化的传统乡土建筑濒于消失。这些传统乡土建筑所代表的文化符号是唤起人们记忆、增强村民认同、激励民众前行的精神动力。乡村既是人们的生存空间，也是人们的生产和生活空间。在这个共同体内，基于人与人、人与自然、人与社会的长期互动和相互统一形成了独特的乡村文化。景观消费空间规模化改造所造成的文化内涵的变异，直接导致文化传承机制的紊乱，使传承机制出现断层或缺失，影响着年轻一代的价值判断与行为抉择。此外，在原生文化被搬上舞台的过程中，原生文化可能丧失其真实性，在前台表演与后台真实存在的矛盾中发生意义的流变。

　　景观艺术概念外延极广，从材料方面可划分为山、水、石、植物、人造物等类型，本书限于篇幅，无法一一讨论，因此选取最能体现人类智慧与能动性的建筑景观作为载体进行讨论。云南少数民族众多，地理、气候条件多样，其建筑也具有多元性、原生性及景观独特性等文化特征，既反映了人类与自然环境的和谐，也反映出各民族历史上不同的社会形态和家庭结构，以及各民族的文化差异、审美心理、宗教信仰以及对外来文化的兼收并蓄。由于云南的彝族、白族、纳西族、藏族、佤族的建筑景观各有特色，又相互影响，具有可比性，我们特别选取这几个少数民族作为范例。

　　景观涵盖的范围很广，本书聚焦于景观构形，包括形式和形式的形成两部分，尝试建立构形与构意之间的联系。构形不能离开空间来谈，从某种意义上来说，构形与空间是景观的两个方面，二者互为表里：构形展现为实体空间，空间则展现了构形的组成规则与缘由。空间既是一个物理概念，又是一个文化概念。由于文化的差异，不同的民族会形成不同的空间认知，继而形成不同的空间模式；同一民族因所处的地域不同，接受的文化不同，也会形成不同的空间模式。空间模式往往是形成构形的重要原因。因此，本书引入文化空间的概念，旨在探讨建筑景观艺术构形与文化空间人类学的关联，希望能更加立体、生动、全面地展现建筑景观艺术构形的形成及演变过程。

本书第二章借鉴汉字构形学方法，把建筑类景观艺术构形分为单体建筑景观艺术构形、合院式建筑景观艺术构形和聚落建筑景观艺术构形，并分别讨论其空间生成的特点及文化依据。

基于所选五个少数民族文化类型的不同，把文化空间分为三类：仪式象征空间、文化认同空间和景观消费空间，分别对应三类不同的建筑景观艺术构形，进而分析两者的人类学关联。由于仪式是云南一些少数民族日常生活中不可或缺的神圣性活动，生存空间也因此成为仪式象征的重要场所，通过象征—空间—构形三重关系的推演，一种基于仪式需要的建筑景观艺术构形得以产生。第三章通过仪式行为和神圣物对空间的塑造过程，分析仪式象征空间对建筑景观艺术构形产生的决定性影响。

汉代以后，云南与中原地区的联系开始建立，明清时期交流频繁，达到盛况。与此同时，佛教的传入对云南本土文化产生了巨大的影响。在这一多元文化交融的时期，云南本土文化呈现出对诸种外来文化的认同、互融的状貌，建筑景观艺术构形也因此发生了巨大的变革。第四章以白族、彝族为例分析其建筑景观艺术构形与文化认同空间的互塑，如对中原礼仪制度的认同产生了合院式建筑景观艺术构形，对佛教的认同产生了以寺塔为控制主体的寺院建筑景观艺术构形。

在当代景观社会背景下，文化深度减弱，文化空间走向平面化与同质化，消费与娱乐成为主流，消费空间与建筑景观艺术构形之间的内在精神关联减弱，这决定了二者之间的共谋与互动。在第五章，我们探讨了消费空间与建筑景观艺术构形的共谋。依据让·波德里亚把仿象分为仿造、仿真和仿象三个级别的理论，把消费空间分为狂欢空间、文本空间与符号消费空间，并探究它们的生产规律以及如何再生产出新的建筑景观艺术构形。

从文化空间层面解析建筑景观艺术构形只是一个初步的尝试，对建筑景观艺术构形与文化空间的分类也只是基于某个角度，并不能涵盖所有的建筑形态与文化空间类型。建筑景观艺术不仅是景色，还是人们生命的归宿，是一种包罗万象的复杂文本。建筑景观艺术构形是变化的结果，文化是促使变化的动力。我们认为，要恢复、重建或者创造独具民族文化特色的建筑，关键还在于对其所依托的文化的保持和传承。对于文化的保持和传承，关键在于对每一种文化所蕴含的对生活智慧的尊重和敬畏，既在原有村庄形态上改善居民生活条件；又传承历史文化，发展有地域特色、民族特点的美丽乡村。

感谢云南大学一流大学国家智库建设专项项目经费的资助，本书才得以出版。

书稿写作耗时五年，得到了很多人的帮助。首先，向我的博士生导师郑元者先生致以诚挚的敬意和感谢。先生学识渊博，对学术追求孜孜不倦，精益求精，其严谨的治学态度和坚韧的探索精神使我终身受益。在他的悉心指导下，我有幸在学术的道路上不断得以成长。其次，感谢在艰苦的田野调查过程中给了我很多帮助的人们，是他们的热情和无私让我最终获得了宝贵的第一手材料。再次，感谢我的丈夫陈文昆，在我最困顿和无助的时候，始终陪伴在我身边，坚定地支持我并给了我很多宝贵的建议。最后，感谢上海交通大学人文学院安琪副教授给书稿提出的宝贵意见。在本书的撰写过程中，参考了大量相关著作和论文，在此对相关作者表示衷心的感谢。

刘　朦

2020 年 2 月

目　　录

第一章

绪　　论

- 什么是景观？
- 什么是景观空间？
- 什么是建筑类型和建筑构形？
- 什么是文化空间？

随着经济全球化趋势的加强与现代化进程的加速，时空压缩，文化同质现象日趋严重，处于特定文化空间中的景观艺术正在慢慢消失。消失的建筑、改变的街区无不昭示着传统生活的逐渐远去，究其原因，文化空间的改变是致使其发生改变的根本原因。随着非物质文化遗产保护的深入，建筑景观艺术与文化空间的互动关系被诸多学者关注，他们试图找出一种妥善的方法来保护这些即将消亡的建筑文化遗存。

建筑景观不能脱离其具体的生成环境，生成环境可以置换为文化空间。不同的文化群体，通过对周围环境的适应、改造等实践，表达出自己的意识观念、认知结构，形成一套独具一格的景观语言和景观符号。

第一节　景观、建筑类型、建筑构形与文化空间概念释义

一、景观词义

景观（landscape）的古英语形式为 landscipe、landscaef、landskipe，其与古日耳曼语系的同源词有古高地德语 lantscaf、古挪威语 landskapr、中古荷兰语 landscap 等，这些词通常表示"地理"，与土地、乡间、地域、地区或区域等相关（林广思，2006），而与自然风光和景色无关。正如地理学家索尔指出的那样，早期景观（landscape）的词义与地区意义相近，是一个实证主义的研究工具。

在景观概念的演进过程中，风景画的兴起发挥了巨大作用。作为风景的景观（landscape）概念来自于荷兰语的景观（landschap），意味着人类对土地的占有，并将其视为值得描述的迷人事物。16世纪，荷兰语的景观（landschap）作为描述自然景色特别是田园景色的绘画术语引入英语，演变为现代英语的景观（landscape）一词，指大陆自然风景或者乡村风景绘画。这一时期，景观开始作为主观、客观的统一体被普遍地认识和理解。文艺复兴时期，城市逐渐繁荣，打破了人类与自然的原始关系，土地与人分离而成为商品和资源，乡村成为城市的景观，乡村美景带给人们莫大的快乐。由此，景观这一词的语义重心，从作为视觉对象的大地，转移到这一视觉对象所带给人的体验——美感上来。从文艺复兴开始，景观便奠定了其基本内涵——审美性，景观被描述为一幅画中的土地，一处从单一、固定视角所看到的带有隐含边框、导向外部观者的景色。

19世纪中叶，近代地理学创始人之一、德国的亚历山大·冯·洪堡将景观（landscaft，德文）作为一个科学术语引入地理学中，并将其定义为"某个地球区域内的总体特征"，而这也正与景观（landscape）这个词的"包含地面上一切可见的地域特征"的现代含义相一致。

综上所述，景观（landscape）的词义经历了四个阶段的演变：

第一个阶段，景观表示地域、地区等地理概念，与自然风光和景色无关。

第二个阶段，景观演变为描述自然景色的绘画的词汇，景观的可视性开始出现。

第三个阶段，景观作为风景、景致，成为被观看的对象，景观的审美性得到重视。

第四个阶段，景观作为一个科学术语引入地理学科。德国地理学家亚历山大·冯·洪堡对景观的定义，意味着地理学的景观概念逐渐形成。

对于景观到底是客观事物还是主观事物这一核心问题的争论导致了景观词义的混乱。20世纪初，景观因其词义的模糊性退出了地理学学科，而被人文地理学科所采纳。

人文地理学科关注的是地方对人的意义，很明显受到了存在主义和现象学的影响。以索尔为代表的人文地理学者将景观（landscape）定义为：一个由自然形式和文化形式的突出结合所构成的区域（曹逢甫等，1983）。至此，景观开始向文化景观概念演进。德国地理学家施吕特尔提出了文化景观与自然景观的区别，并把文化景观当作从自然景观演化来的现象加以研究。在索尔、施吕特尔的倡导下，景观由指代区域、景色、自然等意义转为人文景观的综合体，成为文化的一种载体，而不再只是反映物。在人文地理学家看来，景观不仅是景色，还是一种包罗万象的复杂文本。景观的研究也开始与更多的人文活动相结合。

中文的景观一开始便在地理学、建筑学、园林设计领域获得其词义生长的空间，景观被定义为具有地表可见景象的综合和某个限定区域的双重含义（肖笃宁，2004）。由于环境保护、城市发展等的需要，很多地方越来越重视建筑景观艺术的建设，于是景观在自然地理、人文地理等领域得到长足发展，逐渐演变为一个集地理、人文、艺术为一体的综合体。

景观与不同学科的结合，又衍生出很多新的学科，下面我们列举景观（landscape）与各学科结合的情况。

1. 景观生态学（landscape ecology）

景观生态学一词由德国著名生物地理学家卡尔·特罗尔提出，这一学派把景观看成一个复合型的生态圈层，关注它的空间结构和历史演替，注重从其功能方面进行研究。自此，景观概念被引入生态学并形成景观生态学。我国景观生态学研究从1989年召开的第一次全国景观生态学术讨论会后已得到学者们的广泛关注。

2. 风景园林学（landscape architecture, L. A.）

Landscape architecture 中文翻译为风景园林学，但它与建筑学（architecture）所指的"风景园林学"含义大不相同。俞孔坚认为，人文景观层面的风景园林学是用有生命的材料和与植物群落、自然生态系统有关的材料进行设计的艺术和科学的综合学科，而建筑学层面的风景园林学则是用无生命的材料进行设计的艺术和科学的综合学科（俞孔坚，1987）。因此，不能把两者混为一体，风景园林学应该是指更为广义上的对地球表层、大地、国土进行规划的工作。

3．大地规划（landscape design planning，L. P.）

1986 年，孙筱祥在国际大地规划教育学术会议上提出了要为 landscape architecture 和 landscape planning 正名的问题，引起了很大的反响。他认为，L. A. 和 L. P. 来源于 landscape gardening（风景造园）、landscape design（风景设计或景观设计）的基础之上，既有继承又有新的发展。他指出国内很多翻译的谬误，如"景观设计""景观规划""地景建筑""地景设计"，这样容易把园林与大地规划等属于中国景观元素核心的概念通通抛弃，其结果势必本末倒置。因此，真正要做的是回归到风景造园和风景设计这两个层面（孙筱祥，2005），他赞同英国杰列科爵士对 landscape architecture 的经典定义：为了世界各国人民的长远健康、幸福和欢乐，必须依靠人类与其生存环境和谐相处，以及明智地利用自然资源，并且译为"大地规划与风景园林"。

至于 landscape architecture 和 landscape planning 的区别，孙筱祥解释为，landscape architecture 通常作为学科，landscape planning 则指代具体的规划设计和方案。

4．景观美学（landscape aesthetics）

随着景观逐渐从地理背景中凸显出来，众学者开始关注景观本身蕴含的意义及美感。美国宾夕法尼亚大学城市与地域布局专业博士史蒂文·布拉萨在《景观美学》一书中指出，景观跟一般的审美对象（如艺术作品）在许多方面存在差异，人们对于它们的审美经验和欣赏方式也十分不同。因此有必要对"景观"和"审美"两个概念进行澄清。史蒂文·布拉萨认为，景观的特殊之处在于：景观既可以作为观察的对象，但又不可能成为一个观察对象，因为人们就身处于其中（史蒂文·布拉萨，2008）。他提出应从生物法则、文化规则和个人策略三个方面来解释景观审美问题。《景观美学》可谓是把景观作为审美对象来探讨的代表作。美国长岛大学教授、世界美学协会的会长阿诺德·柏林特在《生活在景观中：走向一种环境美学》中讲道：景观包含着人的直观感受，强调人的生命体验，是一个综合性的概念，而环境则指的是人生活于其中的自然，强调与人主观相对的客观性（阿诺德·柏林特，2006）。

5．景观艺术（landscape art）

不管是景观生态学，还是景观设计，都无不具有审美怡情、赏心悦目的内涵。因此，艺术性作为景观的内在特质成为景观研究中一个重要的方面，景观如不具有艺术效果也不能称其为景观。在中国，景观艺术学往往与景观设计学相一致。俞孔坚认为，景观艺术并非古老造园术的延续，而是生存的艺术和"监护"土地的艺术。如此看来，景观艺术明显不同于其他艺术种类之处就在于：它不是一门简单的设计艺术门类，而是与人的生存息息相关，关乎于人栖居于大地上最高精神层面需求的体现（俞孔坚，2006）。

中国目前正处于城市和乡村景观兴建的历史过程中，以人为本，关注人的生存权益与生活质量成为城市建设的一个重要议题。于是，景观艺术在今天获得了极大的关注和重视。

景观艺术在中国的历史渊源可追溯到 3000 年前，中国的景观艺术历史就是中国园林艺术的发展历史。虽然中国的景观艺术早已存在，但是作为一个术语，现代意义上的景观艺术却起源于西方。

景观艺术究竟如何界定？在《中国景观艺术研究现状及展望》一文中写道：景观艺术是体现建筑与科学结合的实践性设计艺术，既包括理性的科学分析，又包括感性的审美创造，是功能性和审美性、技术性和艺术性的结合，是一种涉及面非常广的综合艺术（周武忠，2009）。更多谈论景观艺术的著作或论文，却直接把景观艺术等同于园林艺术。另外，由于景观与艺术分属于不同的学科，合并后究竟属于哪一个学科还难做定论。周武忠认为，景观艺术作为一个偏正短语，重点无疑落在"艺术"二字之上，强调的是景观的艺术性，因此，应属于艺术范畴下的一个门类。然而在很多艺术分类范畴中，并没有提到景观艺术（周武忠，2009）。

由此可见，景观艺术无论是在认知上，还是在学科属性上都没有形成统一的看法，在实际研究中，这个术语也不加界定地被广泛运用。因而，本书把景观艺术界定为一定的社会意识形态和审美理想在景观形式上的反映。景观艺术运用山石、水体、植物、建筑以及形状、色彩和质感等景观语言构成特定的艺术形象，形成一个较为集中而典型的审美整体，以表达时代精神和社会物质的风貌。

我们把景观艺术视为大众所公认的有形的、集中了人类审美理想与创造力的视觉景观。根据构成景观材料的不同，把景观分为山石景观、水体景观、植物景观、建筑景观等。由于建筑景观最能体现人类的意识形态、审美理念及创造精神，与人类生存息息相关，因此本书选取建筑景观作为探讨对象。建筑景观，即大众眼中具有艺术性、美感的建筑物及其周围生态环境的综合体。它包括一切人为的建筑作品，如桥梁、庙宇、寺院、民居、碑、亭等。

景观的另一个词 spectacle 出现于 14 世纪中期，意为"展览"。追溯词源可知，spectacle 早期表动词的词语 spectare，有"查看、观察"之意。随后，spectacle 也意指景象、展览、表演、观看、查看，具备动词和名词的双重词性，强调"看"和"公开性"。从动词 spectare 演变为名词 spectacle，其中含有深刻的矛盾性。若一个词同时具备动词和名词双重词性，当把它作为动词使用时，动作得到了强调；作为名词使用时，名词指代的事物便得以突出。动词向名词的演变，说明观看动作在弱化，而观看对象则越来越重要。

如此一来，spectacle 便始终与"看"的行为相联系。另外，spectacle

图 1-1　居伊·德波《景观社会》

与 theatre（剧场）、spectator（观众）两个词有密切的关系，一方面说明 spectacle 具有公开性、展示性与参与性，表演场所的地位得到重视；另一方面作为看的主体，观众的位置也被凸显出来，这其中暗含了一种权力的影响。

现代景观概念是随着土地与它的使用者相分离后开始出现的。换句话说，土地不再是人赖以生存的环境，而变成观看的对象。土地变成了生产的另一种要素，一种资本形式，对它的所有者和使用者没有特殊意义，也没有特殊联系。当代法国著名思想家、批评家、先锋实验电影大师、情境主义国际创始人居伊·德波在《景观社会》（图 1-1）中深刻阐释了景观的这一含义，他认为土地与它的使用者已经分离，人与土地的关系变成人与景观的关系。景观变成真实的存在，而真实的存在却已成为景观的存在（居伊·德波，2017）。

居伊·德波认为，景观是一个泛化的概念，指代一切社会景观：离裂于物质生产过程的现代资本主义意识形态性的总体视觉图景。本书中的景观概念部分借用了居伊·德波的理论。通过对景观本质的揭露和批判，居伊·德波引入了一种认识周围世界的新眼光。景观不再是一种被展示的客观事项，而是一种存在论意义上的本真。景观的存在是对社会本真的遮蔽。他还进一步揭示，景观具有强权性，它的存在意味着对观看主体的消解。因此，景观表面看是去政治化的，实际上内含有深刻的隐形控制（居伊·德波，2017）。

W. J. T. 米切尔主编的《风景与权力》一书，提倡不仅要追问风景"是"或者"意味着"什么，还要追问风景"做"什么，它作为一种文化实践如何起作用？W. J. T. 米切尔提出：风景不仅标志或者象征权力关系，还是文化权力的工具，甚至是权力的手段，不受人的意愿所支配。风景作为一种意识形态的工具，已不再是一个中性的概念，而是人的主观再造物，是权力关系的象征。虽然风景与景观界定不同，但两者都体现出权力的介入，景观同样也体现着权力的意志，包裹着意识形态的渗透（W. J. T. 米切尔，2014）。

在当下社会中，景观更多地显示为图像。通过图像表现的有关世界的视觉经验、摄影、广告和橱窗正重塑着人们的感官和经验。日常生活中到处充斥着影像，影像成为另一种真实，比真实更真。法国巴黎大学社会学教授、后结构主义者、社会学家让·波德里亚称之为拟像（simulation）。拟像是通过一种没有本源或真实性的现实模型来生产的，它是一种超现实。拟像与再现相对立，再现来自于符号与实在的同一性原则，而拟像则是来自于作为价值的符号的彻底否定。在拟像中，符号无物可依（雅克·拉康等，2005）。

毋庸置疑，当今时代最大的特点为视觉至上。而所谓的"视觉性"并不是简单的物的形象性和可见性，而是一个包括看的主体、看的客体、看的行为、看的策略与动机在内的运作体系。

综上所述，运用景观概念时需注意以下几个层面：首先，景观概念是随着资本主义土地所有制的发展而出现的，它预示着人与土地的紧密联系被切断，土地成为一种资本形式，成为被观看的对象，成为景观。其次，对景观艺术的判定涉及外在者与内在者的双重视角，对外在者而言，景观是一种被观看的风景，而对于内在者而言，景观却是赖以生存的环境。按照景观人类学的看法，景观艺术对于内在者等同于地方与风景，对于外在者来说，则等同于空间。因此，即便是同样的景观艺术，对于不同的人会有不同的意义。最后，由于景观在后现代语境中，衍生成为一种存在论意义上的本真，从而脱离了具象而走向哲学层面，因此，本书在最后一章采用了哲学意义上的景观含义，用以探讨景观空间中实体景观的变迁问题。

二、建筑类型

意大利建筑学家阿尔托·罗西说过："建筑类型是建筑的原则。"

什么是建筑类型？建筑类型即是对相同形式构造和相同特性的一组建筑对象的归纳和分类。在西方，对于建筑类型学的研究开始于 18 世纪中期，代表人物有意大利建筑师 A. 洛杰尔、法国建筑师 J. F. 布朗戴尔、法国建筑理论家德·昆西、意大利艺术史学家 G. C. 阿尔甘、意大利建筑师罗西等。19 世纪建筑类型学得到全面的发展，成为系统化的理论和方法。

（一）A. 洛杰尔：建筑的类型与起源

A. 洛杰尔认为建筑的原初形态是茅屋，而建筑的原则主要依循于自然，与任何文化、社会结构无关，他认为原始人建造"遮蔽物"实际上就是遵守依照自然的原则。然而，建筑类型这个概念具有不明确性和模糊性。正是这种模糊性产生了有关建筑起源的争论，即建筑类型究竟是上帝设计的（诸如所罗门神庙），还是大自然构造的原始遮蔽物（茅屋）。建筑类型由上帝设计的观点被那些具有宗教信仰的建筑师所拥护，他们认为建筑的每个尺度和要素都是具有象征主义的类型；建筑是自然的构造物的观点则被唯物主义者所认可。

（二）J. F. 布朗戴尔：建筑类型与特征

类型最早的词意是印记或图形，专指印刷符号。每一个事物都有属于其个体的独特印记。当谈到建筑类型时，它不仅意味着对原始建筑的确认，最终目标也不仅意味着对神庙或棚屋的复原，还包括对其特殊性（那种人们第一眼便可识别其形式特殊性）的辨识。

法国建筑师 J. F. 布朗戴尔认为，不同种类的建筑生产都应该具有每座建筑特殊意向的印记。每座建筑都应该具有一种特征，特征决定普遍的形式。这种普遍的形式表明它是一种什么样的建筑，并且依据具体情况可以适当变更，而不应该坚持一种严格的建筑类型学。

（三）德·昆西：建筑原型、模式与类型的定义

法国建筑理论家德·昆西对建筑类型的界定广为人知。他认为，建筑类型并不意味着是对事物形象的抄袭和完美的模仿，形成模式的法则，建筑模式是对事物原本的重复，而建筑类型则是人们据此能勾画出种种作品而毫不类似的对象。就建筑模式来说，一切都精确明晰，而建筑类型多少有些模糊不清。因此，建筑类型所模拟的总是情感和精神所认可的事物（沈克宁，2006）。从此定义可以看到建筑类型与建筑模式的关系，建筑类型是比建筑模式更为抽象的规则——建筑的组织原理，是一种内在的精神。德·昆西的界定成为创立和完善建筑类型学理论的关键。

比较建筑类型与建筑模式，前者是后者制定的规则，不可完全复制与模仿；后者则是一种可复制的对象。在建筑模式中，一切都是精确和给定的，而在建筑类型中，所有的内容都具有或多或少的模糊性。

最终，德·昆西将建筑类型界定为"某物的根源"。他认为建筑类型应是思想的隐喻，这种隐喻激发了可变因素。因此，德·昆西认为建筑类型可以由如下词汇来描述：起源、转变和发明创新。所以，建筑类型表达了与建筑原型相连的永恒性特征。

（四）G. C. 阿尔甘：再解读

意大利艺术史学家 G. C. 阿尔甘在德·昆西的类型理论基础上发展了建筑类型的理念。他认为，建筑类型并不是一成不变的，而是可添加的，在历史的发展过程中，在其固有的本质特征上不断添加新的元素，从而使其功能也发生相应的改变。G. C. 阿尔甘还认为建筑模式和建筑原型是不容变化的概念。因此，考察建筑类型时应加入历史和实践的因素。相对于德·昆西较为抽象的建筑类型界定，G. C. 阿尔甘的界定加入了历史与实践的考量。建筑类型不再是如德·昆西所说的一个模糊、不确定的形式，而是一种具有抽象原则的内在结构的具体变化。

（五）罗西：主体的引入

意大利建筑师罗西将理性、逻辑、自主建筑与自传性、个人化和集体记忆结合的思想引入建筑中。他认为建筑的本质是文化习俗的结

晶，保持相对恒定的文化基因进入到建筑中，即成为建筑类型。

在罗西看来，建筑类型是按人类需要和对美的渴望而发生的。一种特定的建筑类型是一种生活方式与一种形式的结合，尽管它们的具体形态会因不同的生活方式而有很大的差异（沈克宁，2006）。罗西的理论超然于传统与现代之争，他认为现代建筑与传统建筑有着一系列共同的基本原型，从看似复杂多变的建筑形体到简单纯一的几何原型中都可提取出来，并存在于集体记忆之中，而古典精神即是指建筑类型与自然和人文景观间同构关系的一种永恒性（常青，1992）。

从以上各家的"建筑类型"说我们可以看到，由于侧重点不同，建筑类型的界定有着一定的差异：有的认为建筑类型是永恒不变的，有的认为是可变的；有的认为建筑类型是模糊不定的，有的却认为建筑类型是和具体历史情境、实用功能相结合的产物。但无论如何，有一条主线是不变的，那就是类型的概念是建筑的基础，它是永久而复杂的，是先于形式且是构成形式逻辑的原则。例如，如果北京四合院的形式是所有四合院形式的"元"类型，那么北京四合院就是某种确定了的概念，这种概念是人们从无数种四合院的变化中总结出来的。根据这个概念，人们仍然可以设计出千变万化、形态各异的四合院。每一种建筑类型的生成都与其特定的历史情境、自然环境、人文因素息息相关，较之自然环境，人文因素对建筑类型的影响力度似乎更大一些。本书借鉴建筑学上对建筑类型的划分方法，以建筑构形作为划分云南少数民族建筑景观艺术构形的基础，尝试揭示每一种建筑景观艺术构形包含的文化内涵。

三、建筑构形

汉字构形学认为，汉字属于表意文字体系，即要根据所表达的意义来构形。例如，图 1-2 所示甲骨文"天"，其正面为人形，突出人的头部，表示头顶。

汉字形体中可分析的意义信息，来源于造字者的造字意图，称之为构意。构意一旦被群体所公认，便成为约定俗成的可分析的客体。造字依据因社会约定而与字形稳定地结合在一起，它是汉字表意性质的体现（王宁，2002）。汉字表意性质的主要依据，就是因意而构形的

图 1-2 甲骨文"天"

特点，所以，说明一个汉字的形体必须包括构形和构意两个部分。对构形的分析直接关系到对构意的认知，也就是涉及对汉字的科学讲解。

建筑构形关乎建筑类型的成立及释义，只有熟知建筑形式的构形原理、过程、方法及原因，才能理解每一种建筑类型的内涵。而建筑构形的演变也可以帮助我们了解建筑类型在不同历史时期经由原型演化出无数变体的过程。

因此，借鉴汉字构形学的理论对建筑构形进行分析的原因有以下几点：

（1）虽然建筑构形不似汉字那样是纯粹表意的，但在构造建筑时首先是满足功能性需求，以何种形式建造在很大程度上还是依赖于构意。最初的建造意图便是建筑构意，最初建造的形式便是建筑类型（建筑原型），在这一层面，建筑构形与汉字的构形方法颇为相似。

（2）对建筑构形的研究并不是简单的描述，而是通过对建筑构件的形式、意义、组合方式等系统论述，体现建筑构形的构建从"意"到"形"的过程，与汉字构形学的主旨相同。

（3）要认识每一种建筑构形，必须要将其放置在历时和共时两种时间维度上进行分析，使其置于"形"的历史系统中。这也是汉字构形学所主张的研究方法。

我们不仅要考察某个少数民族建筑景观艺术构形的形成、发展与变迁，还要考察不同民族建筑景观艺术构形的互动影响，从人类学角度探讨建筑景观艺术构形产生及变迁的内外因素，如此，才能最终阐明建筑景观艺术构形与构意之间的关系。

中国建筑的常规分类方法有两种：按功能分和按主要形式特征分。中国建筑按功能可分为楼、阁、亭、塔、台、宫室、民居、寺庙、园林等；按主要形式特征可分为干栏式、井干式、合院式等。

一方面，上述第二种分类方法虽然能够非常形象地让人感知到每一种类型建筑的形式特色，但此种方法并不能很好地反映出建筑的"意"如何体现了"形"，并且以建筑的主要形式特征来进行类型划分未免使其定义变得模糊不清。例如，土掌房的定义为"在密楞上铺柴草抹泥的平顶式夯土房屋"，凡是有这样特征的建筑理应都归为这一类，那么，干栏式建筑、井干式建筑都有夯土平顶，能否仅因屋顶的建盖方式相似就将其归为这一类？如若不能，要怎样分类才更为精准？如果说干栏式建筑最基本的特征就是底层架空，主要居住面位于楼面，至于用什么方式将底层架空则无一定之规……如果仅仅因为以桩、柱作为下部支撑的情况较为常见，就将其他支撑结构排除在外，显然有失公允。

另一方面，建筑学所划分的结构类型并没有规定它只能出现于某一种特定的建筑类型中。正如穿斗式结构可以出现在干栏式建筑中一样，井干式结构又何尝不能出现在干栏式建筑中？不弄清这一点，就会在概念上模糊不清，将建筑类型与结构类型混为一谈（杨昌鸣，2004）。如果把井干式或者干栏式作为一种建筑类型，则无法说清它们彼此或与其他类型相混合的情况。例如，黑龙江下游的高里特人的谷仓称为干栏式建筑，这种房子下部立长柱，上部为原木构成的井干式壁体，而我们不能因为其上部结构为井干式就将这种"其脚甚高"的建筑排斥在干栏式建筑之外（杨昌鸣，2004）。此类问题已经引起一些建筑学专家的注意和讨论，但最终还是没能解决。

我们无意于探究建筑类型如何划分最为合理，只是想从"意"和"形"之间的关系去探讨建筑景观艺术构形的形成，从而探寻个体建筑的构成方式和建筑构形的总体系统中所包含的规律。

四、文化空间

建筑构形与空间共生共存。建筑是有关于空间的界定与围合，而空间则被建筑所占据和填充。不同文化的人，对空间的认知、感受、记忆皆不同，可见，空间不仅隶属于物理学、地理学范畴，还关乎社会学、宗教学、心理学、人类学、艺术学。因此，这里引出一个重要的概念——文化空间。

（一）文化空间的理论渊源

在西方，文化空间概念有着漫长的历史。20世纪以前，西方空间概念的主流是形而上学性质的。古希腊哲学家亚里士多德和英国物理学家牛顿的空间理论属于自然哲学范畴，18世纪德国哲学家康德的空间理念增加了人的认识角度，他认为空间是存在于人心中的感性的直观形式。18世纪德国哲学家黑格尔对空间进行了辩证的讨论。19世纪以后，理性哲学衰微，人的直觉、感知、意识受到重视。以法国哲学家亨利·柏格森的生命哲学为代表，认为物理时间不再真实，而只有每个人体验到的时间才是真实的时间。在亨利·柏格森看来，时间/空间，对应于意识/身体，意识是超越人体的、非空间的，意味着绝对的自由；而身体则具有空间性，属于会消亡、被限制的成分。此后，西方哲人对空间的研究便加入了身体的考量。英国经验主义哲学家乔治·贝克莱从视觉和触觉入手分析了空间知觉，让乔治·贝克莱感到困惑的是，既然视觉是认知这个世界的窗口，但人不能看到空间深度，注定客观世界无法被眼睛所看到，于是就出现了物象与视觉的悖论。20世纪法国哲学家莫里斯·梅洛·庞蒂解决了这个问题，他认为问题的关键不在于怀疑知觉是否可靠，而是要摈弃所谓的"客观世界"。在他看来，空间性就在这个作为绝对的出发点的肉身主体的"身处于"中展示出来（宁晓萌，2006）。没有纯粹脱离人身体而存在的客观世界。基于此，莫里斯·梅洛·庞蒂把空间分为身体空间、客观空间和知觉空间，知觉空间正是前两种空间的交叉地带。然而，莫里斯·梅洛·庞蒂理论的局限性在于对原始人空间解释的失效。

随着 18、19 世纪来自不同民族地区人类学田野报告的增多，原始人对空间的认识开始出现在人们的视野中。相比现代人对空间的理解，原始人的空间是一个行动的领域，是一个实用的空间，与我们的空间并无区别。但是当原始人的这种空间成为被描写和被反省思维的对象时，就产生了一种特别原始的观念，它从本质上不同于任何理智化的描述。对原始人来说，空间是与主体密切相连的，它更多的是一个表达感情的具体概念，而不是具有丰富文化的人所认为的那种抽象空间。人们逐渐意识到，并不能说原始人的空间观念是落后的，只是所属的文化体系不同（抽象与具体的分野）而已。因此，在 20 世纪初期，空间研究开始转向具有文化特质的象征空间领域。德国人类学家恩斯特·卡西尔是代表人物，他提出了"神话空间"概念，指出神话空间与纯认知的抽象空间相似的地方在于，两者都是均质空间，而在神话空间中，每一种质的区别似乎都有空间性外观，而每一空间性外观的区别都是并始终是质的区别（恩斯特·卡西尔，1992）。在此基础上，恩斯特·卡西尔发展了空间的"符号"和"表现"理论。他主张从人类的行为空间或实用空间中还原出象征人无限创造性能力的"符号的空间"。

综上所述，西方对空间的认知经历了地理空间—知觉空间—象征空间的转向，虽然未明确提出文化空间，但这个概念已经初露端倪。

（二）文化空间作为词汇的最早出现

20 世纪以后，空间与文化的结合更加紧密和广泛。德国哲学家马丁·海德格尔从存在论意义上论空间，法国哲学家米歇尔·福柯论空间的权力显现，当代法国极具国际性影响的思想大师之一皮埃尔·布尔迪厄的文化场域论，西方著名宗教史家米尔恰·伊利亚德的神圣空间，人类学家维克多·特纳的仪式象征空间等，无不从各个方面深刻地开拓着文化空间的内涵和外延。在人类学中，文化反而是透过空间来建构着"社会"共有的象征与概念。

在社会学领域，对空间的探讨也是非常广泛与深入的。法国思想大师亨利·列斐伏尔，法国哲学家、社会思想家米歇尔·福柯，英国社会理论家和社会学家安东尼·吉登斯，法国学者米歇尔·德塞托，美国学者爱德华·W. 索亚，法国思想家居伊·德波等都对社会空间进行了深刻的阐释。

亨利·列斐伏尔把空间视为社会的产物，他认为空间并不是某种与意识形态和政治保持着遥远距离的科学对象。相反，它永远是政治性和策略性的……空间是政治的、意识形态的（亨利·列斐伏尔，

1991）。他将空间分为物理空间、精神空间与社会空间三类。社会空间有多种形式，它们之间互相叠加、相互缠绕地存在着，并显现出明显的差异性。这种差异空间将重新界定人的需求、身体、身份、认知和欲望。空间实践、空间表征、表征空间构成社会空间的三元辩证组合。亨利·列斐伏尔试图缝合空间实践、空间表征、表征空间三个空间类型，不再把空间当作一个孤立的对象，而是把空间统一在社会生产理论之下进行研究。在《空间的生产》中，他把社会空间分为诸多种类，其中一类就是文化空间，这大概是文化空间作为词汇的第一次提出。

米歇尔·福柯的《规训与惩罚：监狱的诞生》以全景敞式监狱为例，深刻剖析了权力如何作用于空间，以及如何通过建筑模式来惩罚人的身体和心灵（米歇尔·福柯，2003）。皮埃尔·布尔迪厄则认为空间是"关系的系统"，空间等同于场域，"场域"是他的创新，既是指一种静态的关系构形，又是指一种动态的力学博弈。而能影响场域构形类型的便是他的另一个核心概念——惯习。安东尼·吉登斯在《现代性与自我认同：晚期现代中的自我与社会》中指出：时间与空间的分离首先表现为时间的虚空维度的发展，其次表现为时间和空间的虚空过程对现代性推动力的第二重影响，即对社会制度的抽离化来说是至关重要的（安东尼·吉登斯，1998）。所以，要理解现代性必须建立于时空延伸及分离基础之上。米歇尔·德塞托则用日常空间实践的方式来抵抗对空间的宏大叙事，他认为平凡的个人也有可能创造出与制度化相对立的空间，他把这样的空间称为"战术空间"。他部分接受了亨利·列斐伏尔和境遇主义国际的观点，把日常化作为对抗生活日益同质化、景观化、商品化的趋势，认为人可以通过行动创造出空间。

美国后现代主义理论家弗雷德里克·詹姆逊认为，后现代社会的重要特征就是一切都转向空间化。因此，时间体验（存在论的时间以及深度记忆）被看作是高级的现代性的主导因素，而空间范畴和空间逻辑则主导着后现代社会（包亚明，2003）。他认为后现代的一个特征为全球化，全球化不再是一个单纯的经济、政治和社会学问题，它同时也是一个文化认同问题，这一文化认同问题与全球化所造成的时间、空间观念上的剧变是联系在一起的。全球化全面影响着我们的生活，改变着我们的文化，因此，与全球化紧密相关的消费主义，需要从文化的角度进行讨论。这是因为消费的真正本质不仅在于人与物品之间的关系，也在于人与集体、与世界之间的关系，是一种系统性的活动和全面性的回应。正是基于这一消费观点，文化体系的整体才得以建立。因而，全球化带来的影响主要是通过大众媒体与大众文化来渗透的。

美国当代著名后现代地理学家爱德华·W. 索亚认为，人类从根本上来说是空间的存在者，人类主体自身即是一个单独的空间性单位（爱德华·W.索亚，2005），人类自身与周围空间发生着互塑。爱德华·W.索亚提出了"第三空间"的概念，试图涵盖并逾越亨利·列斐伏尔的二元空间层面，呈现出较大的开放性。爱德华·W.索亚对以"国际风格派"[1]为代表的现代主义进行了严厉批判，从而思考空间、地点、方位、建筑、景观、文化、环境、区域之间的相互关联是什么，这具有很强的理论与实践意义。

（三）联合国教育、科学及文化组织的定义

"文化空间"由联合国教育、科学及文化组织（以下简称联合国教科文组织）在1998年《人类口头和非物质遗产代表作条例》（以下简称《条例》）中首次提出，并作为非物质遗产的两大类型之一。《条例》明确指出，作为非物质文化遗产的"文化空间"指的是"人类学的概念"。

文化空间是对文化遗产深入认知后的产物。文化遗产包括物质类文化遗产和非物质类文化遗产。物质类文化遗产主要指古建筑、古遗址等不可移动的文物，还包括实物类等可移动的文物，以及历史街区等。非物质类文化遗产（intangible cultural heritage）联合国教科文组织表述为：各民族阶段性成果以及他们继承和发展的知识、能力和创造力，他们所创造的产品以及他们赖以繁衍生息的资源、空间和其他社会及自然层面；这种历史亮点使现存的群体感受到一种承继先辈的意识，并对确认文化身份以及保护人类文化多样性和创造力具有重要的意义（邹启山，2005）。

乌丙安认为文化空间概念的提出和在非物质文化遗产保护中的广泛应用，是人类学文化圈理论和方法在21世纪的创造性的新发展（乌丙安，2009）。彭兆荣等认为文化空间是用人类学标准界定的非物质文化遗产的一个重要概念（彭兆荣等，2008）。

非物质文化遗产有两种表现形式：一种是有规可循的文化表现形式，如音乐或戏剧表演，传统习俗或各类节庆仪式；另一种是文化空间，这种空间可确定为民间和传统文化活动的集中地域，但也可确定为具有周期性或事件性的特定时间；这种具有时间和实体的空间之所以存在，是因为它是文化现象的传统表现场所（邹启山，2005）。

因文化空间定义在不断变化，因此表述各有不同。联合国教科文组织官员爱德蒙·木卡拉将文化空间定义为：文化空间指的是某个民

---

[1] 国际风格派，简称风格派，是伴随着现代建筑中的功能主义及其机器美学理论应运而生的。这个流派反对虚伪的装饰，强调形式服务于功能，追求室内空间开敞、内外通透，设计自由、不受承重墙限制，被称为流动的空间。室内的墙面、地面、天花板、家具、陈设乃至灯具、器皿等，均以简洁的造型、光洁的质地、精细的工艺为主要特征。

间传统文化活动集中的地区或某种特定的文化事件所选的时间。中华人民共和国国务院办公厅（简称国务院办公厅）的界定为：定期举行传统文化活动或集中展现传统文化表现形式的场所，兼具时间性和空间性。这一界定与国际的概念界定基本一致。

北京大学高丙中教授认为文化空间属于人类学范畴，它是体现意义、价值的场所、场景。景观，由场所与意义符号、价值载体共同构成，而文化空间中的关键意旨为具有核心象征的文化空间。核心象征是指一个社会因其文化独特性表现于某种象征物或意象，通过它可以把握一种文化的基本内容。有核心象征的文化空间应区别于一般的文化空间，它具有集中体现价值的符号，并被成员所认知，是共同体的集体意识的基础。一个社会是否稳定，主要取决于文化空间里面是否有核心象征的文化空间（关昕，2007）。

文化空间的概念、内涵的不易界定，使其在具体使用中出现许多模糊不清的地方。它既不是实体也不是非实体的概念（邹启山，2005），更不是文化＋空间的模式，而是人类在特定时空内所创造的文化成果的总和，它是时间、空间、文化一体化的总体形式。所以，文化空间的特征可表现为以下几个方面：

（1）文化空间既指自然空间，也泛指人生活着的社会空间，着重指与文化相关联的空间形式。

（2）只有有人类存在的空间才能称为人类学意义上的文化空间，才是非物质类文化遗产的文化空间（向云驹，2009），否则，就只能视为物质类文化遗产。

（3）文化空间与特定时间相关。例如，联合国教科文组织规定的具有"周期性或事件性的特定时间"，就是具有时间性的空间，傣族的"泼水节"、佤族的"摸你黑"就属于此类文化空间，其反映了特定民族的岁时观念和历史观念，周期性、反复性、循环性、仪典性是时间性文化空间的重要特征（向云驹，2008）。

（4）文化空间属于非物质类文化遗产中的一种。非物质类文化遗产的分类方法几乎对传统文化无所不涉，具有混沌性、交叉性和分散性，不能突出某一特定族群的集体性创造特征。文化空间则填补了这一缺憾，不但关注非物质类文化遗产的形态，并且是以某一地域和族群为核心，重视其族群性和整体性，比如把一首民歌或一段舞蹈放入具体的生成环境中加以考察。

文化空间的核心要素是什么？什么样的空间才能称为文化空间？

首先，文化意义的承载是最为核心的一点，即空间需包含文化内涵和意义；其次，空间是场所与意义符号的结合。文化意义不仅是抽象的存在，它还经过符号化蔓延到物象；最后，文化意义还体现出某种价值取向和情感依恋。因此，文化空间是指某一族群或某一文化共同体进行文化实践的时空范围，由场所与意义符号构成，体现了集体的认同、情感与价值取向。文化空间依托于自然空间，有其边界与形貌。同时，文化空间又是一个抽象的空间概念，是观念、意识、心理、情感的投射，蕴含着特定历史阶段人类对空间的认知和感应。

近年来，随着人们对文化空间认识的深化，国内外对文化空间的争议越来越大，包括定义、范围、类型、状态等都难以达成共识，主要分歧在于文化空间是非物质类文化遗产的一种类型还是一种研究视角，由此带来狭义的文化空间和广义的文化空间的不同界定。狭义的文化空间认为应严格遵守联合国教科文组织的定义和界定，不能走向泛化，否则失去了其存在的意义。广义的文化空间论认为一切文化现象都是文化空间。诚然，广义的文化空间论过于泛化不可取，但那种仅将文化空间视为非物质类文化遗产一种类型的观点已不能容纳这么多的主题和内容。因此，我们倾向于把文化空间视为一种研究视角，这样它可以进入更多的研究领域和更大的知识体系。

第二节　云南少数民族建筑景观
艺术研究历史沿革

20世纪中后期，随着我国对边疆地区少数民族建筑普查工作的展开，众多学者从不同角度对少数民族建筑类景观艺术进行了研究。

一、建筑学视野下的研究

这一类研究基于建筑学视角，针对建筑形式、特征及审美特点进行描述，中间穿插一些文化成因方面的探讨，但多为背景资料粗略带过，并没有详细地论述文化与建筑之间的关联。

关于云南少数民族建筑的专著如下：云南省设计院《云南民居》编写组编写的《云南民居》(1986)，斯心直著的《西南民族建筑研究》(1992)，王翠兰、陈谋德主编的《云南民居 续篇》(1993)，大理白族自治州城建局、云南工学院建筑系编著的《云南大理白族建筑》(1994)，张增祺著的《云南建筑史》(1999)，赵勤著的《大理喜洲白族民居建筑群》(1999)，朱良文编著的《丽江古城与纳西族民居(第2版)》(2005)，丁立平、曹荆著的《丽江古城》(2006)；李春生主编的《藏族民居》(2007)，翟辉、柏文峰、王丽红编著的《云南藏族民居》(2008)，宾慧中著的《中国白族民居营造技艺》(2011)。

此外，还有许多散见于其他类型的著作或文章中的零星论述。研究体例一般为：先陈述自然环境和文化背景，然后就建筑本身讨论平面布局、构造、立面、材料、装饰等。

　　其中，斯心直的《西南民族建筑研究》突破了建筑学一般采用的路径，没有依次描述每一个民族的建筑样式，而是对与建筑相关联的社会、文化事项进行一一对应分析，使之呈现出建筑形式受到外部原因影响的清晰脉络。此外，该书还采用了比较手法，注重各个民族之间的比较，如彝族、纳西族、藏族、傈僳族、白族等在建筑立面、色彩和装饰等的不同点和共同点；同一民族不同时间阶段的比较，把同一民族的所有建筑形式罗列出来，一一描述分析，让人清晰、直观地看到一个民族建筑类型的发展和变迁。

　　讨论建筑艺术不能脱离建筑本身，只有对建筑类型、结构、布局等充分了解之后才能触及它的艺术性，因此，上述著作虽然没有太多涉及艺术方面的问题，但却为我们的研究奠定了坚实的基础。

二、文化视野下的研究

　　20 世纪文化地理学的兴起和风行，使得文化与建筑形态的关系受到了空前的重视。其中，最负盛名的是美国当代著名建筑学家阿摩斯·拉普卜特的《宅形与文化》，该书的核心内容为宅形（house form）。这里所说的宅形并非指的是住屋的外观和形状，而是指空间形态，包括格局、朝向、装饰、造型、象征等，讨论的重点在于宅形形成的众多因素。阿摩斯·拉普卜特认为，气候并非是决定宅形的先决因素，他提出这样的问题："气候区只有少数几个，为什么反倒发展出这么多住屋形式呢？"他认为，除了气候因素，还有反气候的因素。在决定住屋的宅形上，非物质因素往往是首要的。因为物质上的"可为"总是要受到文化上"不可为"的反制（阿摩斯·拉普卜特，2007）。在该书第三章"社会文化的因素与住屋的形式"中大篇幅讨论了文化与宅形的关系。当然他并未做出文化决定论的简化判断。阿摩斯·拉普卜特的《宅形与文化》可谓是开启了建筑学上专题讨论文化与宅形的先河，对后世相关研究产生了重要的影响（常青，2010）。

　　20 世纪初，我国出版了一大批在文化视野下进行建筑艺术构形研究的专著。例如，郭东风著的《彝族建筑文化探源：兼论建筑原型及营构深层观念》（1996），蒋高宸著的《云南民族住屋文化》（1997），杨大禹著的《云南少数民族住屋形式与文化研究》（1997），段炳昌等编的《多彩凝重的交响乐章：云南民族建筑》（2000），江净帆著的《空间之融：喜洲白族传统民居的教化功能研究》（2011），杨宇振著的《中国西南地域建筑文化》（2003），杨昌鸣著的《东南亚与中国西南少数民族建筑文化探析》（2004），胡人虎主编的《大理建筑文化论》（2006），王鲁民、吕诗佳著的《建构丽江：秩序·形态·方法》（2013）。

　　其中，蒋高宸、杨大禹的著作，关注于人对居住环境的适应和选择，试图揭示人在历史中的选择依据，以及在其中文化所起到的决定作用是什么。郭东风的著作较为深入地分析了彝族建筑的文化来源，追溯了居住原型，认为"同、柱、势"是形成彝族建筑及聚落模式的深层观念，具有很强的文化论意味。杨昌鸣则把视野放在整个东南亚少数民族建筑之上，力求进行文化之间的对比，试图找出形式之间的联系因素。王鲁民的研究因为年代较晚，所以视角颇具现代感，他以秩序、形态和方法为主线，勾勒出丽江从城市前期到非物质文化遗产期的发展历程，并对聚落及建筑形态的形成因素做了深入而细致的剖析，这是目前研究丽江建筑景观艺术较有新意的一部著作。

三、人类学视野下的研究

在西方，建筑人类学视角主要包括社会人类学和景观人类学两个维度。从社会人类学视角出发，重点讨论的是权力、生产关系、市场力量等对建筑形式产生的影响，着眼点在于解释建筑空间格局形成的社会学原因，或用前者来印证后者的形塑力度，借此来说明一种社会关系的组织维度。对住宅形制、空间布置及空间象征意义等进行了颇有深度的研究。路易斯·摩尔根所著《美洲土著的房屋和家庭生活》（1881）以易洛魁的长屋作为研究对象，涉及了建筑与人类社会生活和文化之间的诸多关系问题。如他指出居住形态与家庭生活息息相关，两者之关联共同反映了人类的文明发展史。再有，建筑结构、形式、材料与周围环境、气候、人们的迁居心理都有着密切联系。路易斯·摩尔根关于建筑的人类学研究在当时并未受到重视和发展，直到20世纪中后期才被社会建筑学、居住人类学、建筑人类学及景观人类学等所接受和发扬。

景观人类学是20世纪90年代兴起的一门学科，是"写文化"反思在景观领域的延展。代表作有：赫希和奥汉隆主编的论文集 *The Anthropology of Landscape*：*Perspsctives on Place and Space*（1995），本德尔编撰的 *Landscape*：*Politicals and Perspective*（1992）。从此，景观不再作为背景出现，而是成为书写的对象，成为研究地方社会人文历史必不可少的一个环节。景观人类学是指用人类学整体观的研究视角，采取田野调查的方法，对景观（自然景观、人文景观）的样貌、形态、结构、属性等做出的细致考察，研究其形成的原因、动力、功能、价值及意义。景观人类学对地方与空间、一次性景观与二次性景观进行了区分，指出一次性景观＝地方＝风景，二次性景观＝空间，在此基础上形成了建构论和生产论两大派别。

用人类学整体观来看待景观，有以下几个特征：

（1）景观的形与色：由于地方环境的不同，景观的形态也各异，如聚落或者城市。

（2）景观的结构与循环：人与环境互动中形成了人地关系与生态理念。

（3）景观的认知与符号：表现为人们对景观的理解与解读，个人与集体的记忆及认同，景观上呈现出的权力关系等（葛荣玲，2014a）。

景观人类学对建筑景观的研究注重以下两方面：

（1）外部观察者如何描述环境并塑造各社会的景观意象。

（2）当地人在各个生活场域如何按照文化观念和传统惯例认知环境（河合洋尚，2013）。

日本学者河合洋尚利用景观人类学的方法对中国广州西关、客家建筑等进行了深入的分析。河合洋尚反思了景观人类学的理论建构，认为生产论和建构论都存在一定的局限和片面，从而提出借用自然科学中的"多相（multi-phase）"的理念来解释景观形成的力学，并将这两个以上的内含自律色彩的景观称为"结构色景观（landscape as structural colors）"（刘正爱，2016）。

目前，景观人类学的学科视野和方法都较为前沿，展现了新的学术动力。

20世纪末至21世纪初，风景也备受关注，并与人类学的问题相结合。美国学者温迪·J.达比所著《风景与认同：英国民族与阶级地理》（图1-3）认为风景的建构与认同具有相关性，风景不再是僵硬的画框之作，而是形成于人们的身体活动及其由此引发的观念认同（温迪·J.达比，2011）。美国学者W.J.T.米切尔所著《风景与权力》认为，风景不仅表示或者象征权力关系，还是文化权力的工具，甚至是权力的手段，不受人的意愿所支配（W.J.T.米切尔，2014）。

图1-3 温迪·J.达比《风景与认同：英国民族与阶级地理》

在中国，建筑人类学的倡导者常青认为，建筑人类学的首要目标是为建筑历史与理论研究提供一种方法论补充，从文化生态进化的高度重新认识传统建筑的内在价值与意义所在（常青，1992）。建筑人类学不是简单地对传统建筑进行注解，而是要力求发展出建筑的精神向度，这也是建筑（architecture）与房屋（building）的根本区别。

高芸著的《中国云南的傣族民居》（2003）、杨晓著的《人类学视野中的剑川白族民居》（2012）是两部青年学者的人类学专著，分别以人类学视角对傣族民居和白族民居进行了深入的分析。高芸在研究中提出了以下几个问题：居住和举行宗教仪式的不同功能如何反映在远古的民居中？民居中的空间分隔如何反映出社会中的社会关系？社会的发展变化是怎样影响傣族民居所映射的世界观和宇宙观的？从中可以看到人类学的提问和思考方式。杨晓的论著从文化人类学视角研究剑川白族民居，透过物质层面探寻精神层面的人类学内涵，重在揭示以民居为载体的白族文化精髓。《人类学视野中的剑川白族民居》从传统婚姻家庭制度、仪式、信仰和人居观念等方面进行了有益的探讨，使对白族民居建筑的描述脱离了以往只见物不见人的惯常写法。基于以上研究成果，我们继续做了更深入的调查和解析。

以建筑人类学为主导，综合多个相关学科研究成果在当前已成为一大趋势和主流，特别是在人类学研究空间转向以后，空间问题便成了建筑领域的热门话题。

其中谷家荣、张海超两位青年学者的研究颇具代表性。谷家荣对彝族建筑的研究主要包括以下论文：《简论云南彝族土掌房的文化内涵：写在云南石屏县麻栗树村土掌房调研之后》（2004），《空间化的彝族民居文化：以云南麻栗树村的土掌房为个案》（2006），《人类学视野下的中国村庄表述》（2012）。张海超对白族建筑的研究有：《家户领域内空间的分割、象征与仪式安置：大理传统家屋考察》（2010），《空间视角下的白族本主庙与村庄的宗教生活》（2011）。谷家荣和张海超都采用了人类学的方法研究少数民族建筑，以"空间"视角切入，着重探讨建筑空间的内核、结构及划分，与仪式、礼教、象征、神圣等文化事项关联起来，从而使少数民族建筑研究获得了全新阐释。

石硕对藏族碉楼的研究主要有：《隐藏的神性：藏彝走廊中的碉楼——从民族志材料看碉楼起源的原初意义与功能》（2008）。这篇文章从历史的角度对碉楼起源进行了有益的探讨，对我们探索建筑景观艺术构形的起源给予了启发。

桂榕、吕宛青的研究《旅游：生活空间与民族文化的旅游化保护——以西双版纳傣族园为例》（2012）、《符号表征与主客同位景观：民族文化旅游空间的一种后现代性——以"彝人古镇"为例》（2013），以当代旅游空间为背景，关注民族建筑在其中发生的改变，认为建筑景观已脱离原有的文化空间走向符号化阶段，从而探索对其的保护之道。

上述专著和论文充分运用了人类学的方法，对云南少数民族建筑的多个方面做了探讨，但还是缺乏把建筑看成是艺术景观的角度，因此讨论的重点多属于社会学、民族学、旅游学等学科范围，并没有很好地揭示建筑景观艺术生成的过程。

四、非物质类文化遗产保护视野下的研究

自我国提出非物质类文化遗产保护政策以来，众多学者将研究视野投向保护少数民族村寨文化空间的方面。例如，李益长、黄晚、伊漪的《海西发展背景下闽东畲族村寨文化的开发与建构》（2017），武

其楠的《贵州民族村寨文化旅游商品创新开发研究：以贵州施洞镇塘龙寨为例》（2016），余压芳、刘建浩的《论西南少数民族村寨中的"文化空间"》（2011），陆祥宇的《稻作传统与哈尼梯田文化景观保护研究》（2011），杨雪吟的《生态人类学与文化空间保护：以云南民族传统文化保护区为例》（2007），他们从文化空间视野对民族村寨保护性措施进行了探讨，但这些研究也只是把文化空间当作一个背景和概念来运用，而并没有说明文化空间的内涵是什么，更没有把保护文化空间的措施落实到具体层面。

五、景观艺术视野下的研究

还有一类研究不是直接针对云南少数民族建筑景观进行的，而是偏向于园林景观艺术设计，如刘志强著的《景观艺术设计》（2006）、胡升高编著的《欧洲城市景观艺术》（2002）、顾小玲著的《景观设计艺术设计篇》（2004）等。中国知网搜索可搜集到百余篇相关论文，但几乎都是关于景观设计或园林设计的，发文者的单位也基本属于园林、建筑学领域，发表媒体也集中于建筑、科技、艺术等学术期刊和综合性学报。

本书的研究对象为建筑景观艺术构形，但区别于以往建筑学中只见"物"不见"人"，社会学中只见"关系"不见"艺术"，景观设计学中只见"景观造型"不见"文化"的做法，引入文化空间的概念，旨在以人类学的视角，揭示建筑景观艺术构形与文化空间的关联，从而使建筑景观艺术的形态、成因、演变及意义得以更为鲜活、丰满地呈现。全书以建筑景观为例进行讨论，确认空间是建筑的主角，构形形成空间并被空间所塑造，空间不仅是物质形态，还与特定的文化紧密相连，即所谓的文化空间。其中研究涉及以下几种关系：

（1）建筑构形与空间的关系。建筑构形与空间是建筑的两个必不可少的层面。建筑构形是内部空间的外在反映，空间则体现了建筑构形的组成规则。

（2）文化空间与实体空间的关联。文化空间有赖于实体空间，存在于实体空间中却又不局限于此，而是人类学范畴下的空间形态。实体空间是一种物质性空间，文化空间则是一种由意义符号、价值载体构成的体现意义、价值的场所、场景和景观，其关键意旨是具有核心象征性。

（3）建筑景观艺术构形与文化空间的关联。一方面，建筑景观艺术作为文化空间的具象载体，其构形反映了空间的组织意图、观念及意义；另一方面，建筑景观艺术构形反过来成为文化空间认同不可缺少的元素。

　　所以，我们希望通过田野调查和文化分析，探究存在于云南少数民族建筑景观艺术构形之后的文化空间，以及文化空间与建筑景观艺术构形之间的关系；通过阐释存在于特定文化空间中的建筑景观艺术构形之间的意义体系、建构过程及所蕴藉的精神期待，为当下建立属于普通人有尊严、充满记忆的文化空间做出努力。

第二章

云南少数民族建筑景观艺术构形分类

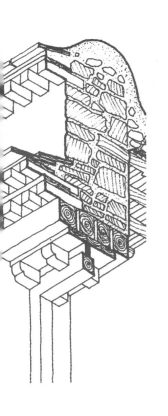

- ❧ 建筑景观艺术构形分类的依据是什么？
- ❧ 建筑构形与空间的关系是什么？
- ❧ 建筑构意带来哪些建造意图信息？用何种手段区分相似建筑和不同建筑？

　　建筑构件是划分建筑类型的最小单位。本书以建筑构件为基础将云南少数民族建筑景观艺术构形分为三大类：单体建筑、合院式建筑和聚落。

借鉴汉字构形学的观点，建筑构形是指建筑中采用了哪些建筑构件，其数目是多少，所用拼合的方式和放置的位置又是如何，等等。建筑构意则是指这种建筑构形体现了何种建造意图、带来了哪些意义信息，又采用了何种手段来区别相似建筑和不同建筑的。

建筑构件是建筑构形的基础单位，是组成建筑的重要部分。建筑构件在构造建筑时往往体现一定的建筑构意，因此，我们把建筑构件作为划分建筑类型的最小单位。当建筑构件作为一级单位时，其接合可构成单体建筑；当单体建筑作为二级单位时，其组合可构成带院落的建筑，即合院式建筑；当一定区域内的单体建筑、合院式建筑以及道路、桥梁等作为三级单位时，其聚合可构成更大的建筑群，即聚落。基于此，本书把云南少数民族建筑景观艺术构形分为三大类：单体建筑、合院式建筑和聚落。

（1）单体建筑。单体建筑是指由建筑构件构成的一个完整建筑单元。在传统建筑中，具有承重功能的建筑构件是整个建筑的基点与核心，因此承重构件可作为划分单体建筑类型的依据。根据承重构件的形式、意义与接合方式，单体建筑类型分为四类：以柱承重的纵向构架、以壁体承重的层叠式构架、以壁体加柱梁承重的内框架构架和以间架为支撑的横向构架。

（2）合院式建筑。合院式建筑是由几个单体建筑围合而成，中间形成空地——院落。各单体建筑之间存在一定的联系性和秩序性，且每个单体建筑有着不同的象征意义。

（3）聚落。聚落由一系列属于同一个区域内的建筑群组成，表现为街、村、镇、城等形式。不同的聚落具有迥异的建筑形式和建筑构意。

在这三种类型的基础上，依据"形"与"意"的互构，建筑类型还可继续划分下去。

与汉字构形不同的是，建筑构形还涉及一个重要概念——空间。节奏、尺度、均衡、体量等，若不赋予决定建筑特有的实在内容，即空间，那它们必定仍然是空泛的（布鲁诺·赛维，2006）。可以说，空间是建筑的主角，没有空间就不称其为建筑。建筑构形与空间几乎同步生成，是一个硬币的两面。每一种建筑构形都有其独特的空间模式，空间所代表的意义也各不相同，考察空间模式与文化意义的生成，有助于加深对建筑构形的理解。

事实上，任何一种分类方法都不可能是精确的，因为从不同的角度来划分建筑构形就会得到不同的建筑类型。各建筑类型之间往往相互包容或重叠，没有一种描述可以穷尽所有的类型。本书暂时规避了从材料、外形或是某个主要特征进行建筑类型的划分，化繁为简，其最终目的不在于做建筑学上的精细讨论，而在于研究建筑构形与构意之间的关联。

第一节　单体建筑景观艺术构形
分类与空间生成

　　单体建筑中，以柱承重的纵向构架体现的是柱与脊檩的接合；以壁体承重的层叠式构架体现的是壁体与椽桁的接合；以壁体加柱梁承重的内框架构架体现的是壁体与柱梁的接合；以间架为支撑的横向构架体现的是梁与柱的接合。

　　四种建筑景观艺术构形产生四种不同的建筑空间模式，而其建筑空间模式所代表的意义也各不相同。建筑构形、建筑空间与建筑类型的关系可梳理为：建筑构形产生了建筑空间，建筑空间模式决定了建筑类型，建筑类型使得建筑构形逐渐固化和规范化。建筑空间具有物理和文化的双重属性，建筑空间固然受限于自然条件，但更多则是文化的产物。所以，通过了解建筑空间如何生成的文化因由，可以帮助我们更好地了解建筑景观艺术构形划分的意义。

一、单体建筑空间生成与文化因由

　　我们将上述四类单体建筑构形产生的四种不同的建筑空间分别称为间、明堂、柱间、礼仪空间。

1. 纵向构架与间的生成

　　中国古建筑的间指的是两柱之间的距离，后来演变成四柱间的距离。这种特有的柱分布的构架制式，成为建筑平面配置的一个重要依据。凡四柱之中的面积，都称为间，间是建筑平面上最小的单位，建筑物的大小是以间的大小与多寡而定（梁思成，1981）。间之长者为宽，间之短者为深；左右两柱轴线之宽称为面宽，前后柱轴线之深称为进深。间数的计算方法等于柱数－1。由此可见，纵向构架对屋顶的支撑衍生了开间的建筑空间概念和建筑的构成方式（张宏，2006）。

　　日本建筑深受中国建筑的影响，在间的概念和设置上和中国古建筑有着原初的一致性。在日本，间的最初形态始于人们企盼神灵降临空间的指示方式。人们为了呼唤这些神灵的降临，就有了最原始的仪式——在地上竖立四根木棒并以绳索相连，围出一个方形空间，中央竖立一根柱子，作为神灵附着之处，这就是引导神灵降临的指示场所，称之为"神篱"，这也是日本空间分隔方式的雏形。以四点划定一个空间，一根草绳相连形同栅栏，日本建筑空间的构成手法正是起源于此。尽管这是一个虚构的空间，但在日本人看来，神总是出现在洞之中的（潘力，2009）。由此可以反观中国最早的间的生成的文化依据，即对空间赋予了较为虚幻的意象以及想要依托这样的"空洞"来召唤神灵的愿望，两柱之间形成的间更多地表示一个虚无的空间而非实体，注重的是超感体验而非安居的需求。

值得注意的是，柱在间架结构形成过程中起着重要的作用。起初，柱并不是独立存在的，当其从木骨泥墙中分离出来，才成为了单独的建筑构件。柱的独立，推动了梁柱构架的发展。柱在整个建筑构架中的结构意义和构件角色的明确，标志着建筑结构技术的一个突破性进步（刘临安，1997），也由此推动了建筑纵向构架向横向构架的转变。从文化传承意义上来看，中国人的四柱间是"四极""四象"的一个象征。在云南少数民族建筑中，柱的寓意性很强，随着建筑横向结构取代了纵向结构，柱也逐渐脱离了力学构件而变为象征性的角色。

2. 层叠式构架与明堂

层叠式构架的构架空间由四壁围合而成，封闭的建筑空间类型可追溯到远古时代的穴居。比之纵向构架分隔的建筑空间而言，层叠式构架形成的建筑空间尺度要大一些，并且更为方正。《营造法式》指出，殿堂结构的形成与层叠式构架相关。如果从意识形态因素追溯，则体现为中心对称构图[1]在高等级建筑中的延续，而明堂式建筑构图是反映建筑物居中、近似中心对称的构图方式（肖旻，2002）。

明堂是中原地区建筑最高等级的核心空间，最早来源于原始聚落的"大房子"。那时明堂的形状是一个上圆下方、四面无壁的建筑，中心对称是明堂建筑构图重要的特点。明堂式构图突出中心的构图方法与早期原始宗教意识形态存有某种共通性，它意味着人对于自然的挑战和崇拜，反映的是人与自然的二元对立，与西方的建筑构意是相似的（肖旻，2002）。

例如，武则天在洛阳所建的明堂，高大宽敞，显示了明堂向高台建筑发展的趋势。建筑高台的目的是为了与神沟通，后世则转化为象征帝王权力合法性的标志。高台建筑起源于夏代，盛行于战国，是权势的象征。秦汉以后，高台向高楼转变。在《汉书·郊祀志》中有较详细的记载："立神明台、井干楼高五十丈，辇道相属焉。"张衡在《西京赋》云："'井干叠而百层'即谓此楼也。"层叠式构架建筑——井干式建筑遂发展成了大规模的高楼式建筑，为当时统治者大规模使用。

层叠式构架形成的空间尺度较大、方正，讲究中心对称，符合皇家建筑的需要，同时其结构的稳定性与寓意的神圣性决定了它向高台式建筑发展的趋势。追本溯源，在原始祭祀活动中，对中间位

---

〔1〕 即类似明堂的构图形式。

置的肯定和推崇，使人们能够确立地方和中央的概念。因此，层叠式构架几乎从一开始起就充满了意识形态的色彩，成为神圣与权势的象征。

3．壁体加柱梁承重的内框架构架与柱间

夏、商、周三代，夯筑技术与土木混合结构已趋于成熟，原始的木骨泥墙发展为木骨版筑墙，其建筑空间生成方式来源于半穴居的建造方式。据考古发现，半穴居房屋的建造程序为：先挖墙槽，再逐层夯筑形成生活面，低于室外的地面，然后在墙槽内挖出半地穴墙槽，在半地穴墙槽内立柱，再以棕色土夯筑地穴墙体至与半地穴墙槽齐平，再夯筑墙壁，完成整个木结构，最后架设房顶（李新伟等，2005）。

墙在建筑中起到的承重作用明显是受到层叠式构架思维的影响。层叠式构架多出现于北方建筑，战乱引起的北人南迁致使北方充满意识形态的思想向南方渗透，南方建筑纵向构架自然受到层叠式构架的影响，从而形成两种形式的互融。

以云南藏族内框架建筑构架来看，柱和四壁构成柱间，以柱间作为基本单元扩展为单体建筑和群体建筑。柱间的"间"的概念与汉族不同。汉族是以屋顶所覆盖的梁柱结合的整体空间为间，藏族则是以四壁以内的空间为间，前面冠之以柱子的数量，如一柱间、二柱间等，四根柱子便可为厅、堂。室内无柱，如住宅厨房后面无柱的小贮藏室称半间。从象征层面看，柱间充分显现了藏族崇柱的观念。在空间的组织和群体组合方面也有别于汉族古建筑通过轴线和廊道等手段来加以组织和"软接"，而是通过柱间形成的每一个单体建筑，以特定的建筑空间为核心，顺应地势或已建现状进行难度较大的"硬接"（杨永生等，2007）。

可以看出，柱间是北方建筑文化传播到南方后的产物，柱间反映的是以实体——柱子为中心的建筑空间模式，与汉族以虚无为中心的间恰好相反。

4．抬梁式构架与礼仪空间

纵向构架向横向构架发展，是早期传统木结构体系发展的一个特点。抬梁式构架的出现不能简单归结为技术发展的结果，而是政治、文化等因素影响下南北建筑文化交融的产物。图 2-1 为藏族抬梁式房屋结构。

纵向构架用料少、稳定性差、建筑空间狭小，与帝王追求永恒、宏伟的意图不相符，高级别建筑一般都不采用此法。此

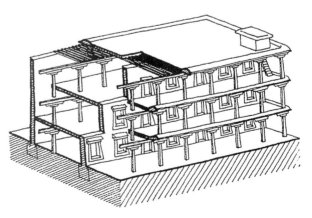

图 2-1　藏族抬梁式房屋结构

外，层叠式构架因用料太多、建筑空间狭小，同样无法产生高大宏伟的建筑空间效果，也逐渐被淘汰。鉴于此，抬梁式构架充分吸收二者的优点，利用层叠式构架的结构以及穿斗式构架的榫卯做法，形成一种新的横向构架方法。

宋代以来，横向构架已成为我国建筑主流。之后，建筑的抬梁式构架逐渐被白族、纳西族等汉化程度较高的民族所采纳。抬梁式构架的建筑空间具有极强的礼仪功能，因而形成了一种礼仪空间。在丽江，府第、寺庙的殿（堂）一般会使用抬梁式构架，普通民居以及寺庙的辅助用房则往往使用抬梁式和穿斗式构架并用的结构方式。这里不仅反映出当时建筑结构和建筑空间形态方面的需求，也预示着当时礼仪活动需求和对上位文化的认同（王鲁民等，2013）。

综上所述，不同建筑构形生成不同的建筑空间模式，建筑构形的发展、演变使建筑空间模式也随之变化。建筑空间除具有物理形态以外，还富有很强的文化寓意与象征意义。建筑空间的文化寓意与象征意义一旦被群体所认同，便会对建筑空间模式形成固化和强化。下面我们对单体建筑的四种建筑构形进行分析。

二、柱承重的纵向构架

纵向构架是指用立柱承重，柱子直接支撑安放其上的脊檩，然后再在檩条上铺设椽子构成屋面。根据所支撑檩条位置的不同，又有承脊柱（支撑脊檩）和承檩柱（支撑檐檩或其他檩条）的区别（杨昌鸣，2004）。在这种形式中，起主要结构作用的不是构架而是直接承托脊檩的承脊柱，如图2-2（a）～（i）所示。

纵向构架的特征在于梁架与檐柱的横向轴线并非对缝重合，檐柱的开间数目与梁架的开间数目不相同，梁架荷载须借助纵向的檐额传递至檐柱（刘临安，1997）。纵向构架是一种比较古老的结构方式，考古遗址中发现的木构架模式基本都是此类，说明纵向承重是早期木结构的主导。在宾川白羊村遗址中发现的建筑遗迹，木柱稍粗，起着支撑房顶的作用（阚勇，1981）。在商代至东周当殿遗址中发掘的平面柱网，也以纵向柱网为主。这样的纵向构架并非是间架支撑，而是单纯木柱承重，体现了较为古老的建筑方式。纵向构架为早期（秦以前）的主要建筑结构方式，唐宋以后逐渐向横向构架发展。

1. 傈僳族、独龙族的"千脚落地"式建筑

傈僳族住房大多盖在斜山坡上，因为是用数根木桩直插入地以支撑屋面，所以这种建筑有个形象的名字叫"千脚落地"（图2-3）。独龙族的"千脚落地"式建筑与傈僳族的大致相似，只不过基于父系社会的特点，规模较大，内部分间较多。

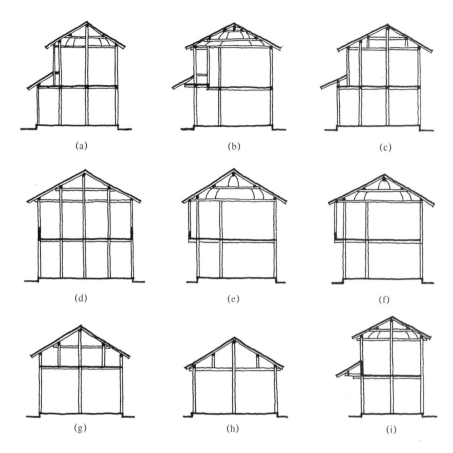

(a) (b) (c)

(d) (e) (f)

(g) (h) (i)

图 2-2 承脊柱的纵向构架

2. 景颇族的矮脚干栏式建筑

景颇族矮脚干栏式建筑是以纵向柱子承重（图 2-4），没有横向的承重体系，下层架空相对低矮，高度为 1 米左右，适合景颇族人居住的山坡地形。民居立面造型鲜明独特，入口中间设立一根粗大的"栋持柱"，柱子的粗细已远远超过工程结构的需要，象征着财富和地位。

图 2-3 "干脚落地"式建筑

3. 佤族的鸡罩笼式建筑

沧源佤族鸡罩笼式建筑的柱承重构架（图 2-5）一般采用水平支撑（杨昌鸣，2004），底层架空约 1 米，屋顶呈圆弧形，由前后两坡屋面加两侧面的锥形屋面组成，坡度大，檐口深。一般纵向开间，进深一般 2～3 间，屋内竖有 3～4 根柱子以支撑屋顶重量，横向承重方面加入了大叉手。脊檩虽然主要由承脊柱支撑，但在大叉手的扶持

图2-4　景颇族矮脚干栏式建筑

图2-5　佤族鸡罩笼式建筑

下，加强了横向联系，也在一定程度上分解了脊檩的荷载（杨昌鸣，
2004）。

4. 瑶族、苗族的叉叉房

瑶族叉叉房是一种木构的草顶房，瑶族人在山上生活，因此房屋
依山而建。叉叉房屋架是用未经剥皮的天然树干、树枝绑扎而成，因
为它以树杈埋入土中作为立柱，故名叉叉房（史继忠，1986）。叉叉
房构造简单，适合于迁徙无常的生活。到了农耕时代，叉叉房便开始
向干栏式建筑转变。在散居区的苗族中也保留着叉叉房，其结构为纵
向构架，四壁以竹或枝条缚扎。

5. 傈僳族的吊脚楼

关于穿斗式建筑争议很多，张十庆先生将其归于连架式构架，并
与井干式建筑做了区分，井干式建筑构成中无柱，穿斗式建筑构成中

无梁（张十庆，2007）。尽管穿斗式建筑属于连架式构架，然而它还是主要以纵向柱承重。穿斗式建筑的定义为：穿斗式构架沿着房屋进深方向立柱，但柱的间距较密，柱直接承受檩的重量，不用架空的抬梁，而以数层贯穿各柱，组成一组组的构架（刘敦桢，1980）。

穿斗式构架（图2-6）在南方建筑中较为多见，如云南怒江傈僳族的吊脚楼便是穿斗式建筑的一种变体。吊脚楼立柱较多，故每根柱无须太粗，柱与柱之间由穿枋贯穿，衔接点皆由木榫连接。虽然对穿斗式构架的认识存有许多分歧，至今还没有定论，但穿斗式构架的承重在于纵架（主要以柱承重）这一点是无异议的[1]。鉴于此，本书将穿斗式构架归于纵向构架一类，以方便建筑空间生成的讨论。

综上所述，以柱承重的纵向构架构形特征可概括为：以立柱为主要承重构件，横向联系薄弱。干栏式建筑多属于柱承重的纵向构架。

三、壁体承重的层叠式构架

层叠式构架，意为依靠建筑构件个体的自重和体量求得平衡稳固，关注由自重、体量而成的稳定性，但相互拉结咬合成整体的意识薄弱（张十庆，2007）。井干式建筑（图2-7）是层叠式构架最基本的结构形式和原生形态。又有定义为：井干式建筑是壁体用木材层层相压，至角十字相交……梁架构架仅在壁体上立瓜柱，承载檩子（刘敦桢，2004）。井干式建筑的壁体既是围护结构，又是承重结构，是层叠式构架最典型的代表。层叠式构架存在的弊端为：耗材多，单体空间规模不大，不能大面积开门、开窗。这种建筑方法现在几乎已经被弃置不用了，但云南高寒地区仍有大量层叠式构架的建筑，下面以纳西族木楞房与藏族的碉楼来说明它的特点。

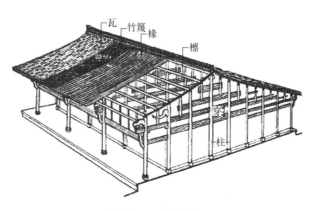

图 2-6　穿斗式构架

图 2-7　井干式建筑

---

〔1〕 此处所讲穿斗式构架是最原始的形式，不包括穿斗抬梁式构架。

1．纳西族木楞房

纳西族木楞房（图2-8）是以层叠的方式架构壁体，屋面高至七八尺，即加椽桁，覆之以板，石压其上。建筑的屋顶多为悬山式。云南省宁蒗彝族自治县永宁地区纳西族木楞房，屋顶施梁架，上铺地板，为防风固板，木板面上再压石块。云南香格里拉白地和金沙江畔的纳西族木楞房，壁体都采用层叠式构架，屋顶采用平顶和斜坡顶；层叠壁上支木梁，木梁上再密铺树枝，树枝上再铺草泥防水。

滇西北地区的香格里拉等地属高寒地区，这里纳西族、傈僳族、藏族等少数民族的木楞房，壁体堆叠形成有规律的墙面节奏和横向凹凸的肌理，具有强烈的形式美感。此类建筑不透风，保暖性较好。

在纳西族木楞房中，虽然立有中柱和横梁，但并不起结构性的作用，而是用于分隔室内空间，具有象征意义。

2．藏族碉楼

云南香格里拉一带的藏族碉楼（图2-9）基本上是墙承重结构体系，各楼层和屋顶的横梁和椽都直接架在分间墙和外墙上，内室荷载全由墙体来负担，内部全为墙体承重木构分层空间。由于碉楼墙身较高，墙体自重和承重较大，因此选用石材和土夯筑而成，墙基需加大，墙体也需增加厚度。碉楼内的分间墙与碉楼外墙连成一体，上下的分间要尽量对齐以减少分间的数量，如果分间过多，分间墙便会占大量面积而使室内面积减少。所以，我们看到的碉楼，室内划分都比较简单，其原因就是受到墙体太占面积的限制。

图2-8 纳西族木楞房

图 2-9 藏族碉楼

四、壁体加梁柱承重的内框架构架

墙柱一体承重，是早期建筑结构的一个重要类别。由于木梁柱跨度较小，如土掌房的跨度一般在 3 米左右，为了增加跨度，便出现了壁体加柱梁承重的内框架构架。其构造是：方形石基上立木柱，木柱上端依次安垫木、替木，再置大梁，大梁上安密勒小梁，铺木板，垫卵石，再以红木浆灌压实，最后铺两层阿嘎土，分层夯实（斯心直，1992）。内框架构架建筑多出现于干热河谷地带。

1. 彝族土掌房

彝族土掌房（图 2-10），建房时先砌墙，多以青石、砂石为料。土基墙高出地面 0.3～0.5 米，墙体部分承重，其余皆由木构架承重，构架传力部分有立柱、地梁、上梁和檩条。

2. 云南省德钦一带的藏族的土掌碉房构架

土（石）木混合构架平顶建筑外围的墙体和内部的梁柱共同承重。这种构架适用于各种平面布局，组合灵活，层高不限，成为藏式建筑的最基本构架，小则民居、大则寺院的集会大殿都会采用此种建筑构架。后来这种构架艺术便形成了别具一格的"西藏柱式"。西藏柱式是一种封闭式房屋的平面形式，是藏式建筑最基本的平面单位。云南省德钦一带的藏族的"土库房"系列，以及干热（温）河谷地区德钦奔子栏、明永等地最具代表的藏族土掌碉房（图 2-11）都属于这一类型。

藏族传统建筑所具有的独特构架体系是墙与木柱共同承重的，这

图2-10　彝族土掌房

图2-11　德钦藏族的土掌碉房

与我国中原和西方建筑体系皆不相同。柱成为藏族传统建筑重要的模数与度量手段，与中原古建筑以间为单位构成对比（杨永生等，2007）。

五、间架支撑的横向构架

间架指房屋建筑的结构，梁与梁之间叫间，桁与桁之间叫架。间，是建筑平面的衡量单位；架，是建筑物纵向的衡量单位。梁思成认为，间架是柱梁结构成熟后的产物，代表着一种新的空间的生成。

1. 藏族闪片房（土墙板屋）

藏族闪片房为木框架支撑构架，起支撑作用的是内框架，仅外廊使用通柱，内部是上下柱子对接。如此构架会使结构不稳定，容易错位。闪片房（图2-12、图2-13）主要分布于云南香格里拉高寒、多雨山区。"闪片"坡顶屋面可以排雨除雪，也可防寒防冻，外墙仅起保暖和围护作用。藏式建筑一般都是墙与柱共同承重，但在云南地区，因受汉族影响，加之木材丰富，上下通柱变得常见，外墙不再承重，这改变了藏族传统的建筑构架。

图2-12 云南香格里拉独克宗古城闪片房

图2-13 藏族闪片房

2. 白族、纳西族抬梁式建筑

抬梁式建筑（图2-14）是由柱和梁共同组成的间架结构，白族、纳西族常采用此类结构。但白族、纳西族并不照搬汉族的大木制做法，而是有所改进。例如，白族工匠利用抬梁式构架使室内无柱或少柱，从而获得更大空间，也有采用穿斗式构架的，但将抬梁式和穿斗式结合的建筑构架才是云南少数民族的最爱，因为如此，既可增大空间，又能减少木料使用，增强抗震性。

抬梁式建筑特点可归纳为以下几个方面：

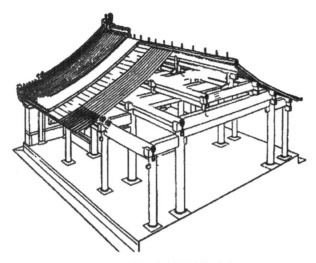

图2-14 抬梁式建筑的间架结构

（1）以间为单位。

（2）标准化构件，可有效控制加工、制作、施工，功效高、施工快，利于质量控制。

（3）榫卯、斗拱较发达。

（4）构形标准统一，利于匠人经验传承。

（5）装饰感加强。

综上所述，承重构件是单体建筑的核心组成部分。承重构件的形体、位置、接合方式等直接决定了建筑的主体框架。承重构件接合所产生的建筑空间往往是室内空间最为重要的部分，当此建筑空间被赋予了文化象征意义后，一种约定俗成的建筑空间模式便应运而生，建筑类型最终得以形成。

第二节　合院式建筑景观艺术构形 分类与空间生成

由单体建筑围合而成的建筑形式称为合院式建筑。它的四周为单体建筑，中间为院落。院落，意为房屋围墙以内的空地。院落起到组织建筑群体的作用，它是整个建筑的核心部分。

一、院落生成与文化因由

中国古建筑的门堂之制是院落形成的主要原因。院落在构造上由门、堂、廊（廊包括围墙，围墙是廊的一种变形）组成。门堂之制来源于礼制，在《三礼图》里有关于此种礼制的详细说明。其最早用于宫廷建筑，后外延至普通百姓之家，核心是门与堂的分立，这是中国建筑重要的特色。门堂分立主要是因为内外、宾主、上下有别的礼制。门和堂相对，构成了院落。虽然构成院落的时间比礼制形成的时间更早，但这种建筑形式经礼制的世代传承，得以保留至今。其具体的表现为：在轴线主导下，依次排列门屋和正堂，再配以两厢、门堂，一主一次。

可以看到，院落的生成始终有一种内在的制约关系，并不是随意为之。

众所周知，中国最传统也最为典型的一种合院式建筑为四合院（图2-15和图2-16），其格局为一个院子四面建有房屋，将庭院合围

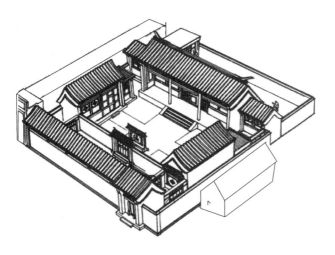

图 2-15 典型的四合院俯视图

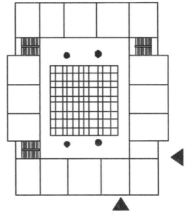

图 2-16 典型的四合院平面图

在中间，故名四合院。通常四合院坐北朝南，大门位于宅院东南角的巽位，中间是宽敞的庭院。四合院具有以下几个主要特征：

（1）封闭式。

（2）院落方正规整。

（3）强调中轴线与对称。

可见，作为合院式建筑最重要的组成部分——院落不仅是简单的四面围合而成的建筑空间，还需满足方正、规整、具有中轴线等特征。坐落于东、西、南、北四个方向的建筑以院落为中心，左右对称，有正房、厢房和倒座之分，各个建筑各司其职，各守其位，互不僭越，如此体现"礼制"秩序，才符合中国传统院落建筑的要求。

合院式建筑的形制固然受到地理条件的约束，但更多则是文化因素使然。云南本土建筑，在建筑空间的布局上基本为独立外向型布置方式（院落为开敞式、非封闭式，院落内建筑布置较为随意，不讲究秩序性），受中原建筑观念影响以后，才开始发生变化（杨大禹等，2009）。在云南傣族、藏族、纳西族人居住的地区，几乎每家每户都有围合的空地，但并未形成合院式建筑。究其原因，主要在于这三个少数民族都有自己的宗教信仰，受中原礼制文化的影响较小，建筑空间形式也就比较自由。其表现为：院落中心空地不一定是方正的，建筑并非呈四面围合之势，单体建筑之间也没有等级秩序之分。白族、纳西族、彝族因受汉文化的影响较大，科举考试选拔人才的制度使得人们接受了中原礼制文化的制约，表现于建筑上，便是合院的形成与规范。但因这三个少数民族文化个性都十分鲜明，合院构形上也添加了许多各自民族的文化元素，从而形成与北京四合院不一样的建筑空间布局。

因此，我们以北京四合院作为参照对象，根据院落的形式、单体建筑的置向、组合方式与内在联系，把云南少数民族合院式建筑分为非典型性合院式建筑和典型性合院式建筑两类。

二、非典型性合院式建筑

云南少数民族非典型性合院式建筑特点为：建筑中心空地不一定方正，没有中轴线或中轴线不明显，布局不讲究对称，院落平面空间较为松散、开朗，四周建筑并非呈四面围合之势，各个建筑物之间没有严格的等级秩序。云南少数民族非典型性院落虽受到中原建筑观念的影响，但程度并不深，是与汉文化融合的结果，是外向型向内向型建筑空间模式转变的初级阶段。傣族、白地纳西族与藏族合院式建筑属于此类型。

（一）傣族的合院式建筑

傣族的合院式建筑（图2-17）多为一正两厢的三合院和带倒座的院落，院落平面布局不像汉族那样讲究对称，而是根据生活需要进行安排。房间大小不等，平面布局自由活泼，富于变化。傣族建筑虽受到汉族影响，由干栏式单体建筑向院落式过渡，但仍保留了许多本民族传统特色。例如，各单体建筑并不讲究对称；前廊（正房正对的一条檐道）空间很重要，它除了具有廊本身的功能，如交通连接、空间过渡外，还在很大程度上取代了堂屋的功能。傣族的前廊较宽敞，是傣族人开展各种活动的主要场所。

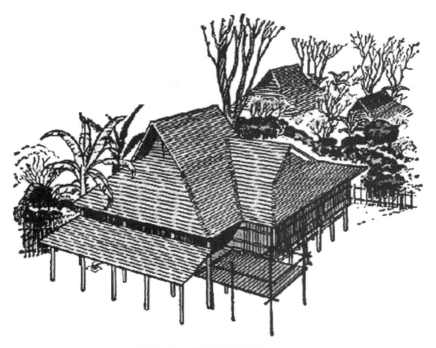

图 2-17　傣族合院式建筑

（二）纳西族木楞房合院式建筑

云南纳西族建筑主要有两种构形：一种是传统的纳西族木楞房单体建筑（主要集中于迪庆州香格里拉市三坝纳西族乡和丽江市宁蒗县永宁乡）；另一种是丽江纳西族合院式建筑。两者无论在建筑单体上还是在院落布局上都有很大的差别。纳西族木楞房单体建筑为非典型性合院式建筑，丽江纳西族合院式建筑为典型性合院式建筑。

在三坝纳西族乡白地村，至今还保留着纳西族传统的木楞房单体建筑。这种单体建筑包括住屋（主室）、仓库（为两层模式，上层为木楞房住人，下层为架空的干栏式，主要饲养牲畜等）、厨房等。单体建筑之间的组合较为随意。19世纪末，随着汉族建房技术的传入与四川工匠的涌入，纳西族传统建筑开始发生变化，院落也是从那个时候开始出现的。

合院式建筑由以下几个部分组成：

（1）厨房，由传统的主室蜕变而来，是一栋单层木架构建筑，保留了火塘及火塘柱，有的人家神龛也设在里面，既是厨房也是主要的活动中心，家里人或访客都喜欢在这里喝茶聊天。

（2）仓库，与传统单体建筑一样，无变化，下层架空饲养牲畜，上层摆放杂物或粮食。

（3）院落，呈不规则方形。

（4）正房，两层楼的木架构房屋，类似于白族的"坊"，位于正对大门方位。外墙为砖石，内里则是木质材料。正房是受汉族及周边民族文化影响的产物，使用频次不如汉族和白族那样高。

永宁乡纳西族建筑空间布局（图2-18）与其社会形态、家庭结构相对应，院落较为方正规整，四周围合，中间为正房，为单层平房，一家之长居住于此，是全宅的核心，以火塘为中心，火塘区域最为神圣。

从上述两种院落模式可以看到，白地村纳西族院落布局完全没有任何规定，非常自由灵活，建筑的安置只是依照地形而定，谈不上礼

图2-18　永宁乡纳西族建筑空间布局

制的约束。永宁乡纳西族的院落，虽然是比较规范的四合院模式，各个建筑之间也有明显的等级秩序，但秩序建立是依据族群社会的宗法关系而非礼制，因此也不能算是严格意义上的合院式建筑。

（三）藏族合院式建筑

藏式建筑多为单体式，传统的建筑模式为三层：一层养牲畜，二层住人，三层晒粮草。现代的藏式建筑一层牲畜多已迁出，在院外另建一处畜圈，一层和二层都住人，且一层单独辟一间作厨房，有的家庭把卫生间也放在一层和主楼相接的位置。所以藏族的合院式建筑通常由一幢三层单体建筑＋另建的厨房（有的家庭厨房在主楼里）＋角落里的卫生间组成，也即主楼加附加建筑的组合，中间围合成一个院落，平面大多是凹字形和 L 字形（图 2-19）。藏式建筑也不是典型性的合院式建筑。

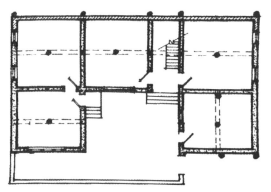

图 2-19　藏族合院式建筑院落平面图

图 2-20　滇西北大理、丽江地区三坊一照壁合院式建筑

三、典型性合院式建筑

云南少数民族的典型性合院式建筑主要有以下几种：

（1）滇中及昆明地区的"一颗印"合院式建筑，主要居民分属彝族、蒙古族、汉族和回族。

（2）滇西北大理、丽江地区的三坊一照壁合院式建筑（图 2-20）、四合五天井合院式建筑（图 2-21），主要居民分属白族、纳西族、彝族、回族和汉族。

（3）滇东北会泽地区的四水归堂合院式建筑[1]（图 2-22）和重堂合院式建筑，主要居民民分属彝族和汉族。

（4）滇南建水、石屏地区的三间六耳花厅合院式建筑（图 2-23）、四马推车合院式建筑（图 2-24），主要居民分属彝族、汉族和回族。

（5）滇南腾冲、德宏地区的一正两厢合院式建筑，主要居民分属

---

〔1〕　四水归堂合院式建筑是四合院建筑中的一种，周边封闭，下雨时水从四面流向中庭，名曰四水归堂。

图 2-21　四合五天井合院式建筑全景图

图 2-22　四水归堂合院式建筑全景图

(a) 全景图

(b) 花园一隅

(c) 院落平面图

图 2-23　三间六耳花厅合院式建筑

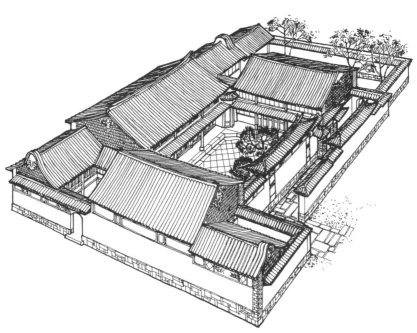

图 2-24　四马推车合院式建筑全景图

汉族、傣族和阿昌族（杨大禹等，2009）。

本书以彝族"一颗印"合院式建筑（图2-25）、大理与丽江的合院式建筑为例，讨论建筑构形与文化认同空间的关联。

（一）"一颗印"合院式建筑

"一颗印"合院式建筑类似旧时的官印，因此而得名。

"一颗印"合院式建筑尺度较为狭小，由正房、偏房、倒座组成；建筑空间具有很强的内聚性，院落紧凑、内向；外墙闭合，一般只在厢房山墙上开小窗洞增加通风的效果。"一颗印"合院式建筑的面积有大有小，主要取决于两边厢房的布局，以及厢房与正房的交错开合程度。如果受地基条件限制，厢房就建在正房前面，再加上正房的挑檐进一步缩小了院落的开口，院落就要小一些。如果地基条件较好，能做到厢房的出水与正房的山墙在一条直线上，那么院落就明显宽敞起来，通风采光也更好。

彝族的两层瓦屋面正房一般都要插一个檐厦，在檐厦下形成一个用木板与堂屋隔开，而在使用功能上又与堂屋密不可分的倒座。倒座与正房的堂屋连成一体，成为家居生活的主要空间。在这个空间中，可以进行起居、进餐、家务、待客等日常活动。

"一颗印"合院式建筑是建筑中最简单、最基本的形式，但这种形式仍然可以再简化为只有一侧耳房的"半颗印"合院式建筑。若"半颗印"合院式建筑连排修建，则可构成"一颗印"系列合院式建筑。

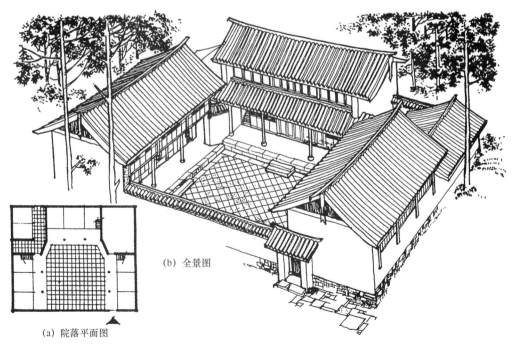

(b) 全景图

(a) 院落平面图

图2-25 彝族"一颗印"合院式建筑

"一颗印"合院式建筑（图2-26）通常为楼房，架构方式有四种：（子）宫楼、（丑）古老房、（寅）吊柱楼和（卯）竖楼（刘致平，1996）。

（1）（子）宫楼又名挑楼或走马转角楼，向天井各方向的房间俱有走楼通连，城乡富裕人家多用之。

（2）（丑）古老房或称古装房子，即带厦子（厦子做法见后文）房，无走楼，主房前用大厦，耳房前或倒八尺前有挑厦。各檐层层叠摞，非若宫楼单檐，常作三檐平式[1]。

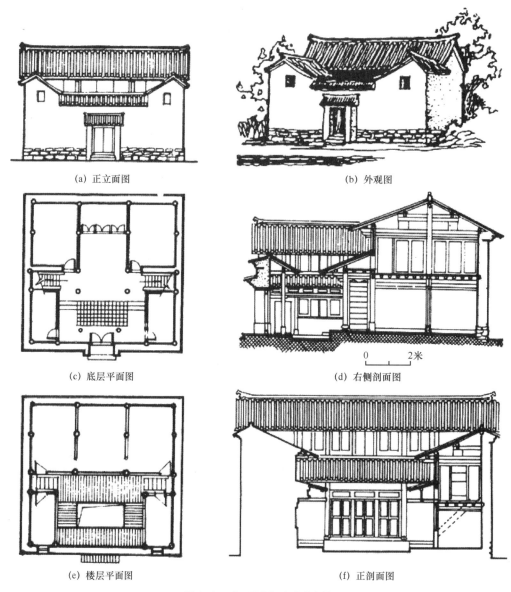

(a) 正立面图

(b) 外观图

(c) 底层平面图

(d) 右侧剖面图

0　　2米

(e) 楼层平面图

(f) 正剖面图

图2-26　"一颗印"合院式建筑

[1]　耳房及倒八尺之屋檐彼此相齐，主房檐较高，谓之"天井三檐平"。

（3）（寅）吊柱楼或称挑楼，楼上房间的装修由檐口柱挑出，至规檐梁分位，在倒八尺上有这样的装修方式。

（4）（卯）竖楼，即无走楼及厦子的楼房，不用在宅内，多用在"一颗印"合院式建筑房外面临街处，作铺房用。

彝族的"一颗印"合院式建筑应属（丑）古老房系列。

"一颗印"合院式建筑特征有以下两点：

（1）各房高度不一，正房高于耳房和倒座。

（2）天井形小且高深，主要是因为云南风大且采光好。

（二）三坊一照壁合院式建筑

三坊一照壁合院式建筑（图 2-27）是大理白族四合院的一种，是由三面房屋和一面照壁组成的一个合院式建筑。正房多坐西向东，一层或二层，房前有宽敞的明廊，是供家务劳动和休息的场所。正房前有一座照壁，高度与厢房相近，由砖筑造，外表抹以白灰，四周有彩绘，正对正房，是院内的一道风景。大门开在照壁一侧，四合院的角上。

三坊一照壁合院式建筑有以下几个特征：

（1）入口多留有一处过渡空间，此过渡空间以门楼或照壁提示，呈现出外显内隐的特色。

（2）以坊为基本单位。

（3）以院落为中心组织平面空间，正房的地面和屋顶略高，一般都高于其他两坊。

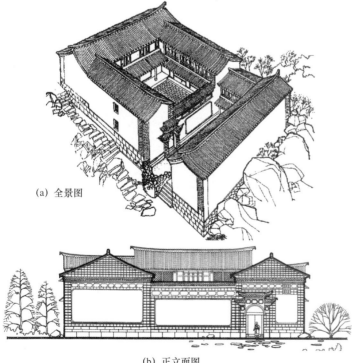

(a) 全景图

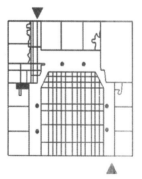

(b) 正立面图

(c) 院落平面图

图 2-27 三坊一照壁合院式建筑

（4）各坊之间是独立的，便于分期修建。

（5）照壁（图2-28）是必需的建筑构件，具有围合及装饰的功能，起到了"挡"的作用。

（三）四合五天井合院式建筑

四合五天井合院式建筑四面房屋相接处各有一个小天井（称为"漏角天井"），加上中央的大天井，一并称为四合五天井，这是大理较为常见的一种四合院。

四合五天井合院式建筑各坊的房屋均为三开间（图2-29），入口有前导空间，厢房的山墙上开设第二道门通往正房，更具封闭性。这样的院落形式叠加，便能形成六合同春合院式建筑（图2-30），乃至更为大型的合院式建筑群体。

（四）丽江纳西族合院式建筑

丽江纳西族合院式建筑深受大理合院式建筑的影响，在建筑形式上与大理相差无几，但还是有一些独特之处，主要体现在以下几个方面：

（1）中轴线。纳西族合院式建筑的中轴线，既有南北向者，亦有东西向者，宅门方向随中轴线而异。例如，中轴线东西向，正房则朝东，厢房面南。

（2）院落。从宅院布局来看，丽江纳西族合院式建筑虽遵循礼制规范，但并不拘泥于此。庭院并非方正规整，而是随曲合方，注重与自然环境的协调。丽江古城被玉水河的三条支流贯城而过，且

图2-28　大理白族合院式建筑内的照壁

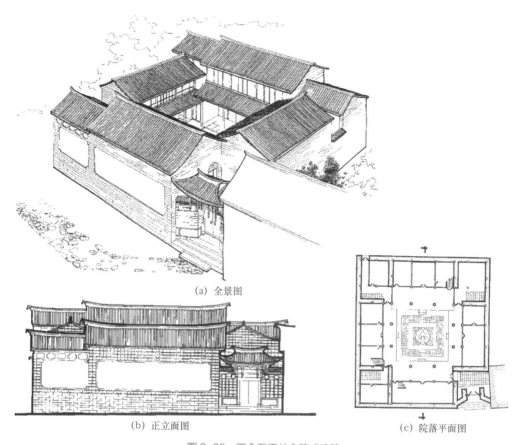

(a) 全景图

(b) 正立面图　　　　　　　　(c) 院落平面图

图 2-29　四合五天井合院式建筑

图 2-30　六合同春合院式建筑全景图

支渠纵横，沿水的街巷和建筑均随形而弯，依势曲折，从而使院落形式更为自由灵动。

（3）厦子（檐廊）。宽大的厦子是纳西族民居必不可少的部分，也是形成庭院空间环境的一个重要部分。厦子所遮盖的面积甚至比房间还要大，这说明当地人非常喜欢户外空间和无拘无束的生活。

（4）屋顶和山墙造型。纳西族合院式建筑喜用独立的悬山式屋顶（图2-31）和落脉较大的凹曲屋面，没有将房屋直角连接，建筑技术较为简单。山面则多采用悬鱼（图2-32），白族则喜欢在墙面装饰花纹（图2-33）以突出视觉效果。

（5）秩序。单体建筑组合方式不拘陈法，十分灵活自由。正房较高大，居中；厢房位于两侧，体量并不强求与正房相同，可大可小，甚至可一边为两层楼房，一边为平房；处于一隅的厨房，为了通风散热，有的加高达两层。整体造型前后层叠、左右高低不一、纵横错落、自由而别致，完全打破了北京四合院的方正规整、封闭而典雅的传统形象。

（6）形体。白族建筑形体呈横向扩展；纳西族建筑形体则向纵向上升，表现为墙体收分，下大上小，底座高。

（7）照壁。丽江纳西族合院式建筑内也设有照壁（图2-34），但其发挥的作用并不如大理合院式建筑内的照壁的作用大。

综上所述，合院式建筑在云南出现多种变体，受汉文化影响多的民族，建筑构形工整、繁富，注重礼仪功

图2-31 悬山式屋顶

图2-32 纳西族合院式建筑上的悬鱼

图 2-33　白族建筑的墙面装饰

图 2-34　纳西族合院式建筑内的照壁

能；反之，则只在建筑形式上有所仿效，其余功能并无太多承袭。

第三节　聚落建筑景观艺术构形分类与空间生成

　　一定区域内的单体建筑、合院式建筑以及道路、桥梁等聚合而成为更大的建筑群，称为聚落。聚落，是由家族、亲族和其他家庭结合地缘凝聚而成的社会共同体，也是社会的基本单位（陶立璠，2003）。

聚落不仅包括房屋建筑，还包括与群体生活、生产有关系的公共资源及设施，如耕地、山林、河流、道路、庙宇、桥梁、墓地、广场等。聚落由各种建筑物、构筑物、道路、绿地、水源地等物质要素组成，规模越大，物质要素构成越复杂，其建筑外貌因居住方式不同而异，如加里曼丹岛的大型长屋、中国闽西地区的圆形土楼和黄土高原的土楼等。聚落是人类聚居和生活的场所，其形成与社会制度、经济形态、宗教信仰、地域、气候等诸多因素有关。

一、聚落构形与文化因由

聚落构形是指一定区域内建筑群的组合方式、放置位置。通常，地理环境、气候是聚落构形的主导因素，如一些村寨多位于半山阳面山坡，靠近水源，依山而建。寨内房屋背山面阳，高低错落，鳞次栉比，这显然受地理和气候条件影响所致。然而我们也看到，即便是处于同一地理、气候环境下的聚落也存在诸多差异，原因有多个方面，文化是导致差异的主要因由。这些文化因素包括以下几个方面：

（1）宗族观念。宗族是具有同一血缘关系即同祖宗的人群，或是由具有同一群体意识的几个家庭组成的群体。宗族观念反映在聚落构形上呈现为以下特点：第一，村寨呈向心团聚型，设置寨心，寨心是祖先的象征。寨心往往开辟一广场，既作为全寨宗教仪式的重要场所，又作为全村佳节聚会、歌舞欢庆的理想之地；第二，村寨房屋密集，街道狭小，房屋间距小，人们大多不愿搬离老寨。原因是大多数人认为，只有在寨内才能受到同寨人的帮助。

（2）宗教信仰。云南少数民族全民信教的有傣族和藏族，分别信仰南传上座部佛教和藏传佛教。其聚落构形特点为：聚落中必有一座佛寺，佛寺位于聚落险要位置，在地势较高的山坡上或风景最佳、视野开阔的地带，或居寨前，或在寨中，或在寨尾。佛寺对聚落构形产生了重要影响。表现为：第一，佛寺作为全村寨的中心，所具有的精神凝聚力大于传统的寨心；第二，佛寺前的民居建筑体量和高度不得超过它；第三，无论是聚落选址，还是房屋的朝向，寨心的选定均由德高望重的宗教人士决定。

（3）礼制秩序。呈网络状的聚落建筑布局严谨，排列整齐，聚落整体呈现为建筑单体左右对齐或者前后对齐两种聚落布局类型。聚落规模较大，依山傍水，布局呈轴对称排列，街巷网络较为方正整齐，且成直角相交。村落所有房屋的形式、规模、朝向、高低和建筑材料，都经过统一规划。这种布局，遵循了一定的空间法则，从而建立起内部组织的使用机制。整体上以中国传统的礼制思想和秩序化群体的规划思想来指导聚落的营建，从而形成以四方街为中心，街巷为单位的、整齐划一的网络式布局。

二、聚落构形分类

基于建筑群体的组合方式、分布状况与内在联系，本书把聚落构形分为团聚型、分散型、直线型、网络型四种。

（一）团聚型聚落

团聚型聚落的特点为：有一个、多个中心或无中心，有一定的组织规则，呈团状。多建于平坝，生产方式以农耕为主。

1. 一个中心的团聚型聚落

一个中心的团聚型聚落是以一个核心体（寨心、广场、公共建筑）为中心，向内聚集。佤族、彝族聚落属此类。

佤族的聚落，以寨心（寨桩所在地）为中心，全寨的建筑皆朝向寨心，依山而建，形成椭圆形的团状形态。

在平坝和靠近汉族聚居区的彝族聚落，一般以村寨中的公房[1]或广场为中心，形成规模大小不一的建筑组团。如图 2-35 所示，云南路南彝族支系阿细族村寨是以广场和公房（男公房、女公房）为中心的团聚型聚落模式。

2. 多中心的团聚型聚落

彝族团聚型聚落还出现多中心形式，如图 2-36 所示，在由彝族各村寨组成的家支聚落中，呈现为以祖灵洞、家支祭祀场地为中心的家支聚落布局模式。在这个模式中，最小单位为家支，每个家支作为独立体都围绕着中间的圆心，形成一个大范围的向心模式。每一家支都有自己固定的地点，称其为村寨，每个村寨又都有自己的中心，形成小范围的向心模式。如此便形成多中心的聚落模式。

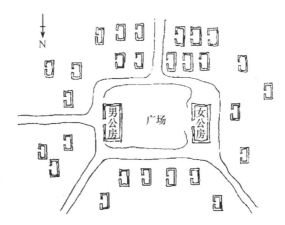

图 2-35 云南路南阿细族村寨布局图

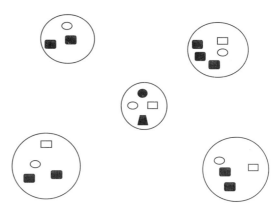

● 祖灵洞 ■ 居住房屋 ▲ 家支祭祀场地
○ 蒙格会议地点 □ 广场及公共活动场所

图 2-36 彝族家支聚落布局示意图

（郭东风，1996. 彝族建筑文化探源 [M]. 昆明：云南人民出版社.）

---

[1] 公房：彝族未婚青年男女聚会、交际的场所（房屋）。1949 年以前，一些彝族村寨，还保留着"公房"制度，一般以一个村寨或邻近的几个村寨，捐资在村外建筑一所房子，专供未婚青年男女夜晚聚会，尽情欢乐。

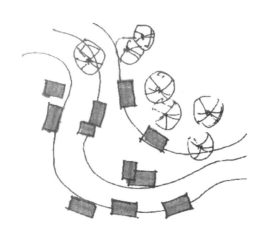

图 2-37　彝族分散型聚落
（杨庆光，2008. 楚雄彝族传统民居及其聚落研究［D］.
昆明：昆明理工大学.）

（二）分散型聚落

分散型聚落的特点为：往往没有较为明显的中心，大多依照地理条件而形成，每户之间隔得比较远，联系性较弱。

1. 彝族分散型聚落

建于 2000～3000 米的高寒山区的彝族村寨如图 2-37 所示，由于地理限制，一个村寨户数较少。聚落依地势而建，没有明确的村内道路，单体建筑散布在田间，村寨周围有较多树木。往往以一场坝为中心，但不一定位于村寨的几何中心。位于云南省大姚县北部山区的昙华、桂花等彝族聚居区，这些地方海拔较高[1]，由于林木茂盛，资源丰富，此地的建筑多为垛木房、闪片房和草房；再加上山脊陡峭，房屋只能依照地势而建，分布较为零散。

2. 藏族分散型聚落

藏族利用向阳山坡建寨，聚落位于缓坡当中。整个聚落布局比较分散，一户人家与另一户人家相隔很远，道路蜿蜒呈不规则状。每户人家占据一定空间，领域感很强。这种强调分散、独立、领域感的分散型聚落构形通常是藏族注重宗教信仰的结果。

（三）直线型聚落

直线型聚落的特点为：建筑沿道路、河道而建，规模较小，呈直线式排列。

直线型聚落受制于狭长地形，一般位于河道、道路一侧或两侧，规模较小，呈直线式排列，交通便捷，可通往外部。住宅与公共活动都集中于此主线上，较为单一、规整。道路两侧是人们交往、商品交换以及活动的场所。

直线型聚落空间层次明晰、脉络清楚，具有较强的秩序性。建筑单体弱化，并不像分散型那样有领域感。村寨范围如要扩大，只需长度与广度增长至与村内主干道相交叉，形成复合空间便可。

（四）网络型聚落

网络型聚落位于平地、坝子、平缓的山坡或山间台子上，依山傍水，因地制宜，规模较大，人口较多，主要从事农业、商业，商品经济较为发达。聚落中必有一面积较大且平坦、方正的广场，称为四方

---

〔1〕　楚雄彝族自治州 3657 米的最高峰白草岭位于该区内。

街。这是集市贸易、商业服务的中心，也是人们进行各种文娱活动、乡镇集会的重要场所。

网络型聚落特点为：以一个或多个核心体为中心向四周扩散，道路由广场向四周辐射，分出无数小街巷道，在平坝聚落中，整个乡镇街道呈网络或棋盘状。通常规模较大。

房屋朝向或围绕广场，或沿主要街道布置；房屋间隔较小，密度较大，越是靠近中心越是集中。在云南白族、纳西族、藏族、彝族都有这样的聚落。

1. 白族大理喜洲镇

白族大理喜洲镇整体呈棋盘形网络状，四方街为其中心，由此中心向外辐射形成几条主要街道，经由主街道延伸出大大小小的若干条街道，形成错综复杂、纵横交错的村落布局（图 2-38）。在各条主街上又有各自不同的中心点，市户街有三个宗祠，市上街有本主庙和九坛神，市上街与市户街中间有本主庙和十皇殿，这些都是重要的祭祀中心和祭礼中心。

喜洲镇的四个出口均有简易寨门，或为大青树，或为牌坊，这些都是具有象征性的原始寨门，起到划分界限的作用。

2. 丽江古城

丽江古城是茶马商道上的重镇，商业中心——四方街作为城市的中心，向四周伸展，构成了放射形网络状。四方街是各街巷的汇聚点，是商业贸易和聚会的中心广场。除了四方街以外，还存在其他中

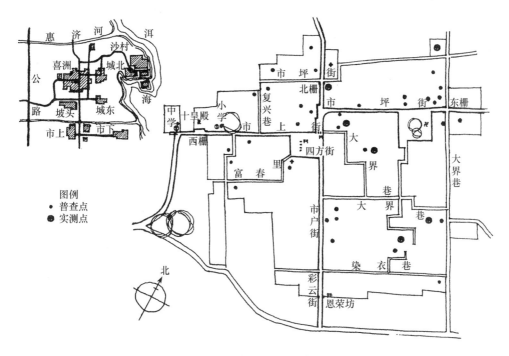

图 2-38 白族大理喜洲镇

（云南省设计院《云南民居》编写组，1986. 云南民居 [M]. 北京：中国建筑工业出版社.）

心，分别是以木府为中心的行政区域，以玉龙雪山为中心的神圣领域。各个领域之间平行生长且彼此交错，形成一定的等级次序及空间秩序。

丽江古城的路径分为水路（图2-39）和街巷两个系统，二者构成丽江古城的路径景观元素。

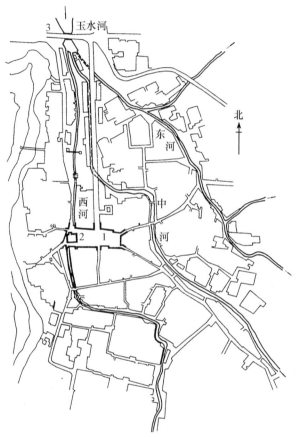

1. 四方街；2. 科贡楼；3. 玉龙桥。

图 2-39　丽江古城水系图

（云南省设计院《云南民居》编写组，1986. 云南民居［M］.
北京：中国建筑工业出版社.）

第三章

佤族、藏族、纳西族、彝族仪式象征空间与建筑景观艺术构形的同构关联

- 仪式象征空间的原型是什么?
- 仪式空间所承载的象征意义是什么?
- 仪式圣物象征空间是由什么组成的?

本章以云南佤族、藏族、纳西族、彝族建筑景观艺术构形为例,探讨仪式象征空间与建筑构形的同构关联,旨在推演从建筑的构形到构意,再从构意到构形的转换。

法国社会学家、人类学家埃米尔·杜尔凯姆把世界分成两个对立的领域：神圣与凡俗。埃米尔·杜尔凯姆认为这两个世界并不是不能共存，在特定的时间和特定的地点经过特定的仪式，凡俗可以与神圣共通和转换。"神圣 / 凡俗"的二分法隐含着仪式在空间维度上的一种划分，仪式创造了一个虚拟空间，这个虚拟空间建立在实存的空间基础之上，实存空间通过人的观念、行为使之虚拟化，进入象征的层面。

经过田野调查发现，云南一些少数民族至今崇尚该民族的原始宗教仪式，仪式的推行对于其建筑构形有着重要的影响。迄今为止仍保留较浓厚仪式之风的佤族、藏族、纳西族、彝族，仪式空间往往充当着建筑构形的原型模式。通过仪式行为，圣物的象征作用得以具体显现。当仪式减弱或消失时，建筑空间中依然遗留着仪式象征空间的形态。

本章旨在剖析仪式象征空间与建筑构形之间存在的同构关联。同构，最初是一个数学概念，后被运用于符号学当中，意为符号的能指与所指之间的同一化，也就是说，能指与所指的关系是唯一、确定和明晰的。

能指与所指是结构语言学的一对范畴。在瑞士索绪尔的结构语言学中，"意指作用"、"能指"和"所指"是三个紧密相连的概念。意指作用表示下述两方面的关系：一方面是表示具体事物或抽象概念的语言符号；另一方面是语言符号所表示的具体事物或抽象概念。他把意指作用中用以表示具体事物或抽象概念的语言符号称为能指，而把语言符号所表示的具体事物或抽象概念称为所指，所指也就是意指作用所要表达的意义。能指指单词的词形或词音，所指指单词所表示的对象或意义。例如，作为语言符号的"桌子"这个词是能指，作为具体事物的桌子是"桌子"这个语言符号的所指，同时也是这个语言符号的意义。因此，能指与所指之间的黏合呈单向性，受制于意识形态的控制，排斥其他所指的介入。

所以我们认为同构适用于揭示仪式象征空间与建筑构形之间的关联，如果说建筑构形是能指，所指便是仪式象征空间，它们之间的关系并不是任意的，而是具有强制性的，任何人不能改变，否则就违反了社会规范。通过分析所指，即仪式象征空间原型、仪式行为象征空间与仪式圣物象征空间对建筑构形所起的决定性作用，发现建筑构形是仪式象征空间对于现实之反射，是一个单向度、不可逆的过程。

第一节 仪式象征空间的意涵解析

一、仪式空间与象征符号

在谈论仪式空间之前，我们先认识一下仪式与空间的关联。埃米尔·杜尔凯姆"神圣／凡俗"的二分法蕴含着这样一层意思：仪式可以使神圣与凡俗两种空间共通和转换。法国人类学家阿诺德·范盖内普的"通过仪式"是指个体的生活不断地从一个阶段进入另一个阶段，他把通过仪式进一步划分为三个阶段：分离仪式（和以前的身份分离）、阈限阶段（中间的、过渡的阶段）和结合仪式（和新的身份结合）。阈限阶段是处于分离仪式和结合仪式之间的一个过渡的、中间的阶段。由此可知，举行仪式的目的在于使人在人生的不同阶段顺利通过时间、空间上的转换。象征人类学派重要代表人物维克多·特纳认为，仪式指的是人们在不运用技术程序，而求助于对神秘物质或神秘力量的信仰的场合时的规定性正式行为（维克多·特纳，2006）。上述三者的提法都包含着仪式与空间的不可分离性。

埃米尔·杜尔凯姆"神圣／凡俗"的二分法把空间一分为二，充分肯定了空间具有神圣性的一面。这个理论成为后世仪式研究的重要分析框架（冯智明，2013）。"神圣／凡俗"基于仪式的实践而言，既是时间性的，也是空间性的。从上述的普遍理论我们可以看到，仪式首先存在于一个特定的时空中，仪式的一个重要的功能便是分隔空间并赋予其特殊的社会意义。

那么，什么是仪式空间？首先，仪式空间是仪式展演的场所，作为实体空间而存在，是仪式开展的物质空间；其次，仪式空间经由仪式的操演，升华为一个精神性空间，从这个角度来看，仪式空间又是一个虚拟空间。这个虚拟空间不是"虚拟实境"，而是"实境虚拟"，空间仍是实境，精神则进入宇宙的神圣空间（郑志明，2014）。这个虚拟世界主要由仪式行为方式的虚拟性、仪式表演手法的虚拟性、仪式场景布置的虚拟性以及仪式行为者心理时空的虚拟性（薛艺兵，2003）四个方面所构成。仪式空间并不是个体空间，而是体现集体意识的形而上的空间，从而使空间具有了象征的可能性。因此，仪式空间虽表现为一种实体空间，但更多的则呈现为一种象征性，是存在于人们头脑中的观念空间、心中的信仰空间。

既然仪式与空间密不可分，那么仪式空间作为仪式过程必不可少的要素自然也变得很重要。随着人类学仪式研究的"空间转向"，引入空间维度后的仪式研究更加着重于空间的分类与社会结构、意象的联结。维克多·特纳在对非洲中部恩丹布人伊瑟玛仪式的研究中就划分了仪式空间的不同层次，并以此对应于不同的价值体系、象征意义。维克多·特纳认为，仪式即符号的聚合体，要解析仪式，就要从最小的象征符号单位入手。什么是最小的象征符号？象征符号是指仪式语境中的物体、行动、关系、事件、体态和空间单位（维克多·特纳，2006）。在仪式语境中，空间作为一种最小的象征符号，不再是对自然、文化、宇宙观等被动的反映，相反，它是独立自主、具有神圣性及与人类生存的深层结构发生联系的单位。仪式空间不再是简单的场地、背景，而是富有象征意味的意义场所。在其中，一方面空间通过仪式得以展现，另一方面仪式感也必须通过空间得以形成和强化。

因此，可以说仪式空间是仪式过程中最小的一种象征符号，同时仪式空间又由一些更小的象征符号组成。仪式空间与象征符号的关联如下所述。

第一，仪式空间由象征符号组成或标识。

仪式空间需由物件摆放、位置界定、行为发生、边界划分等组成和标识。每一个部分都是一个象征符号，象征符号既可是有形的，也可是无形的。例如，当一个空白场地摆放了祭祀物品（香炉、佛像等），这个空间便成为一个仪式空间；再如，位置的界定必须是人们观念意识中认为合适的或正确的，否则就不成为仪式空间。一条普通的道路，当仪式行为（跳舞、诵经、游行）发生的时候，这条道路便成为仪式空间。

第二，仪式空间随象征符号意义的改变而转换。

象征符号具有多义性，符号在不同的时空中具有不同的意义。例如，门在日常生活中指的是建筑物的出入口或安装出入口能开关的装置，是分割有限空间的一种实体，可以连接和阻断两个或多个空间的出入口。在傣族的"开门节"和"关门节"中，门不再是实体，而是具有了抽象的象征意义，即仪式性的死亡和重生。在"关门节"和"开门节"中，仪式空间被赋予了斋戒（禁忌）与复苏的意涵。在"关门节"中禁止青年男女谈情说爱和嫁娶活动，人们不得随便外出。而"开门节"一到，男女青年便可以自由恋爱或举行婚礼，人们也可以外出了。

符号的转变也体现在意义的改变上，当符号所表示的意义发生改变，代表该符号的物质构件自然也就面临重组、更新或消失的局面。例如，后文将要讲到的民居中的中柱，当中柱所象征的宗教意义减弱或消失时，建筑中的中柱数量也随之减少或消失。

通过以上分析，仪式与空间、仪式空间与象征符号的关系可归纳为：仪式须依托空间来展开，仪式具有空间性特征；仪式空间是仪式过程中最小的一个象征符号，同时它也由诸多象征符号组成和标识。当象征符号的意涵发生改变时，空间也随之发生转换，空间所依存的建筑构形自然也随之发生改变。

二、仪式象征空间意涵解析的路径

象征，简言之就是用一物表现另一物。瑞士心理学家卡尔·古斯塔夫·荣格认为，象征，除了传统的、明显的意义之外，还有其特殊的内涵，它意味着某种对我们来说是模糊、未知和遮蔽的东西[1]。德国哲学家汉斯·格奥尔格·伽达默尔则认为，象征并不是通过与某个

---

〔1〕 这种模糊、未知和遮蔽的东西在卡尔·古斯塔夫·荣格看来是一种集体表象。

其他意义的关联而有其意义，而是它自身的显而易见的存在具有"意义"。象征作为展示的东西，就是人们于其中认识了某个他物的东西（汉斯·格奥尔格·伽达默尔，2013）。简而言之，象征就是用某一媒介物代表与之相关联的其他事物。对于仪式象征空间而言，象征意涵的解析能让我们更深入地理解建筑空间布局的方式，能让习以为常的建筑构形充分还原出它的原型模式，从而折射出艺术的存在光芒。

对仪式象征空间的解析，可参照维克多·特纳提供的三条路径：①外在形式和可观察到的特点；②仪式专家或普通人提供的解释；③主要由人类学家挖掘出来的、有深远意义的语境（维克多·特纳，2006）。

第一，象征的意义蕴含在建筑的每一个元素中。任何一种建筑景观艺术都以一定的形式来呈现。形式的生成有实用性的因素，也有非实用性的因素，仪式是其中重要的非实用性决定因素。在纳西族村落田野调查中，被访人和尚礼说"仪式与木楞房息息相关"，可见，纳西族木楞房的建筑构形很大程度上取决于仪式。虽然功能主义者声称仪式服务于个人或社会的目的，但我们认为仪式除了具有一定功能外，还具有意义建构的一面。从象征层面来看，仪式指的是一种由文化来构建的象征性交流。这是一种整体性的象征，是将具体的情境上升到一种抽象的、高度概括性的方式，因此产生了一种超越时空的、形而上的意义，并获得人们的广泛认同，从而达成人与人的交流。象征意义隐含于建筑的每一个元素中，要理解象征意涵，须首先了解象征所依附的建筑形式。

第二，在形式的基础上认知其所表征的象征意义。作为外来者来说，很难发现建筑空间中具有的仪式意味，只有深谙该民族文化的人才能知晓，因此需要借助于当地的仪式专家或原住民来了解。例如，中国传统的房屋是以祭祖为中心的礼的空间，它是一座家庙，以祖宗的牌位为仪式中心构造而成（白馥兰，2006）。牌位作为一个标示性符号，标识了礼仪空间的存在，只有文化持有人才能领悟。再如，建筑中柱的象征意义也只有文化持有人才知晓。牌位与中柱都是了解象征的标示性符号，外来者须借助当地人对标示性符号的解读方可了解仪式的象征。象征的表达方法有两种：第一种是简单的象征，借乙表达甲的意思。例如，送新婚夫妇一束百合，百合代表"百年好合"。第二种是复杂的象征，借乙表达甲具有的深层含义，这就须首先熟知两者的文化关联。例如，对于中国人来说，三是一个吉利数字，代表多、繁盛、生生不息。"三人行必有我师"中的"三"便是指多个人。"道生一，一生二，二生三"中的"三"指的是和气。"三生万物"的"三"指阴、阳、和三气，相互作用产生万物。如果不了解"三"具有的深层含义，便无法解释老子的"宇宙生成论"。

第三，人类学者对仪式空间结构及象征意涵的解释。如果说前两个步骤通过观察和访谈能做出解读，则这个步骤需要运用人类学的整体观察方法才能解释。整体观察方法是基于对事物的整体把握，结合内在者和外在者的双重视角对一个事物进行阐释，是一个十分重要并且必要的方法论，但却不可能完全实现。正如人们不可能看到所有事物、思考所有问题一样，我们必须对所要观察的事物有所侧重，有所选择，进而进一步分析和理解。在自然世界中，这一点不难做到。我们可以对一所建筑进行精确测量，得出准确的数据。然而，当我们试图以这种方式分析人的经验世界时，则很容易陷入困境，因为文化不是自然实体，而是某种态度、生活方式等，并且每个人的生活态度和生活方式都是不一样的，它们在不断发生着变化。

另一个结合内在者和外在者的双重解释，人类学上称"进得去"也"出得来"的研究方式，也面临难以解决的问题。人类学者如何能做到进去时和当地人合二为一，出来时又保持纯粹的客观？我们认为，虽然内在者能感知象征的意义，但他们无法解释象征的行为模式和社会结构等。这时候，人类学者的参与显得很有必要。当一个人发现了打开迷宫的钥匙，或从心理上来说建构了一个认知地图或认知模型，个人与环境之间的关系就上升到了一个新高度。一旦一个地方供出了自己的秘密，它就促进了心灵与事物之间的共鸣，人和建筑在象征意义上就连在了一起（史密斯等，1977）。因此，心灵与事物的认知联系必须借助于人类学者的深入挖掘才能被揭示出来。

以上解析了仪式空间象征意涵的三条路径。第一，从形式去认识仪式空间的物质构成；第二，依照内在者的解释，从构成仪式空间的符号及其符号所表达的意义去认识仪式空间的象征意涵；第三，人类学者运用整体性观察方法，解析仪式象征空间的意涵，继而分析仪式空间对于建筑构形的影响是什么，体现在什么方面。这三条解析路径应是循序渐进、互为补充的。

第二节　佤族建筑构形与原型

一、原型、集体无意识与原始意象

原型（archetype）一词最早用于表示上帝的形象，如世界的创造者并没有按照自身来直接造物，而是按自身以外的原型仿造的（C. G. 荣格，2014）。从这句话可引申出两层意思：①原型具有形式感，虽然它深藏于人的意识当中，但总会以某一种形象显现；②原型是物质形式的模本，物质形式通过模仿原型而得以成立。原型有两层含义：一是事物之起源、根源及初义；二是包含一个固定的样式或结构，这个样式或结构可以反复使用。

原型与集体无意识有着紧密联系，集体无意识的内容是原型（C. G. 荣格，2014）。也就是说，原型是无意识的内容体现，中间经历了"有意识的感知和改变"（卡尔·古斯塔夫·荣格，2011）。卡尔·古斯塔夫·荣格多次提到：集体无意识并非是单独发展而来的，而是经遗传而得的。它由事先存在的形式、原型组成；原型只能激发性地成为意识，赋予某些精神内容以确定的形式（卡尔·古斯塔夫·荣格，2011）。因此，原型虽然较为抽象，但它总会以具体可感知的形式出现，从而构成了类型的最初来源。很显然，原型并非被动地出现，想要辨识原型，则需要一种非比寻常的洞见。按卡尔·古斯塔夫·荣格的说法，这种非比寻常的洞见是一种"领悟模式"。领悟模式指的是原型对于集体无意识内容起到的一种激活、领悟的作用。通过领悟模式的开启，集体无意识得以以具体形式呈现。

作为原型的载体或呈现——原始意象，沟通了人所具有的形式感和物象之间的联系，从而使物象具有了象征意义。原始意象是指人们头脑中生而有之的以特定方式理解世界的初始意象。按卡尔·古斯塔夫·荣格的解释，原始意象是自远古人类在生活中形成的，并且世代遗传下来的深层心理经验，是一种亘古绵延、无所不在、四处渗透的，最深远、最古老和最普遍的人类思想，即人类精神本体。原始意象是存在于无意识中的原始图像，但并不是来源于个人的经历。卡尔·古斯塔夫·荣格认为，那些反复出现的原始意象，实际上是原型的"自画像"，这种自画像具有"象征"和"模本"的性质。同时，也只有当原始意象进入对原型的解释时，集体无意识才能通过原始意象，作为反复出现的原始意象赖以产生的心理背景和心理土壤而推导出来。也就是说，原始意象是原型内容的载体或显现。

原型与原始意象的区别是：原型是一种精神框架、结构，一种经历过漫长时光后的形式，从一定意义上说，原型是被抽象化了的不可见的心理形式；而原始意象是具体可感的，是一种普遍的、集体的、深度的（后来的意象是从中发源出来的）和自主的意象。简而言之，原型是"体"，原始意象是"用"。

因此，考察存于佤族先民心中的原始意象便能捕捉到原型的踪迹，我们进一步要研究的是：佤族先民的原始意象来自于哪里？如何形成？具体体现在哪一方面？

二、佤族原始意象的形成

（一）原始意象：创生空间原型的形象化表达

原始意象是原型理论中一个重要的概念，也是一个重要的环节，处于原型内部结构中的一个特殊层次。具体而言，处于原型核心位置的原始意象，是从感性到理念的中间环节和具体呈现：向上，它联系着抽象的、纯粹形式的原型；向下，它联结着人具体的情感体验和心理活动。原型要真正被现实中的人所感知，只有在特定的情势下，以现实的、具体的情感和体验激活某种原始意象，形成特殊的古今沟通关系，才能使深沉的、未被觉察的心理情感得到意识和体验。如果原始意象没有被激活，原型将永远不会被感知，集体无意识也永远不会得到显现，它们都只能是一种虚象，是一种可以负载特殊情感的潜在和可能，而不是实在的、可以解释的精神载体。

由于原始意象是人类的集体性初始意象，要了解原始意象首先需要了解意象概念。在心理学中，意象指有关过去的感觉上、知觉上的经验在心田中的重现和回忆……是一种在瞬间呈现的、理智与感情的复杂经验（勒内·韦勒克等，2005）。原始意象和意象的区别在于：原始意象是一种普遍的、集体的和深度的意象；而意象是特殊的、个体的、浅层的心理体验所产生的幻想。当意象体现古老回忆时，我们称之为原始意象。

意象始于印象，对应于某一具体的事物，但印象往往只是匆匆一瞥，过不了多久就可能遗忘。如果印象反复出现，不断加深，就可能形成印记。例如，初次看到一株蜡梅，你会觉得赏心悦目，留下美好的印象；当把这株蜡梅移植到家里，天天赏玩，它便能成为脑海里的印记；而有一天蜡梅死了，出于感情的依恋，它只能成为心中永远的记忆；记忆经过长时间的封存，这株蜡梅就可能转变成某种意象（对这株蜡梅模糊、大概却充满感情的怀想）。因此，意象的形成经历了印象（浅层次）—印记（加深层次）—记忆（深层次）—意象（无意识层面的永久性记忆）的过程，其中包含了复杂的心理转变程序。然而并非所有的记忆都能转换成意象，一定是在对生命具有特殊意义的记忆，且经过提炼升华成为某一种高度凝缩的精神向度时才能转化为意象。对于集体来说，只有关乎一个群体共同命运的记忆才能成其为意象的本源，集体意象也才能成为原始意象。

既然意象与记忆相关，那么是否可以通过追溯某个少数民族的记忆来获得意象呢？佤族流传下来的神话、诗歌、图像为我们提供了丰富的材料。在此，我们无意也无必要去梳理浩瀚的记忆文本，我们可以通过追溯存在于佤族这个族群创生空间当中的集体记忆来了解他们的集体意象。

人类最早对于空间感的表述主要见于创世神话中，下面，我们一起翻开佤族的创世神话《司岗里》。

第一章　天地开辟万物生
我们来自司岗里，
嗯哼嗯哼嗯哼哼。

原生的连姆娅、司么迫很古，
很古很古。
……
第七章 人类繁衍得发展
所有在过祖先的森林，
我们都把它叫作"秾岗"，
所有在过祖先的山洞，
我们都把它叫作德岗；
巴格岱山顶的地洞啊，
是岗、里、佤、万常在的地方，
也是其他民族首领爱来的地方，
他们管着各处的德岗，
各处的代表常到那儿集会，
所以我们叫它为"德司岗"，
简称就把它叫作"司岗"，
后来各族祖先从那儿出来。
……
第八章 人类走出司岗里
虽然石洞很温暖，
但石洞又黑又不方便，
地动山摇时还危险。
……
第二十二章 安木拐视察劫后余生
各族人出自巴格岱司岗里。
点头躬身，遮阴的鸡嗉果。
点头摇身，裙样的鸡嗉果。
……

（西盟佤族自治县文联，2009）

在佤族的创世神话中，记述了人类的创生地点，出现了三个不同的出处：石洞、司岗和巴格岱。纵观整部神话，三个提法几乎贯穿于始终，形成一种反复吟唱，达到让人印象深刻、永远铭记的效果。很显然，不断重复的修辞手法正是要强化人对创生历史的记忆以提醒后人不要忘记祖先的来历。同时，三个不同的出处实则指代同一个地方，这个地方并不是具体的某一点，而是具有象征意义的空间形象。

《司岗里》讲述的就是人类从"圣洞"里走出的起源故事。根据佤族学者魏明德的考证，司岗在巴格岱这个地方，传说人神一体的女始祖烨奴姆（妈奴姆）在此地生下了独女安桂。现实中确有巴格岱这个地名，即缅甸的巴格岱，可见，司岗很可能指的是缅甸的巴格岱。

《司岗里》的巴格岱是双重语，原意为女性的生殖器，在诗里暗示那是人类生命的起源（魏明德，2001），而《司岗里》的岩洞也是对女性生殖过程的一种暗示。所以，司岗并不是穴居文化的象征，它应该是通过岩洞的造型感受近似对母体生殖过程的一种暗喻，与葫芦文化中的符号类型是完全相同的（杜巍，2008）。

由此可见，葫芦、山洞、巴格岱以及司岗都包含了佤族原始的生殖意象，也蕴含着对生殖的顶礼膜拜，对女性生殖器的极力推崇。女性身躯等同于容器——储存生命的容器，女性躯体与葫芦形成了隐喻性关联。"身体＝容器"这一等式构成了人们对所居空间进行抽象思考的原始心理基础。

如果从语义学角度看，司岗里本义指的是居所，引申义为石洞，比喻义是葫芦，"里"指从里出。在历史的发展过程中，司岗被神圣化了，变成佤族的母体和发祥地，并与其他民族文化当中的葫芦生人神话结合在一起，形成了部分的融合。再来看佤族先民的生存情境，佤族先民生活于山地，自然而然形成对山的崇拜，山上的巨石、怪石让他们感到恐惧的同时也成为他们敬畏的对象。祖祖辈辈的生存环境与累积下来的生活经验，无一不形成厚重深远的记忆。这样的记忆与人的存在意义最为密切，关乎人类最原初的自我追问和精神诉求。

因此，从原始先民的生存记忆及对生殖的崇拜引申而来的石洞、葫芦、司岗和巴格岱等记忆形象，成为与佤族先民创生之地相对应的共同母体。而在这些记忆中，实际上多多少少都包含着一定的形式因素。司岗里意为从石洞出，可联想到石洞的形象；巴格岱喻指母体——子宫，具有一定的形式感；稍后引申出来的葫芦自然也包含有很多的形式要素。由这些记忆形成的"意"，经过它们所具有的形式因素自然而然转换成了"象"。此时的"象"还停留在物象之上，而这些作为"以往经验"的物象不断浮现涌动出来，成为经验图示提炼的基础。新的经验图示，总是与过去曾知觉到的各种形状的记忆痕迹相联系（鲁道夫·阿恩海姆，1998）。经过人类历史的漫长演进，存在于佤族先民记忆深处的物象不断与生活经验相碰撞、交织，再经由人的抽象化提炼成为集体的共同意象，即原始意象。石洞、司岗、葫芦、母体之间的隐秘联系在于揭示了人类的起源密码，生动地表现了人类的创生空间，开启了佤族先民的空间观念。

（二）圆形：创生空间原型的形式显现

石洞、司岗、葫芦、母体成为佤族先民的原始意象，这些意象并非都是视觉形象，更多是"观念的联合"。"意象"一词表示有关过去的感受或知觉上的经验在心中的重现或回忆，而这种重现和回忆未必一定是视觉上的（勒内·韦勒克等，2005）。如上文所讲，原始意象是原型的内容，原型是被抽象化了的不可见的心理形式，意象是使之呈现的形象化表达。对佤族而言，对生存环境的感知和记忆形成了空间的原型，原型通过石洞、司岗、葫芦、母体等意象得以显现，最终完成了原型的形象化表达。然而，意象还是一种相对模糊的"象"，它并不指代具体的形式，形式的形成有赖于形式感与意象的连接。

石洞、司岗、葫芦、母体，共通的形式感为圆形，形式表现为圆形。因此，圆形是佤族先民创生空间原型的形式。

圆形是中国人喜爱的形式，它包含着深层次的认知根源和文化审美心理。第一，对日月的崇拜。太阳和月亮大多数的时候都是圆形的，而阳光和月光无疑是生活中最不可缺少的部分，势必形成人类对日月的崇拜。伴随古人想象力的延伸，日月的神圣意味也随着神话传说的出现而越发增强，圆形成为了团圆、美满的象征，形成一种抽象的心理寓意，进入人们的文化世界中。第二，对天地的崇拜。中国古人历来有"天圆地方"的说法，一则来源于人们对于天地最初的视觉感受；二则从心理学角度讲，遥远的、神秘的事物更容易产生高贵感。圆为贵，方为卑，圆形因此具有了与天同样的形式。第三，对生殖与生命的崇拜。女子的子宫、腹部、乳房以及动物的腹部皆用圆形表示，象征着旺盛的生殖能力，代表着古人对多子多孙、种族繁衍不灭的美好追求。观念决定形式，形式又反过来作用于人的感官和心理。

所以，佤族崇尚圆形可看作是中华民族对圆形崇拜与喜爱的一个例证，但它不仅是从属，还具有独立的文化动因。第一，圆形是佤族人心目中创生之处的形式象征，是在时间上没有开始、终结的整个世界的象征，相当于以此虚无了物质世界的庄子的泯灭一切事物差别的主观标准，是佤族先民认知的起点。第二，圆形象征着团结、安稳。由于佤族生存环境恶劣，时刻处于不安全感的心理需要找到一个形式作为支撑。圆形不仅代表着团结、共同抵御的意思，还在心理、象征层面上给人安全、稳定之感。因此，可以说圆形是符合佤族特殊生存境遇的一个理想化形象。第三，圆形与祭祀仪式有关，圆形与祭祀仪式的关联，我们将从图像上进行验证。下面我们以三幅沧源崖画为例进行分析。

【例3.1】村落图

云南沧源崖画在第二点第1区中绘有村落图（图3-1），表现了村寨的布局、建筑及村民生活的场景。

村落图中有直观的表现：中间的椭圆形表示村落界限，房屋均是干栏式建筑，上部呈三角形，代表房身，下部绘有一些直线，表示木桩，房屋和木桩皆与椭圆形相连。在椭圆形外围皆有路延伸出去。在村落图左上部的一条道路上，所画人物的动态似乎表现为一次抗击入侵者的场景；在其下的道路上则表现了打猎归来的人们，在村落中有放牛、耕地的人；还有很多人围绕着椭圆形边界在跳舞、祭祀。所有

图 3-1 云南沧源崖画村落图（第二点第 1 区）
（汪宁生，1985. 云南沧源崖画的发现与研究［M］. 北京：文物出版社.）

的人、事、物皆围绕着中间的椭圆形进行。这样一幅村落图，再现了
佤族先民的生活场景。围成椭圆形的村落以一种柔和的方式向四周延
展，椭圆形不仅是村落的边界，也是防御的边界，四周被众人包裹
着，更显示了其中心的地位。

村落图展现了聚落内房屋呈圆形分布的布局，以及聚落内部房屋
门均朝向中心广场的大房子而环绕于四周的向心布局。可见，圆形是
史前佤族聚落建筑的布局形态，体现了佤族先民生活于团结、和谐、
具有内聚力的环境当中。考察很多少数民族的聚落形态不难发现，圆
形模式极为普遍，均象征着聚落的凝聚力。

【例3.2】山洞出人图形

在云南沧源崖画第六点第 5 区
的山洞出人图形（图 3-2）中，以山
洞为中心的崖画上，密密麻麻布满
了各种各样的图形，这是一个山洞
的外景，硬直交旋的线条表现了层
层岩石和道路。

这个图形的重点在于：以山洞
为中心，描绘从洞中走出来的人。
山洞四周聚集了很多人，其中右上

图 3-2 云南沧源崖画山洞出人葫芦图（第六点第 5 区）
（汪宁生，1985. 云南沧源崖画的发现与研究［M］. 北京：文物出版社.）

方有几个人手拿工具并手舞足蹈，似乎在庆祝；其余的人在远处，或观望，或跟着一起舞动。很多学者谈及此图都认为它与人类从山洞诞出的神话存在一定的联系。

岩画学博士范琛于2007年初到云南沧源崖画点考察时又发现，普遍流传的汪宁生版摹绘图（图3-2）右半部因被雨水冲刷而缺损了一部分主要图形，完整图形应是一个横置的阿拉伯数字8字形。专家凭借残余的暗红色色斑痕迹，并根据残迹线条延续的视觉心理规律，将被冲毁的图形部分补齐以后，完成图3-3所示的还原图形（付爱民等，2009）。

此图经过复原后，崖画图形显示的不再是一个洼地或洞穴，竟是一对葫芦的横置镜像。图形上是一大一小两个相接的圆形被类似竹木的框架固定，两只葫芦中间明显有十分清晰的纽带连接，说明这个图形表现的并不是一个真实的洼地或洞穴，而是人工制作的某种物件。因此可以推测，这是一个图形符号化工具，应是祭祀用品。

在此图中，核心图形是葫芦，其他图形是：①与葫芦直接相关的葫芦出人、托架和平行线以及围合在周围的人；②祭祀场景：牛、牛角、羽饰人物、树、射猎弓弩、标枪等。葫芦镜像图形、葫芦出人图形和祭祀图形构成图3-3所示的基础结构。这个结构与《司岗里》史诗里的基础结构相吻合。

因此，可以推论，佤族的仪式空间平面是以圆形作为构图的基本模式。

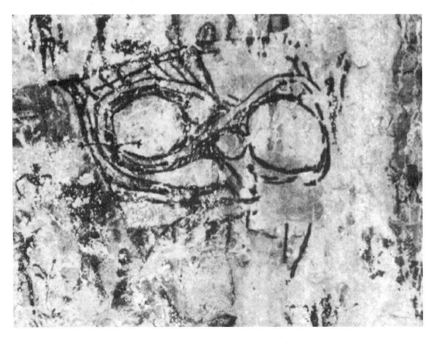

图3-3 云南沧源崖画出人葫芦图形的推测还原制图（第六点第5区）

（付爱民，范琛，2009. 沧源岩画出人葫芦图形与佤族《司岗里》神话的比较［C］// 那金华，中国佤族"司岗里"与传统文化学术研讨会论文集. 昆明：云南人民出版社.）

图 3-4　踏歌舞

（汪宁生，1985. 云南沧源崖画的发现
与研究［M］. 北京：文物出版社.）

【例 3.3】踏歌舞

图 3-4 出自云南沧源崖画第七点第 1 区，图中五人围成一个圆圈载歌载舞。五名舞者皆以圆周为基点绕圈，相互隔开一段距离，以足踏地为节，边歌、边舞、边行，其中一人没有涂成实心颜色，手臂下垂，舞姿与其他人略有不同，应是领舞者。这是流传于云南境内少数民族当中的踏歌舞，来源于古老的丰年祭祀仪式。每当丰收的季节，先民们便会围成圈，舞动生产工具，围着猎物或图腾物踏歌而舞。踏歌舞现如今仍存在，和沧源崖画图如出一辙。

通过图 3-1～图 3-4 的对比，可以看出圆形是佤族喜闻乐见的图形，并广泛存在于生活各个场景当中。圆形模式从一开始作为人们生活环境的构形图示，而后向着祭祀仪式的空间图示演变，进而由生存空间转化为仪式象征空间，是佤族先民生存空间原型得以保留和延续的一种方式。对于 20 世纪 50 年代以前的无文字佤族来说，记忆总是靠被使用的东西来加以鲜活地保留，仪式并不是简单的行为记录，而是作为记号，使一种意义（内容）能够长久地保存。可以说，仪式通过定义超越日常生活和行为目的的视野，指向一个更高级、更普遍的领域，这个领域是以象征的形式出现（阿斯特莉特·埃尔等，2012）。生存空间与仪式空间皆以圆形加以表示，使得远古的生存密码植入到后世的历代社会当中，可以说是佤族人的一种智慧所在。抹去实用功能以后，空间图示所反映的原型本身便能成为艺术的起源，成为形式的标志。

三、佤族建筑构形对原型的模拟

佤族的仪式活动主要在室内展开。因此，住宅成为佤族最为主要的仪式象征空间。下面分析仪式象征空间的物质形式。

（1）楼梯。进入房间的楼梯方位必须面向寨心，楼梯有两段，中间有一个直角转弯。楼梯进去的方位正对着火塘摆放的位置。火塘位于屋子中间靠里的位置，在火塘斜前方的一边设置"罗格外"。当家里的日子过得不顺利时，可以调整楼梯起步的位置，这样一来，屋内的火塘和"罗格外"也相应地做出调整（陆泓等，2004）。

（2）"罗格外"。"罗格外"是与年长者卧室平行的被隔出来的一间小屋，只有 2～3 平方米，没有门，是敞开的，里面堆放着一些物品，也没有任何神或祖先的牌位，用于祭祀巴昭神[1]。每到春节时，

---

〔1〕 巴昭神是佤族普遍崇拜的一个神灵，每家每户都要供奉。

家里的男性家长还要清扫"罗格外"，更换摆放在里面的水和白布，这是神灵祭拜的体现。

（3）门。佤族房舍一般有一至两道门，进屋的正门和通向晒台的侧门。传统的木门厚重且雕刻着图案，这样的门现在已经见不到了。现在多数是简易的门板，并且只有半人高。门的朝向对着寨心。

（4）主间。正对着门方向的最里侧的主间是家中最年长者睡觉和休息的地方，在整个房屋空间中的位置是最高的。主间只用柜子与大厅做个简易的间隔，有的甚至不隔，床安放在主间内。如果从整个村落的空间范围来看，主间的位置和门的朝向一样都是对着寨心。

（5）客间。客间为接待区域，主要是接待男客。客间的分隔在佤族不同的区域和家庭中是不一样的，一般分布在火塘的两侧。

（6）外间区。一进门的左右有两个小房间，皆3～4平方米，为儿女居住区。

（7）中柱。中柱是家神和祖先神的安居之所，是佤族家中的"屋神"，也是重要的祭祀场地。中柱位于主间与客间之间，起到支撑作用，建房时要先立中柱。

（8）更顶。更顶为主卧室的板壁顶上，是祖先居住的地方，摆放着祖先的板凳和烟锅。更顶之上，会用草绳打一个结，同样的结在寨门上也能看到，起到辟邪的作用。

（9）主火塘。主间的旁边是主火塘。主火塘位于主间中间的位置，是家庭活动的中心。

（10）客火塘。客火塘一般在客间，用于煮猪食或烧水。

（11）鬼火塘。鬼火塘在外间，为祭祖、鬼灵专用，人死入殓后灵柩也停放在此处（杨甫旺，2007）。

（12）掌子。晒台，俗称"掌子"，位于二楼主屋外，用篾片搭成，一般为正方形，4～6平方米，可以在那儿吃饭、聊天，也可以晒东西。

（13）屋顶。屋顶为椭圆形覆盖屋身，起到墙壁的作用，上有形似牛头的交叉角，象征着佤族古老的图腾。

（14）窗户。茅草（屋）顶上有可开启的草窗。

从佤族建筑空间的物质形态来看，大致形状呈椭圆形（图3-5），立面似一只蹲着的母鸡，这样的形式感是佤族建筑最为显著且稳定的外观特征。佤族用"鸡罩笼"来指称这一类建筑，是很贴切的。

佤族建筑是由哪种因素决定的？是实用功能还是造型理念？如果是实用功能，那么同一区域内的其他民族却有着不同的建筑空间形态，这又如何解释？通过田野调查，我们认为它应该是人类在长期的社会实践活动中积累起来的对空间的感知，进而形成了特定的空间理念，空间理念塑造了空间模式，从而又影响了建筑的构形。当然，空

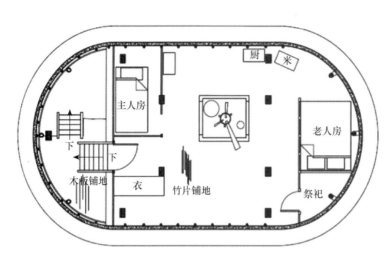

图 3-5　佤族主室平面图

间理念并不是抽象的，它包含着人类的生命感悟、信仰追求等。比之
其他艺术而言，建筑艺术与人的生活联系更加紧密，因此也就更加充
满对人性的关怀和容纳，对生命以及生命形式如何嵌入生存空间的关
心也就更为迫切。因此，形式总是被先于形式的理念所决定，而理念
则来源于更深层次的原型。

那么原型是如何体现于建筑形式中？柏拉图关于个别事物与理念
之间的关系探讨可以有助于回答该问题。柏拉图认为，理念是世界的
本原，具有先验性，个别事物是对理念的分有。延伸到原型与形式之
间的关系，也是一样。原型是恒定的、不变的，而形式则是相对的、
多变的。在人类早期社会，两者合二为一，后来经过分离，原型成为
形式得以形成的依据，那么是什么沟通了两者？柏拉图认为，是分有
和模仿。在他看来，分有只是被动地对理念进行追随与映射，没有表
现分有主体的主动性；模仿则凸显了模仿主体的动力。基于模仿与史
前艺术发生之关联，我们进一步探讨佤族建筑构形对原型的模仿是如
何发生的？

在对史前艺术发生机制的研究中发现，模仿是造型艺术发生的重
要手段。

第一，我们来看模仿的动因。表面上看佤族建筑构形是对"圆"
这个原型的形式显现之模仿，深层次看，模仿本身又是由更为深层的
观念性动机所驱使的，观念性动机便是于原初性图腾观念及其特化形
态——巫术观念所引发的（郑元者，1998a）。也就是说圆形具有与古
老巫术观念所相通的一面，这在佤族仪式场景、祭祀舞蹈中都有所表
现。另外，在谈论原始艺术起源问题上，无论艺术起源于何处，对起
源的解释必须包含艺术这一行为的心理学基础。吉德逊认为，艺术是
作为人的内心视象的一种反响而出现的（朱狄，2007）。内心视象指
的是某种动物的形象和近似于动物形象的事物之间在外形上惊人的相

似而引起的惊奇感和随之而来的模仿冲动（朱狄，2007），模仿冲动是艺术创作的心理动因之一。当一个远古时期的猎人发现一块长得极似要躲开猎人的长毛象的岩石，惊奇感就会促使他仔细研究这块岩石，并且与记忆中的长毛象进行对比，那么，想象中的长毛象就为第一次的艺术活动创造了心理学上的条件。如果此时猎人把长毛象的轮廓画出来，艺术就诞生了。因此，对"圆"的模仿，应是在数次感知"圆"的魔力以及由物象之间相似性引发的模仿冲动所致。

第二，我们来看模仿的目的。早期人类的模仿行为并不单单是游戏性的，往往与希冀超验力量加身的目标有关。巫术模仿所设定的目标要求实现双重作用：一方面是超验作用，对此模仿表达的整体性只是一个手段，即按照所希望的方向来影响魔力或天力；另一方面是直接的和内在的作用，即通过它的实施对观众产生激发效果（郑元者，1998a）。由此推之，建筑构形对原型的模仿应是出于希望增添某种神秘力量从而达成保护自己的目标。郑元者在讨论佩什-梅尔洞穴的马与手印时，认为制作者之所以把图腾物的形象放大，并不是某种力量的观念，而是蕴含着十分具体的力量本身……画面两边手印发挥着特殊的效力：既蕴含着对图腾灵性力量的强烈信念，又是对整个祭祀活动的力量的控制和保障（郑元者，1998b）。

第三，我们来看模仿的方式。由于模仿对象是巫术观念所引发的形式感，其目的是实现超验力量的附着，并不刻意创造美，因此，模仿方式为整体性观照，整体性地反映原型概念，从而呈现出一种写意效果。中国艺术创作中有一种写意手法，即不注重对客观对象表达的形似，而注重表现其神采、意蕴、精神，称之为意象创作。中国史前社会的诸多艺术形式表现出来的就是写意风格，创作动机往往出自于强烈的主观愿望，与之无关的统统都可以省略。

从以上分析可以看到，建筑构形对于原型的模仿实际上受制于祭祀等宗教观念，并不是一种随意而为之的创造活动，它有着特殊的目的和效能，也正因为此，至今仍然保留在有着浓厚仪式观念的佤族社会中。

在佤族的建筑空间上，模仿具体体现在以下两个方面。

首先，对圆形图示的模仿。其立面外观形态类似于坐立的葫芦，舍直线而求曲线，山面两端屋顶和屋檐口向下呈现圆弧形，含蓄地象征"葫芦"，房顶开窗与葫芦口相似。在落地草顶的覆盖下，屋身也几近圆形。现在这种圆弧形模式只有佤族和同语支的德昂族建筑保留着，同语支的布朗族已采用傣族模式或汉族模式了。这种弧形模式，体现了少数民族精湛的建筑工艺和独具个性的创造精神（段炳昌等，2000）。独具个性的创造精神实则是与佤族古老的生存体验相关联的。其一，是对祖先和过去生活的缅怀，古文献里有记载"上古皆穴居""随山洞而居"，至今佤族仍视山洞为圣地；其二，弧形模式具有很强的实用性，能创造更多的使用空间。佤族民居内部空间十分独特，由巨大的圆顶覆盖，墙面很短，空间形状呈锥形。无论是上层还是下层都最大限度地留出了空间，使用率较高。顶层也比较高，没有压抑感，椭圆形可自由向外伸展，超出屋檐多余部分可作露台使用。在垂直方向，木依吉神被放在屋顶，象征着佤族人的祖先，是统领整个氏族最高的神。祭祀祖先也是朝屋顶方向。叫魂仪式的一个很重要的环节就是用小母猪供"更顶"，这是祖先崇拜的表现。这种构图形态是对古老洞居生活原型的一种写意模拟。

在建筑平面构形上，也是以圆形或椭圆形为基本形式。有两种具体样式：一是两端都为圆形，形成前后左右对称均衡，整体上较为统一的效果；二是方形、弧形各占一端，这样的建造形式具有较强的随意性，可以节约施工时间。无论哪种样式，都配以同样圆弧形的屋顶覆盖其上，造成整个建筑上小下大、上轻下重、比例均匀、尺寸适度，给人以优美的整体感。

现存的佤寨空间构图方式与沧源崖画中表现的几乎没有实质性的变化。我们可以看到，如今的佤族村民对于村落空间的建构很大程度上仍然依赖于对传统的理解和遵循。以寨心为中心，代表着村寨的血缘关系得以凝聚在以寨桩作为物化标志的中心下，寨桩强化了村寨的地缘关系。寨子中心有一块空地，是公众祭祀和娱乐的场所。在每年佤历的"勒萨木"月（春节），全村男女老幼均围绕着寨桩举行祭祀仪式，通宵达旦地踏歌。

其次，追求与原型保持一致的精神契合度，而不重视细部修饰。佤族的建筑看起来是极其朴素的，很少讲求建筑构件的精细程度和装饰方面的表达。这固然与经济情况有关，但从现代佤族建盖的一些新式建筑来看，也只是在用料及坚固程度上做了很大的改进，其余装饰并没有向繁富的方向发展。因此，可以说，这并不单纯依赖经济实力，而是一种创造的理念和精神所致。

综上所述，佤族整体建筑构形的圆形理念是通过立面和平面两个切面来表现。村落的构图同样遵循圆形的理念，如翁丁佤寨村落构图也为圆形（图3-6）。构形不仅是意念的传达，更是对意念的延续和执行。圆形作为仪式象征空间的原型模式被特化出来，并被固定成为一种范式，不能不说是与佤族人内心的一种历史共通感相关。随着历史的变迁，古老的生存情境、体验渐渐消逝，但仪式所保留的效力还在，因为不论是原始先民还是现代人都会遇到难以克服的困境，对仪式所能提供的超自然力量需求仍然存在。所以，佤族建筑形式对圆形理念的再现，不仅出于保留记忆，更是为了获取灵性的力量。也正因为人们对于仪式空间的需要，才会使远古时期的原型模式得以长时期保存和延续。而我们不要忘记，原型也是人自身的创造物，它是人类根据现实需要所创设的，并不如康德所说的是

图 3-6　翁丁佤寨村落

"先验的存在"。因此，努力沟通远古与现代的共同精神性源流，是我们理解原型的关键所在。值得注意的是，对原型模式精神性的传承，使得佤族建筑对原型的模拟和再现更注重于表现其神采、意蕴及精神要义，而不注重形式的雕琢，因而我们也很难从细部领略其更深的意味。

第三节　藏族仪式行为象征空间
对建筑构形的塑造

仪式空间的形成与人类的仪式活动有关，而仪式活动最为关键的环节便是仪式行为。仪式行为对仪式空间的形塑借由身体移动和感知来理解。身体感知是身体意象的前提，身体意象又能开启主体的意象空间，意象空间经由不断地重复上升而成为仪式行为象征空间。本节通过对藏族仪式行为、身体意象和仪式行为象征空间几个维度之间关系的分析，阐述仪式行为象征空间的生成及其对建筑构形的影响。

一、仪式行为对象征空间构形的塑造

仪式是一个完整的、公开的、在特定时空环境中综合展现出来的群体性行为。美国人类学家、解释人类学的提出者克利福德·格尔茨称仪式是一种文化表演（culture performance）。当说到表演的时候，便隐喻着虚拟性特征。大凡与信仰有关的仪式表演，并不是对现实世界的模拟，而是对神秘世界的虚拟（薛艺兵，2003）。仪式空间是行为所塑造的空间，是在实体空间基础上即仪式场景的布置、仪式行为的圈定，由行为者的心理时空虚拟出来的一个空间范畴。在其中，任何物质的空间装置都是配合仪式行为而来，仪式行为可以说是使空间神圣化的行为（郑志明，2014）。因此，仪式空间包含两个层面：一是实体性空间，对应于凡俗空间，我们能看到并感触到；二是虚拟性空间，对应于神圣空间，存于人的心理意象当中。神圣空间是指在宗教经验中具有超越性精神属性的空间，反之不具备此种属性的空间为凡俗空间。从宗教角度来看，神圣空间／虚拟空间与凡俗空间／实体性空间是一对相对的概念。

仪式行为是连接实境与虚境的必要环节，它使得空间从实境向虚拟转换，从而获得神圣性，与实体空间相隔离。例如，一个空旷的广场，有了人的仪式行为，如跳祭舞或祭拜，就能成为圣坛。

为什么仪式行为能够创造出神圣空间？其中有着复杂的转换过程。法国著名哲学家莫里斯·梅洛·庞蒂认为，人类行为与动物行为最大的区别在于行为的象征化，人的行为具有符号性，有其能指和所指，而并非简单的机体反应。

结构指的是从具象中抽象出来的一个相对固化、稳定、拥有某一普遍含义，能运用到不同形式中的整体属性（单元、片段。它并不单独存在，却又可以独立出本质），使不同空间得以保持为一致的相同构形。结构的基本要素表现为：方向、路径、规模、人所处的位置，空间面向人的意义等。使不同的建筑构形得以保持在内在意义上的一致，并使人能领悟到其形式所能反映的真谛，关键在于对空间结构的抽象化及对其象征意义的领悟。

象征化意味着人脱离了动物行为对同一主题进行变化的欠缺，实现了行为的自由，从而使行为本身向无限的意义与价值开放，在这里，行为不再是具有一种含义，它本身就是含义（莫里斯·梅洛·庞蒂，2010）。正因为具有象征化特征，仪式行为对空间的塑造主要是创造出一种具有普遍意味的象征性结构，这样的结构放在任何一类空间中都是通用的。

下面我们通过藏族的右旋和叩拜两个礼拜仪式行为来说明这一观点。在佛教建筑中，礼拜空间是信众用行动对其崇拜对象（佛）表示礼敬的场所，礼拜空间的具体形式由礼拜方式决定。佛教礼拜仪式主要有两类：右旋与叩拜。

右旋是指信仰者以顺时针方向对佛陀、佛塔、佛寺、神山等进行旋绕的礼拜方式。旋绕，一名行道，又作旋右（玄奘等，2007），这是一种古印度时期就有的礼拜仪式，是对国王或特致敬意的人举行的仪式，其绕行方向与太阳的运行轨迹一致，表示一种对太阳的崇拜。

右旋在藏族宗教礼拜活动中，又称为转经。转经，藏语称为"果巴（skor-ba）"，是藏地最大众化的信仰仪式。如果崇拜物为神山，则称之为转山，绕山行走，以虔诚之心朝拜神山。在下文中，右旋、转经和转山三个概念可通用。

叩拜最基本的方式是双手合十，以头轻触佛像的底部、基座或地面，较为正式的方式有三种：一为至尊叩拜，也称三叩九拜。仪分九等，五体投地为第九等、最高级，即双膝、双手及头着地，是古印度最敬重的礼节，佛教沿用此礼（玄奘等，2007）。二为磕长头，即双膝下跪，全身匍匐，额头触地，双手直伸，手心向下，然后收缩起立即为一个长头，又称等身礼。磕长头又分为原地长头和目的地长头两种。原地长头为面对佛像、佛堂、寺庙等地原地不动的叩拜，目的地长头是围绕佛寺、神山、圣湖磕长头，以圈数计功德，还可以长途磕头去某地朝圣。三为横向等身礼，与前一种叩拜方式不同的是，这种方式是用身体的宽度而不是长度来丈量朝拜的路途。其磕长头的方向和行进路线呈十字形，每次叩拜紧挨前次叩拜的身痕进行，因而朝圣时间更长。

右旋和叩拜这两种礼拜方式，对藏式建筑空间的形成有一定的影响。

右旋礼拜方式产生的建筑空间，其特征为在崇拜对象周围有可供环绕的通道，以使礼拜者可以围绕崇拜对象进行顺时针方向的绕行，这样的礼拜空间模式，可以称之为右旋空间。

右旋空间在藏族的建筑中分为室内与室外两种，室内的右旋空间或单独存在，如藏族民居中的中柱右旋空间；或与正面的叩拜空间合二为一形成复合式仪式空间。复合空间常见于佛寺当中，如云南省香格里拉噶丹·松赞林寺的札仓大殿。室外的右旋主要有转山和转经。转山是围绕神山的礼拜方式，分为内转和外转。内转是围绕山中的圣地朝拜，外转则要围绕整座山脉步行一圈。转经则是围绕神圣建筑物形成的转经道。在不举办任何佛事时，转经道完全可以作为一个路径空间而存在，为人们日常交通提供服务。当举行宗教活动或者有任何宗教行为时，转经道就有了其特定的宗教含义，也就有了方向的规定，该路径空间的人性和神性的双重特性在此体现得淋漓尽致（白胤，2010）。由此可见，转经道同时也作为联结建筑群体的主要交通干道而存在。

与右旋方式相比，叩拜对建筑空间的要求有较大的不同。叩拜者只需正对崇拜物进行礼拜，不需要以崇拜物为中心的环绕通道。其空间特征为：面向崇拜对象的正面和两侧均为开敞的空间，其后则为封闭的空间。

对比两类空间可以看到，叩拜空间可以单独存在，但右旋空间往往要与叩拜空间相结合形成复合空间。在印度佛教建筑中，复合空间是主流。复合空间的特性为：以某一神圣主体（中心塔柱、佛像）为中心，佛教徒对神圣主体进行叩拜或环绕供奉。随着佛教的传播，西汉以来的佛教建筑中，复合空间也成为主流。复合空间和叩拜空间在佛教寺院中的大量存在，反映了佛教的传承关系及其与中国文化的交融。

叩拜空间是佛教传入中国与中国古老礼仪相互融合的产物。佛教传入汉地之初，佛殿（窟）大多是采用复合空间。随着佛教建筑汉化程度的加深，在汉传佛教寺院中便出现了复合空间弱化、叩拜空间强化的现象。许多汉传佛教寺院中已经取消了右旋空间，只有单纯的叩拜空间存在了。究其原因，主要在于：一方面，中国早已有之的世俗礼拜方式对佛教礼拜方式的同化。在致敬的方式上，右旋在中国是没有的，所以很难推广。中国古人对神灵、更喜欢分开拜之。众佛祖往往分庭而立，没有绝对的中心，反映的是中心的虚无化。中国人整体上信仰无神论，参佛并不说明对佛的皈依和崇尚，更多出于世俗的祈求。古印度所创立的佛教原旨在中国发生了根本的改变，因而，礼拜方式的变化对汉传佛教寺院礼拜空间产生了直接的影响。另一方面，对叩拜空间的强化受到密宗佛教的影响。它有别于汉传佛教对神灵的祈愿色彩，更注重仪轨的践行，对偶像的观想（密宗佛像的塑造颇具象征性）。

通过以上分析，我们可以提炼出藏式建筑中三种空间结构：①围绕崇拜对象顺时针环绕的右旋空间；②对崇拜对象的面容进行正面礼拜，而不需要环绕通道的叩拜空间；③右旋与叩拜相结合的复合空间。这三种空间结构普遍存在于藏式建筑中，成为最为稳定的形式要素。由于复合空间需要的建筑空间较大，所以通常出现在藏族规模较大的佛寺与宫殿建筑中，规模较小的佛寺与民居建筑中则多以叩拜空间为主。

二、仪式行为象征空间的意义指涉

空间的意指，就是对自然空间赋予精神和文化意义，或将现成自然物象置于某种特定场域中，通过新的人为"编码"而赋予视觉形式之所指意义，从而使不可见的心理之象呈现（邓启耀，2015）。

仪式行为从表面上看是一个重复性的物化动作，然而任何行为背后都有着深层次的心理和情感旨归。对大多数藏族人来说，尤其是老人，转经和叩拜是他们每日的必修课。他们每日早晨起来的第一件事就是到房顶敬香，到经堂行叩拜之礼，然后去转经。重复性的仪式行为究竟在信众身上起到一个什么样的作用？以往的研究当中，往往容易将转经或叩拜过程中产生的心理体验归结为饱含着一个个信仰者丰富的生命感悟这样的结论，却没有对具体而微的心理诉求和情感体验做出详细描绘，更没有对行为所依附的身体要素及所产生的空间感知做过分析。实际上，仪式作用于信众的效果并不是通过外在的形式让其接受某种信仰或意识形态，而是赋予参与者的身体一种能动性，让他们能意识到自己拥有某种实作知识，可以通过参与来经验一种更超越的力量。下面我们将从仪式行为对空间建构的角度来分析仪式行为象征空间的意义指涉。

通过转经仪式，我们可以看到三种关系：第一，身体移动与主体空间感知之关联；第二，仪式行为与主体意象空间之关联；第三，主体意象空间与仪式行为象征空间之关联。

借用现象学的理论，分析行为与身体、身体与空间、行为与空间之间的交错关系。首先，重点考察因身体移动所塑造的空间感知；其次，仪式行为促发了身体意识的觉醒，意象植根于身体意识之中，因此，分析仪式行为中所产生的身体意识能够帮助认识主体的意象空间之形成。此处涉及意象与象征两个概念的比较，以及意象如何转化为象征的问题。"意象"不是一种图像式的重现，而是一种在瞬间呈现的理智与感情的复杂经验，是各种根本不同的观念的联合（勒内·韦勒克等，2005）。象征与意象的区别是什么？象征具有重复性与持续的意义。一个意象可以被一次转换成一个隐喻，但如果它作为呈现于再现不断重复，那就变成另一个象征，甚至是一个象征（或者神话）系统的一部分（勒内·韦勒克等，2005）。因此，意象偏向于主体的意识与想象，展现为一种理智与情感交融的心理图示。象征则可由意象转化而来，需建立在群体的认同之上，具有普遍性与稳定性特征，并能反过来作用于人的思想意识与行为模式。

1. 从实境到虚拟：身体移动与空间感知

法国著名哲学家莫里斯·梅洛·庞蒂对空间性的解说是从身体入手。肉身主体具有身体图示的作用。首先，行为必须由身体参与。身体体验与人的行为、触觉与知觉相关联，是我们把握世界的基本方式。莫里斯·梅洛·庞蒂把行为分为混沌形式的行为、可变动形式的行为和象征形式的行为。象征形式的行为是指人通过身体符号来体现意义的行为，使得行为脱离了自在秩序，并且成为某种内在于它的可能性在机体之外的投射（莫里斯·梅洛·庞蒂，2001）。象征形式的行为是人类独有的行为，人类能够适应、应对环境的变化，而且能创造出一个人类世界。

其次，空间性可理解为身体本身的空间性，身体对空间具有构建性。莫里斯·梅洛·庞蒂所说的身体的空间性不是位置的空间性，而是一种处境的空间性，空间离不开身体的感知（图3-7）。另外，身体也会通过不断修正来适应空间的要求，从而形成新的空间习惯。如果

图 3-7　云南噶丹·松赞林寺广场

没有身体，也就没有空间（莫里斯·梅洛·庞蒂，2001）。身体介入空间，打破了绝对空间与相对空间的凝滞，进入一种新的关系性空间。由人与周围环境的互动来建构的空间，是流动且具有诗意性的。

　　所以，身体是行为与空间联结的媒介，身体的处境性是理解空间感知的关键。

　　叩拜基于身体的弯曲、直立，通过不断重复性的动作表明对神灵的虔诚心境。叩拜时对神的凝视以及许愿时的冥想，都是为了在那一瞬的时空中实现身、心、意与神佛沟通的愿景。转经不像叩拜是对神或偶像的凝视和冥想，而是通过"转"的行为从一个地点抵达另一个地点。其中有两点值得注意：一为转经行为和身体感。转经的方式有：行走、念经，或匍匐前进、磕长头。磕长头最为虔诚也最为辛苦，需耗时数月或一两年。在转经过程中，身体成为空间的度量衡。仪式空间由身体的移动而获得，从而实现了从实境到虚拟的转变。由于磕长头异常艰辛，一般都戴护膝和护掌，其间所经历的痛苦和折磨需要信仰者很大的耐力和毅力才能克服。这样一种痛苦的身体感，使人对空间的感知集中于痛苦与忍耐，从而形成一种处境的空间性。二为身体感所确定的空间感知。例如词语"这里"，如果用于我的身体感知，并不表示相对于其他位置，或相对于外部坐标而确定的位置，而是表示初始坐标的位置，主动的身体在一个物体中的定位，身体面对其任务的处境（莫里斯·梅洛·庞蒂，2001）。也就是说，任何空间的感知都需要借助身体来唤起。通过移动，身体能意识到处于圆周运动当中的任务处境，即通过身体的丈量及身体的移动完成所要走的路程。同时，痛感也能激发身体的主体意识，从而形成更为确切的空间感知，如转经时对圆的认知。转经通常以一点为中心往外绕圈子，经由移动，形成一条界线来定义一块匀质空间。在此过程中，人们能增强对圆的感知并深化对佛家轮回观的体悟。同时，由仪式行为创造出来的虚拟空间，类似于米歇尔·福柯所说的异质空间。异质空间是匀质空间中尚未去圣化的部分，就一般的匀质空间而言，它将我们拉出自身，摆脱日常的侵蚀，从而捕捉我们、消耗我们，使我们成为另一个自我。

2. 行为主体的意象空间

身体的参与促就了空间的感知，在仪式空间的研究当中，这一点似乎一直没有得到充分的重视。漠视身体的存在，容易把身体仅作为仪式活动中权力的作用对象，而忽略了其本身也是权力组成成分的场域。在这种观点下，仪式就不只是起到外在制造阶序、整合社会关系的作用，它本身就是一个自足的系统，可以定义、定位在其中的各种身体、物品、行动。如此一来，仪式就获得了充分的自觉性与主动性，仪式与身体也就形成互相建构、互相参照、互相配合的双向流动关系。

正因为身体与仪式之间的密切关联，让我们可以继续探究身体在仪式的激发下所产生的深层次感悟。心理动机和身体意识是交织在一起的，因为一个活生生的身体中，没有一种单一的运动对于心理的意向来说是完全偶然的，也没有一种单一的心理活动在生理的机制中没有它的起源或它的一般的轮廓（莫里斯·梅洛·庞蒂，2001）。美国哲学家理查德·舒斯特曼认为，身体也是有意识的。他把身体意识分为四个层次：无意识层次、意识层次、深刻意识层次及反思意识层次（理查德·舒斯特曼，2008）。在仪式行为中，身体意识应处于第四个层次。宗教信仰者不仅能清晰意识到自己的行为，还能清晰意识到对仪式行为的反思如何影响宗教体验及其他身体体验。每一个信仰者在进行反复的仪式行为中，有可能是处于无意识状态，但他们肯定能意识到这样的行为意味着什么，目的是什么，有着什么样的象征意义。他们并不为某一个目标而去，也没有所见的对象，只是凭借不断重复的仪式行为来达到一个理想之境，这个理想之境便是存于每个人心中的意象空间。

美国行为主义心理学家伯尔赫斯·弗雷德里克·斯金纳把意象称为"没有所见对象的看"。他认为意象是一种行为的形式，正是由于符号活动是一种内化了的行为，也就出现了没有所见的"看"，出现了意象的空间，因此意象空间由行为的符号化而产生。反之，动作语言，特别是舞蹈将符号化的行为再现出来，成为我们可以看见的象征空间（T. H. 鳌黑，1990）。意象与象征的区别，前者多为不可见的抽象之思，后者则多表现为可见、可感的具体形象。

下面我们通过藏族转山过程中形成的两种意象空间进一步阐述意

象与象征之间的关系。

（1）中阴[1]救度。转山是盛行于西藏等地区的宗教仪式活动。转山即绕山行走，以虔诚之心朝拜神山。转山的目的并非为了在现世获得什么好处，而是为了体验中阴而获得救度。佛教把这种仪礼称为中阴救度。其深层旨归是佛教的轮回观念，信仰者希望通过此生的修行换来来世的好运。

图 3-8 为藏族转山路上的玛尼堆。

在转山路上，朝圣者会为自己建造阴间的小房子，表示转世后愿意来此生活；在狭小、黑暗的石洞内匍匐爬行一圈，表示这一世已经过了一次中阴（郭净，2015）。因此，转山者的"转"并非机械徒劳，而是具有明确意识的，是通过身体转圈及痛苦感的体悟达到向理想境地，一个属于信仰者的独特意象空间——中阴空间的接近，从而获得神圣的救度。

（2）阈限。按照人类学的视角，中阴即为阈限，即从实际的生存境遇中剥离，去体验走进死亡的感觉。中阴不仅是死亡到转世的过程，还是整个生和死被当作一连串持续改变中的过渡实体（赵志浩，2015）。在这个意义上，中阴与阈限同为一种生命的中断或

图 3-8　藏族转山路上的玛尼堆

[1]　佛教认为：人死后以至往生轮回某一道为止的一段时期，共 49 天，此时期亡者的灵体叫作中阴。

过渡。英国人类学家维克多·特纳夫妇认为，朝圣等同于"通过仪式"，是朝圣者摆脱以往的身份的一种体验。他们离开故地就进入了一种阈限，当历经考验后，又以全新的面貌返回故地即为朝圣之旅。

因此，朝圣者在转经中经历了三个阶段：第一，分离阶段。朝圣者无论从身体、心理、情感上，都意欲摆脱平时的日常生活。出于摆脱日常生活的"烦"，朝圣者走出了"分离"的第一步。第二，过渡阶段。在此阶段，朝圣者磕长头、膜拜神灵、实物供奉，进入一种无我状态，在空间上达到了一个无我之境。第三，融合阶段。朝圣者经历了前两个阶段的磨炼，重新获得了新生，虽然身体无异，但精神、情感与心理已经判若两人，他以全新的自我出现在日常生活中，最终得以摆脱以往的庸常和困扰。

如果说中阴救度是宗教的体验，那么阈限则是俗世的经验。意味着凡俗空间与神圣空间的转换，在转换过程中，个体进入到一个新的境地，生命因而得到更新与重组。阈限过程同样出现在叩拜仪式行为中，只不过更为常态化和短暂而已。

3. 象征空间意指

以上呈现的是主体的意象空间，正如伯尔赫斯·弗雷德里克·斯金纳所说，是没有所见的"看"，全然存在于人的意念当中。这是从个体层面上的分析，如果放置在整个群体之上，无数个体的意象就会汇聚为整体——象征。意象之于象征，只不过是其轨迹而已（王炳社，2009）。

象征是建立在群体认同基础之上的心灵符号，是意象稳固化、抽象化了的产物。转经过程中，个体意念中形成的中阴及阈限空间，是支撑个体走完朝圣路程的直接动因，它让人暂时脱离世间的凡俗而与神圣接轨，象征性地经历死亡与再生。然而，这还不足以使这一宗教的仪轨普遍化，并成为信仰者的惯例行为。只有把某种意象上升为象征，才能变为超越现实的符号，成为一个民族整体的精神法则。象征是需要具体的事或物来呈现的，而佛一开始并没有形象，他的功德报身以圣者而现；法性本身，即空性的本身，也没有特定的形象。在凡俗的信仰中，往往必须由具体的物以及相应的制度仪轨来逼真地凸显佛教世界，强调神灵在仪礼空间中的真实存在，因此有了与佛像、佛法相对应的仪轨——叩拜与转经。

仪轨是佛教世界的基础要素之一，仪轨构拟的意象空间存于个体的意识当中，可供人体验与感知。一旦意象空间群体化、抽象化和稳定化后，便转换为象征空间，成为某一信仰群体或族群牢不可破的空间模式，代代相传。

表3-1为转经仪式行为所形成的意象空间及象征空间意指。

表 3-1　转经仪式行为所形成的意象空间及象征空间意指

	出发点	仪式行为	转的中心	终点	浅层象征
本体	住地	转山	神山	朝圣地	神山庇佑
	东向	转经	转经筒、寺院神圣物	北向	太阳崇拜
	出发点 /凡俗端	意象空间		终点 /神圣端	深层象征
象征	此生	中阴救度（阈限）		来生	轮回
	俗世	阈限		神圣	更新
	梵	空		我	涅槃

从表 3-1 比较得出，转山和转经都是围绕一个中心进行环绕，浅层象征意义为获得神山或太阳的庇佑，深层意义在于再现一种过渡，从此岸通往彼岸，需要以"转"的行为来表示。空间形式上呈现为游动且复合的态势，意义层面上体现为"空""无"。参佛人以参拜对象为中心，成为参拜对象参拜中的有机部分。因此空间结构不是闭合的而是开放的。转山和转经也意味着行为主体从凡俗一端到神圣一端的历程，中间经历个体意象空间的转化，最终进入深层次的象征空间，也就是佛教所引导的：轮回、更新及涅槃境地。

叩拜形成了观想空间，观想者与参拜对象之间呈现主从和体悟的关系。在空间感知上，强调静止与距离。观想的要义在于使注意力高度集中，达到身心统一，通过制感[1]完成从感官那里全身而退。制感是苦修的最高境界。而对于空间的弃绝也是制感的一部分。修行者首先要破除对空间形状的执着，此过程称为观空，如此一来，修行者便进入空有不二的境界，从而实现了自我的解脱。

因此，转经与叩拜形成的空间的象征性都指向"空"与"无"，自我既不在这儿又不在那儿的一种状态。

三、仪式行为象征空间对建筑构形的塑造

仪式行为象征空间如何作用于具体而微的建筑构形？这需要返回身体，因为身体是意识的起点与归宿。自身意识是一种内在的反身性（immanent reflexivity），它通过每一种有意识的状态不仅把握了所觉知的东西，同时也把握了对其自身的觉知（丹·扎哈维，2016）。自身

---

〔1〕　制感的梵文是 pratyahara，这个词被翻译为"感官的回摄"。感官收回来之后，感官停止活动，就回到心意。心意可以被视为内感官。感官控制，是从呼吸控制中逐渐形成的健康生存能力。当我们有节律地呼吸，其感官不再追寻外部欲望而转向内在时，心也就会从感官的势力中解脱出来而趋于平静，这就是制感。

意识指的是主体对于意识中所觉知东西的觉知。举个例子，我被雨淋了（第一层觉知是体验到被雨淋的感觉），我意识到自己被雨淋这个事实（第二层觉知是产生的浪漫或沮丧之感）。相反，如果我知道被雨淋了却没有意识（麻木状），这是无意识体验。因此，身体的主动性意识，须返回身体，也就是返回生命的体验中去。意向性的意识其实就是人的身体本能或生命向性的自觉化，而意识的"自觉"必定是相对于"自发"而言的，不可能不渗透和表现着身体在所经历的自然历史环境下、在成千上万年间形成的高度复杂而灵敏的生理机能与心理机能（张曙光，2010）。

信仰者通过仪式行为的操演进入一个虚拟时空，并通过身体意识开启了一个象征空间，当象征空间要表现为具体的形式时，又须由不可见的抽象之思返回身体，继而由行为与体验成为构拟空间形制的根据。这样的身体感知不同于一般的身体感知，而是经过信仰者对自我经验的反思，然后投射于物质世界，从而达成对日常生活世界的重新体悟。

以上分析了意象空间到象征空间的转换。象征空间的形成，意味着普遍化、稳固化的空间观念的诞生，下面我们从空间图示、平面结构、尺度及装饰四个维度来阐述象征空间对建筑空间构形的影响。

1. 空间图示：曼荼罗[1]

人对空间的最初感知来源于定位，上、下、左、右四个方向，源自于早期人类对太阳东升西落现象的观察以及由此衍生的原始崇拜。与方位相关的不只太阳崇拜还有生殖崇拜，男根柱或女阴穴，其在空间定位上，往往与中央相联（王贵祥，2006）。由此来看，原始人对中央的概念与人类本体意识的萌芽几乎属于同步。毋庸置疑，空间定位的依据是人的身体感知，以身体为中心的空间定位说明了居所、聚居地、宇宙象征的范式性划分的重要性。

在藏传佛教寺院中，空间图示的基本形态是中心突出、四周环绕，寺院以转经通道为主轴，形成主殿为中心、四周辅殿的曼荼罗形式。例如，云南省香格里拉噶丹·松赞林寺（图3-9）便是以札仓殿为全寺中心，主殿两旁是宗喀巴殿和释迦殿。藏式建筑群不受中轴线对称的限制，而是围绕中心呈圆形。对中心的突出，反映了以人为中心的空间定位。同时，也来源于印度吠陀文化中有关胎藏与种子的概念。胎藏相当于母体的子宫，在曼荼罗中称为中胎，具有种子意义的圣物蕴藏其中。以密室暗藏、中心高耸、四方设门、四周聚集为特征的印度教神庙或佛教塔寺，表征了这一空间特征（王贵祥，2006）。古印度人认为世界是一个卵子，由创造者向水中扔下一粒种子而产生，佛教文化接受了这一观念，并成为一种独特的

---

〔1〕 曼荼罗：梵文音译，意为"坛""坛场""坛城""聚集"等。

图 3-9　云南省迪庆噶丹·松赞林寺

佛教观念。中心便是胎藏空间的象征，也是繁育与藏具能力的象征。胎藏孕育出一套特别的修行方法，即修法须在神秘隐藏的气氛中进行，严禁外人观看。

在藏族民居中，这样的空间图示同样有所体现，只不过颇为隐性罢了。藏族民居，建筑外形轮廓整体造型呈梯形（图 3-10），下部墙体宽大，上部逐渐缩小，微微往上方向倾斜，整个建筑显得敦厚牢固。在古印度建筑中，一直都有在建筑群落中不断形成方锥形的凸起以象征须弥山存在的传统（曾晓泉，2013）。因此可以推论，梯形等似于方锥形，象征着须弥山，人们之所以把建筑建造成梯形，是在传递对神山的顶礼膜拜。梯形造型之于藏式建筑的隐喻性和象征性内含着神圣空间对于人类的意义，现如今，这种意义虽因历史太过久远而被遮蔽，但建筑造型依然保持不变，召唤着人们对它进行感悟和解读。

2. 平面结构：回字形

根据转经和叩拜仪式所规定的路径、佛像位置、人对佛像的行礼方式，藏式建筑的平面空间布局一般分为两类：一是佛像居中，四周为右旋通道；二是佛像靠后（靠在墙上），前面为叩拜空间。

在藏传佛教寺院，信众崇尚转经，围绕寺院而形成的室外转经空间比室内行礼空间更为重要，这一点可与基督教堂做一番比较。

藏传佛教寺院不像基督教堂那样试图建立排斥周围环境影响力的

内部场所，而是在其空间的设置上尽可能把周围环境向自身聚集（黄凌江等，2010）。基督教堂是一个殉道空间，殉道空间无论装饰得多么富丽堂皇，都是用来思索基督受难的问题的神圣场所。因此，人们在教堂聚集，是为了让目光能够集中到中心，而此后，目光又从"受苦的平面"往上朝向光。十二扇窗户、彩色玻璃是教堂的光的来源，象征着基督徒的旅程，也使教堂成为采集神圣之光的容器。彩色玻璃所形成的阴影则让人往内观看，形成沉思冥想的空间。藏传佛教寺院因重视外部转经空间，对内部的修饰不是很在意，再加上密宗佛教注重观想的教义，使得内部的空间氛围异常昏暗神秘，除了大门之外，没有其他的采光口。可见，宗教对教义的传播往往借助某一种空间形式来展开。

图 3-10 藏族民居

在藏族民居中，转经与叩拜空间也是重要的组成部分。在贵族大户人家，转经空间尤为突出。二楼有三圈封闭的环形路线。三楼有两圈封闭的环形路线（刘军瑞等，2009），平面结构为回字形。

普通住宅不具备如此条件，没有回字形通道，但室内空间会表现这一点。藏族民居的二楼平面形状似"田"字（图 3-11），中间是一根粗状的中柱，不作承重之用，更多起到象征作用。在中柱四周形成可回绕的动线，有别于静态空间，中柱赋予了空间动态的走势，是对藏民转经仪式的一种体现。从中柱的起源、发展来看，其最初在建筑中起的是支撑作用，是游牧民族居住形态遗存的反映；而后，发展为

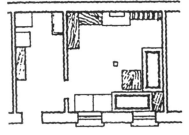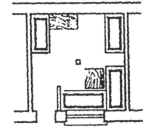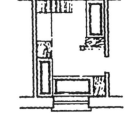

图 3-11 藏族民居二楼平面的"田"字形

室内转经空间的主轴，这与佛教的传入有关，也与涅槃思想与塔葬形式相关。山西大同的云冈石窟选择楼阁式塔形外观石柱作为中心柱的结构也体现了这层佛义（高歌，2015）。

随着汉文化的深入影响，叩拜因其简易性逐渐替代了转经，成为藏传佛教信仰者更为常见的礼拜方式。在叩拜中，身体所需的空间不大，在神龛前摆放一个蒲垫即可完成；转经则需要较大的空间，狭小的建筑或现代住房都不能实现，因此，叩拜更具普遍性与适用性。在藏族民居中，围绕中柱的右旋空间与神龛前面的叩拜空间共同构成了仪式空间。围绕中柱的仪式活动式微后，右旋空间更多表现为一种象征性的存在，成为建筑构形的依据。叩拜空间则慢慢成为主流，特别是单独的叩拜空间——经堂的出现，无不说明了叩拜空间逐渐取代右旋空间这一事实。

3. 尺度：高大

我们现在看到的藏式建筑一般都较为高大雄伟，尺度远远大于一般的建筑，然而旧时的藏式建筑却并非如此，都比较矮小狭窄。如图 3-12 所示位于香格里拉县城旁布托村的百年藏式老民居，两层楼房，高度仅 5 米左右，一楼低矮饲养牲畜，二楼虽然住人但也很局促。

据文献记载，旧式藏族的佛寺僧舍都很小，仅能提供日常生活所需，民居也多半如此。而现代藏式建筑，一改传统狭小的格局，变得异常高大，这固然与经济条件的改善有关，但深层次的原因恐怕是与佛教戒律的改变相关。古时藏民遵循藏传佛教戒律，禁绝欲望。这一戒律深深影响了藏民的衣食住行，首当其冲的便是对身体舒适度的离弃，例如"不眠高床"的规定，僧舍面积不得超过 19 肘[1]宽、18 肘长。藏式床长 1.8 米或 1.9 米，宽 0.8 米或 0.9 米，高 0.4 米左右，比较低矮（图 3-13）。藏式床集日常起居、交谈、吃饭和休息的功能为一体。而当今社会，虽然仍不坐卧高床，但是现代的床和家具已成为藏民家中首选。戒律方式也在悄悄地转变，由原来的禅坐、静修转变为叩拜、转经。原来的

图 3-12　布托村的百年藏式老民居

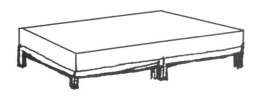

图 3-13　藏式床

---

［1］ 肘：手肘至指尖的距离为 1 肘，大约 45.72 厘米，19 肘约 8.68 米，18 肘约 8.2 米。

禅坐、静修重视内心的观想，对建筑空间的要求不高，只须满足藏聚和屏蔽的功能。当今社会，由于佛教的凡俗化趋势，建筑空间似乎无须再对人的身体进行制约，身体趋向于自由和舒展，叩拜和转经的身体感知和动作幅度也需要比较大的空间，因此，藏式建筑尺度也逐渐趋向高大，气势雄壮。

4. 装饰：观看方式的视觉秩序

藏式建筑装饰并不仅仅是通常意义上的美饰，更多的是藏传佛教教义的体现。例如，藏传佛教寺庙里的壁画（图3-14）是寺庙建筑中浓墨重彩的一笔。寺庙的墙壁，作为仪式空间中的一个组成部分，与绘画共同构成了仪式象征空间。在壁画的创制过程中，信仰者的仪式行为是壁画构图的主要参照坐标。具体表现为：人的动向观望和静向观望。

人的动向观望是指信仰者在转经过程中，围绕一个中心环绕而形成的视觉观察点。通常，建筑除了有三维空间外，还存在一个四维空间，即一个人在建筑物内部走动的空间。因此，壁画的观赏取决于人在空间中移动所具有的视点。

早期藏传佛教寺庙的建筑平面布局为：正殿均为一佛堂，绕佛堂一周为室内转经甬道。转经仪式形成室内转经甬道，转经甬道的壁面形成环状，壁画也就具有了连续性特征。因此，藏族寺庙内的壁画多讲究连续性，这种连续性的构图方式与藏传佛教转经仪式有关。

静向观望指的是定点观看。壁画构图有焦点透视的构图方法，

图3-14 藏寺壁画

即突出主尊，主要人物居中，刻画精细。如说法图（图 3-15）中，正中为释迦牟尼坐于莲花宝座上，听法人坐两旁，供养人一般位于画面的左右角落，个别画面中供养人位于佛宝座之下。如此构图的效果是引导观众将目光集中朝向主尊，从而形成极强的立体感，让释迦牟尼的形象像是脱离了周围的时空一样。在中央的构图中，释迦牟尼作为整幅图像中唯一正面形象出现，他直视着画框之外的前方，全然不理会周围熙熙攘攘的人群。因此，这幅壁画的意义就不仅局限图画之中，还有赖于画面之外的观众和信仰者的存在而实现。这样一种构图不再是自含式的，其设计的基本前提是偶像和信仰者之间的直接联系（巫鸿，2005）。

可以说，佛教仪式的修行方法之一"观相"（修行者从观看佛之众相中参悟），是形成壁画焦点透视构图方法的决定因素。信仰者通过形象生动的壁画，更为直观地领悟教义本身。凝视壁画有助于集中信仰者的注意力，进而加强自我的领悟。

因此，藏传佛教寺庙中壁画构图取决于信仰者的观看方式，信仰者的目光在建筑壁面上游移，空间的几何学规训着身体行动，并且发出命令。观看的目的是让信仰者感受到佛教的宗教感染力量，观看方法（移动和静观）由不同的修行方式所决定，成为领悟佛法的主要途径，从而形成佛教特殊的视觉秩序。

通过藏传佛教寺庙壁画的分析，可以看出在仪式行为象征空间的制约下，壁画构图受到的限定和约束，但正所谓任何艺术都是"戴着脚镣在跳舞"，佛教壁画也因有此"约束"才更为精美卓绝。同时，也因为壁画的存在，营造了佛寺建筑内仪式行为象征空间的神秘感和神圣性。

图 3-15 说法图

第四节　纳西族、藏族、彝族、佤族仪式圣物象征空间对建筑构形的制约

米尔恰·伊利亚德的"神显"理论认为，空间的圣化是由于神显的启示，而神圣物便是神显的一种。神圣物可以分为固定性神圣物与非固定性神圣物。固定性神圣物是指不可移动的构件，非固定性神圣物是指可移动的构件。由于神圣物是参与仪式的一部分，并且常常作为仪式场域的中心，因此，所形成的圣物象征空间便成为整个仪式空间中最为重要的一极，从而对整个建筑内部空间构形产生了重要的影响。

一、神显、显圣物与仪式圣物象征空间的确立

在理解显圣物之前，首先要澄清"神显"的意涵。神显是米尔恰·伊利亚德宗教研究的重要范畴，在他看来，神圣是所有宗教现象中不可约化的因素。被用来体现神意的事物就是"神显"。神显有多种形式，可以是自然事物，如石头、树木以及河流，甚至整个宇宙都能成为神显的一种。树木、石头之所以变成神显而受到人们的尊崇，不在于它们是特殊的树木或石头，而是因为它们是神显的形式。由于神圣往往只通过某些事物、神话或者象征表现自身，而不是整体地或者直接地表现自身，因此，神显总是以具体的事物呈现，人类的生存也因为与神圣相遇而变得有意义起来。

在《神圣与凡俗》一书中，米尔恰·伊利亚德对"神圣"的定义开始转用"显圣"一词，显圣指的是"神圣向我们显示他自己"，而更全面地可解释为：人之所以会意识到神圣，乃因为神圣以某种完全不同于凡俗世界的方式，呈现自身、显现自身。从这词义的转化，可以看出米尔恰·伊利亚德是从现象学理论对"神圣"进行了更深入的认识。他认为神圣是绝对真实的，甚至是灵验的，它不需要借助任何人类的力量就能自我表征出来。

因此，在本书中，神圣物与显圣物意义相同，只是同一个词的不同提法。显圣物意为"神圣的迹象"，是神圣通过其显示神迹的物体。对于宗教信仰者而言，一些最平凡不过的物件，如一块石头或一棵树，都可以称为显圣物。这些物体成为人们虔诚崇拜的对象并不在于它自身是什么，而在于它代表或者效法了某物，或是来自某个地方。米尔恰·伊利亚德认为，无论是最原始的宗教，还是形态最成熟的宗教（the most highly developed religion），它们的历史都是由许许多多的显圣物所构成的，都是通过神圣实在地自我表征构成的。例如，在

宗教仪式中，原是一些平凡的器物、祭品、法服、坛场，会成为显圣的媒体，成为具有神圣性的对象、时间和空间。仪式中使用的对象和进行的事情不是神圣本身，但是当仪式参拜者透过它们而经验到与他们所相信的神灵相遇时，这些媒体就具有神圣性了，便能在信仰者的宗教经验里产生显圣的意义（黎志添等，2009）。可见，显圣物也与信仰者的宗教体验相关，经由信仰者参拜的对象便是显圣物的一种，它沟通了人和神，从而使人能够超越自己的有限性。因此，显圣物之所以是神圣的，归根结底还在于人赋予了它特殊的意义。

在原始的神话、巫术思维中，空间并非是均质的，对宇宙空间的非均质性的体验是一种原初的体验。几何空间则是同质性的，没有自身的独立内容。而神话空间与知觉空间一样，机体的主要方向（上下、左右、前后）是不相同的，位置不能跟内容相分离。"这里"和"那里"不是单纯的这里和那里，每一点、每一要素都具有一种自身的整体性（恩斯特·卡西尔，1992）。正是因为空间的非均质性，才能形成空间的中断。如果没有显圣物的切入，空间将会是一片混沌与迷茫。空间的中断（break）使得神圣空间得以建立。中断往往由显圣物来完成。显圣物的存在使神圣空间成为恒常的存在。空间成为神圣的来源，人类只要进入这个空间就能分有那种力量。例如，寺院因为有了活佛或佛像而成为神圣的空间，人们只要踏进寺院就能感受到神圣的力量。

再来看象征与神显的关系。神显即神圣通过某物显示出它自身，终极的神圣具有不可见性。象征同样如此，是由某一物显示另一个不见之物，两者具有本质上的同一性。另外，象征包含了这样的辩证法，即未被神显直接圣化的事物，由于参与了一个象征而变成神圣。也就是说，通过象征，事物能转化为与凡俗事物看起来不一样的东西。如一棵树成为宇宙中心的象征，也意味着它变成了超越现实的符号，成为神圣之物，它所神圣化了的空间也自然拥有了象征性。

综上所述，圣物象征空间指的是：以显圣物的存在而确立的神圣空间范围，与其他空间形成了根本区别，此空间具有象征意义。与神显不同的是，圣物象征空间并没有片刻的中断，而是恒常地存在于人与神之间，从而使神圣世界得到不断的拓展和延伸。

二、仪式圣物象征空间对建筑构形的制约

（一）固定性神圣物形成的象征空间及对建筑构形格局的影响

固定性神圣物指的是以固定方式存在于建筑当中的物件，它本身也是建筑的一部分，如建筑构件的中柱。中柱指的是位于房屋结构正

中的一根柱子，为什么选取中柱？在田野调查中我们发现，在云南古氐羌系[1]的少数民族中，如藏族、彝族、纳西族、哈尼族、拉祜族、傈僳族等，中柱不仅处于结构性的中心位置，并且还具有很强的仪式象征意指。

（1）从中柱的物性来看。首先，作为结构中心的柱子必然是粗壮、笔直、抗压性强的，否则难以承受来自主梁的压力。其次，由中柱的物性能引申出中心、中轴、顶梁柱、一家之主神这样的普遍意象。例如，藏族民居中的中柱（图3-16和图3-17）象征神山、家神。总之，物象被赋予的意义不仅和外形及属性相关，也和特定的文化认知思维有关联。

（2）从中柱的原型来看。古建筑家张良皋认为逐有水草、张设帐幕是游牧民族的居住方式，中央一柱，四根绳索，就可顶起

图3-16 藏族民居室内中柱

图3-17 藏族民居室内图

---

[1] 据民族学专家考证，西南地区属氐羌系的各民族均源于古代西北的氐羌族群，氐羌族源于黄河中上游的仰韶文化，之后发展为具有地方特色的马家窑文化及其之后的齐家文化。

"庐"，帐幕由一柱很容易发展或双柱（季富政，1997）。作为最早迁徙西北的古氐羌系民族，不仅游牧还兼农耕。考古成果显示，古氐羌系民族中，帐幕、窑洞、草棚里都有中柱的遗迹。如今，分布在云南高原的古氐羌系各民族，他们的民居不仅一部分空间或一部分布局都遗存着西北古氐羌族居住空间的制式，而且中心柱一制亦仍在部分少数民族民居中得以流传（季富政，1997）。

（3）从中柱的象征意义来看，中国很多少数民族都有对中柱的崇拜。虽然中柱在不同的少数民族中象征的意义不同，但这些象征意义都对云南少数民族产生着影响。

第一，原始树崇拜。在北方民族树创生神话中，把祖先来历与天联系起来，北方一些民族至今仍流传着祖先通过大树从天而降的族源传说。后来，树脱离了始母神的形象，逐渐演化为通往神界的桥梁。藏族、彝族对树的崇拜，认为中柱能通天，正是受到了北方少数民族的影响。

第二，祖先崇拜。古氐羌系民族历来把中柱奉为祖先神，中柱是对祖先崇拜的一种象征。中柱的地位崇高，并不是功能使然，而与祖先崇拜相关。在藏族、纳西族建筑中，中柱也是祖先神的象征。

下面，我们以纳西族、藏族、彝族的中柱为例，阐述中柱对建筑空间格局形成的制约。

1. 纳西族中柱的象征及其对空间的制约

纳西族的中柱，也称"美杜"，意为擎天柱，是一根四边形的粗柱，它支撑着房屋的中心大梁，构成了纳西族住宅的轴心，是木楞房中最为神圣的地方之一。"美杜"的由来与纳西族祭天仪式密切相关。祭天，纳西语叫"孟本"，是丽江、香格里拉等地纳西族古老而又最隆重的节庆。祭天时的祭祀对象——美、达、许三棵树象征着天地、自然、人类祖先。

纳西族祭天仪式[1]的"美杜"（中柱）的象征内涵：

第一，象征至高无上的舅权。祭天仪式中心由隆起的一个祭坛构成，上置三棵小树，左边的栗树代表天父"美神"（男性），右边的栗树代表地母"达神"（女性），中间的柏树代表天神和人类的舅父"许神"。美、达、许分别等同于衬红褒白命的父亲、母亲和舅舅。许神在中央，象征着舅为大、母为尊，这是母系氏族社会的典型特征。纳西族自古是一个母系氏族社会，在一家中舅父为大，因此"美杜"（中柱）也就象征着至高无上的舅权。

第二，象征"骨头亲"和"血肉亲"[1]的对立。祭天仪式所确立的秩序同样延伸到家庭中，主要体现于中柱所确立的象征秩序。中柱的竖立彰显了"骨头亲"和"血肉亲"的对立关系，纳西族的火塘旁边

---

〔1〕 纳西族把父系亲族视为"骨"，母系亲族视为"肉"。

分为"骨肉"席、"血肉"席和客席，每个席位都依照尊卑次序严格排列。中柱伫立在赐予人类妻子的天神和大地上接收妻子的人类之间，体现了天上世界与"血肉"亲之间的联系。它通过将此时此地与天界的连接，起到将空间和时间具体化的作用（查尔斯·F. 孟彻理，1992）。同时，它也象征着社会学意义上的亲属结构。

第三，象征新家庭的组建。在纳西族婚礼上，拜堂完毕后，由东巴[1]举行祭家神仪式。东巴左手持一碗清水，右手持杜鹃枝和松枝蒿举行"素苦"（祭家神）仪式。此时，东巴边除秽边讲解代表家神的祭篓及放在祭篓内诸物的来历。讲完了祭物的来历后，由东巴进行拴"素潘板"（联姻绳）仪式。进行此项仪式时，媒人站在火塘边中柱神前面，新娘手持神桩和酒碗站在媒人的右侧，新郎手持神塔和酒碗站在媒人的左侧，然后东巴取来一根长约四丈（1 丈 = 3.33米）长的牛皮绳，一端系在中柱上，另一端绕过新娘、新郎和媒人身后，将绳头放在祭篓下面，表示新婚夫妇已属于同一家神庇护下的家庭成员。香格里拉市白地村纳西族的婚俗也类似，祭祀中柱与位于中柱前面的祭篓是婚礼必不可少的步骤，象征着新郎、新娘告别原有家神的庇佑，将要建立新的家庭。对于男子而言，就算是不离家，也要以新的形式（娶妻成家）在这里获得新的身份。对于新娘来说，新娘带有自身的素神[2]嫁进门，要在新郎家中柱旁举行祭家神仪式迎接新的素神。

婚礼中的祭祀中柱仪式，实质上是"通过仪式"的一种。通过仪式的三步骤分离、过渡、融入，反映在婚礼仪式上便是离家、祭祀中柱（家神）、融入新家。其他一些类似的通过仪式，如成年礼、葬礼也会在中柱旁边举行。因此，我们认为，中柱在纳西族家庭中所占据的空间实则是一个过渡空间。首先，从中柱象征的宇宙秩序来看，它把天、地、人并置并联系起来，象征着从神权到人权的过渡；再者，在家庭秩序中，中柱把"骨肉"席、"血肉"席和客席三者隔开，意味着亲属关系的不可逾越性与可转换性。女子在其中是达成亲属关系连接与转换的桥梁。中柱空间作为一个过渡空间，看护着人成长，同时又护送着人离开。

传统的纳西族木楞房属于层叠式构架，是以壁体来承重，中柱在建筑中不起结构性作用，但具有象征意义和美学意义。虽然中柱不是结构性构件，但中柱的数量和形式上的变化却决定了建筑构形的改变。

下面以丽江市宁蒗县永宁乡纳西族木楞房、迪庆州三坝纳西族乡

---

[1] 东巴：东巴教的祭司，"东巴"意为"智者""大师"，作为人—鬼—神之间的中介。在纳西人的心目中，他们知天晓地、擅测祸福，能通神镇鬼、祈吉驱邪。
[2] 素神：纳西族的传统婚礼称为"素字"，意为"迎接生命神"，纳西人认为每个人都有自己的生命神"素"，新娘是外来的新的家庭成员，因此要把她的生命神迎进新郎的家庭，与新郎家庭其他成员的生命神结为一个集合体。

白地村纳西族木楞房与丽江纳西族仿汉式合院式建筑为例说明。

永宁乡纳西族木楞房的主屋（女主人房）又称"一梅"（图 3-18），在"一梅"中有两根中柱，这两根中柱要选自同一棵树，象征同根同源。女柱在上，男柱在下，表现了女尊男卑的阶序。"一梅"的空间划分揭示了永宁乡纳西族人二元化生的宇宙观，以男女双柱为界，女柱旁为女性区域（守护着上火塘），男柱旁为男性区域（守护着下火塘）。男女双柱，象征着阴阳结合，构成了"一梅"空间的哲学依据。

香格里拉市白地村纳西族木楞房室内只有一根中柱，这根中柱被称为"美杜"，意为擎天柱。由于木楞房只有一个房间，男床与女床分别摆放在靠里面墙和靠门的两边，中柱竖立在男床和女床中间，提醒人们不要轻易越界。

由此可见，中柱在永宁乡纳西族和香格里拉市白地村纳西族木楞房中都起到建筑空间分隔的作用，男性与女性活动区域被中柱象征性地隔绝开来，彼此不能越界。

从中柱反映的社会结构来看，永宁乡纳西族的"一梅"体系——双柱，表现的是人类较为早期的母系氏族社会结构。"一梅"象征着女性在家庭中占据中心地位。男女双柱并立，共同支撑中心，维持家庭的秩序，一方面维护了女性的权威，一方面也承认了男性的协同地位。因此，"一梅"空间虽然象征的是母权，但也不是唯母权为大，而是母权在上，也包含了父权，体现了一种包容性。事实上，在大部分原始社会部族中，既不是母权制，也不是父权制，尽管一些倾向于母权制，另一些倾向于父权制，但母权制社会和父权制社会的区别并不是绝对的，而是相对的，甚至是在最稳固的父系

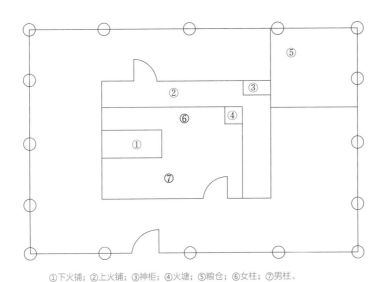

①下火铺；②上火铺；③神柜；④火塘；⑤粮仓；⑥女柱；⑦男柱。

○表示柱子；∩ 或 ∧ 表示门

图 3-18　永宁纳西族"一梅"

社会中，母亲亲属也受到了一定的社会重视。同样，在最稳固的母系社会中，父亲及其亲属在个人生活中也受到某种程度的重视（A. R. 拉德克利夫·布朗，2014）。

白地村纳西族的木楞房是由"一梅"体系发展而来的"美杜"体系，在这一阶段，夫妻及子女组成的核心家庭代替了母系氏族大家庭，家庭中夫权、父权占据了绝对优势。从永宁乡纳西族的两根中柱减少至白地村纳西族的一根中柱即反映了这点，但这也只能说明母系氏族向父系氏族社会的过渡，而并不能说明父权完全取代了母权。

与永宁乡、白地村纳西族相比，丽江市古城区大研镇纳西族因受汉文化影响较多，建筑构形发生了很大的改变。首先，木楞房彻底消失了，取而代之的是仿汉式合院式建筑；其次，放弃木楞房而采用木架结构的同时，也自然改变了原来的"一梅"空间。柱子的重复使用和增多，使中柱湮没在新的柱网当中，再也无法保持其特有的象征性。规则的木架构使得独立的中柱无从安置，所有的柱子，都被吸收在形态固定的屋架中，成为与其他柱子无大差别的结构支撑元素（王鲁民等，2013）。

中柱的改变以及所引起的建筑整体构形的变化，形象地反映了社会的变迁：从双柱到一柱是母系氏族向父系氏族过渡的信号，从一柱到柱网的形成，意味着丽江纳西族信仰及宅内活动的深度汉化，传统的仪式象征空间被新兴的礼仪空间所取代。

2. 藏族中柱的象征性及其对建筑构形的影响

藏式建筑分为三层，中间最大的一间为主室（客厅），有30~40平方米，摆放有水缸、神龛、碗架、锅庄石等物品，是主要的仪式行为象征空间。主室平面形状如田字，中间一根中柱，也称"都柱"。

中柱在藏式建筑内的象征性体现在三个方面：第一，保留了古氐羌系民族帐幕居住形式的特点，中柱、火塘与神龛在一条主线上，共同构成了主室内的神圣区域。第二，藏族的宇宙观认为人和神在自然界中有分界，即以神山作为中心进行空间区分。神山是领地的象征，同时也象征着世界的中心。中柱即为神山在家庭建筑中的化身，象征着家屋的神圣中心。第三，藏族认为宇宙结构是三界结构，分为天界、中空及地下。神山因为是各神灵的居所，从而象征了宇宙的三界模式。因此中柱也起到把建筑分为三层的作用，同样象征着宇宙三界。

中柱形成的象征空间在藏族家庭里的位置可谓举足轻重。如前文所述，藏族的转经仪式是日常生活中最为主要的仪式活动，围绕着中柱，人们便可以开展室内的转经活动。在走访藏族家庭时，主人告诉我们，如有来客，在比较正规的场合下，需要顺时针绕中柱走一圈才能落座。藏族孩子的成人礼要在中柱旁举行，在成人礼当天，唱完赞歌和祝福歌以后，须绕中柱三圈，然后走向自家灶台，用全新的汤勺在锅中舀三次水，再使用全新的水壶倒水。新娘出嫁，也要绕柱三圈方可出门。在中柱形成的象征空间中，信仰者完成了身份的过渡和转换。

中柱还被藏族看作一个家庭中的家神，有着严格的禁忌，中柱不能随便靠，不能随便挂东西，新年要给中柱献哈达。如果家庭中增加新成员，娶妻或赘婿，都得向中柱献礼和献哈达，请求家神接纳这个家的新成员，给予保护（格勒，1984）。由于中柱空间的重要性，使得它成为制约建筑空间的主体要素。

在藏族建房时，要先立中柱，这不仅是仪式象征的需要，同时也是结构的需要。前面已经提到藏族的房屋架构是以柱间作为模数衡量，以柱和四壁构成柱间，以柱间为基本结构单元扩展成为建筑单体和建筑组群。因此，中柱的竖立，能确定建筑的中心位置，并能形成对整体框架的制约。

第一，确立主室内的线性排列，其他柱体与构件的安置以及其他构建的摆设皆可以从中柱的位置出发，而不需要精确的测量。

第二，说明了藏式建筑以实体的柱来量度空间的特点。在藏式建筑中，中柱、佛龛与火塘须形成严格的对位，类似于羌族建筑里中柱、火塘与角角神的对位。对于中柱的崇拜以及所形成象征空间的重要性，使得藏族不可能取消中柱来对位神龛和火塘，而是与之形成一条对应的轴线进而强调了以实为重的空间观念。这种建筑形式可与汉式建筑以虚的方式组织空间及群体为对照。在室内，汉族的神龛一般处于堂屋的中轴线上，其正对的是堂屋的大门，而非实体的柱子（单军等，2011），这说明了汉式建筑以间来确定房屋规模大小的特点，因而，柱子不会出现于房屋中间；在室外，汉式建筑采用回廊和轴线进行建筑之间的软接，而藏式建筑则是以柱间形成的单位，顺应地势形成组群的硬接。因此，从视觉效果来看，汉式建筑展现出虚实相生、回环往复的柔美感，而藏式建筑则表现为自然天成、雄浑壮阔的刚健感。

第三，由于中柱的不可取消性，为了能实现神龛与中柱的对位，不得不改变整个柱网的结构来迁就。具体表现为：因佛龛要正对中柱，而佛龛所在的位置恰好是主体柱子所在的位置，因此为了避让佛龛，此结构柱被抽减掉，为分列佛龛两侧的小柱所取代。这样就使整个建筑柱网产生了不利于结构整体性和均衡性的错位（单军等，2011），中柱空间的重要性可见一斑。

另外，中柱也对纵向空间进行划分和限定，藏式建筑一般分为三层（图3-19），这与佛教的三界观念密切相关，但笔者认为是出于中柱的长度至多达到三层之高度，再向上发展就无法承重的原因所

图 3-19　香格里拉藏式建筑

限制。[1]

3. 彝族的柱崇拜与中柱消失对建筑构形的影响

彝族的柱崇拜来源于对天神的崇拜，祭天仪式是彝族最古老的祭祀活动。彝族世代居于山区，不得不"靠天吃饭"，每逢庄稼收成不好的时候，就会举行祭天大典，以祈求平安丰收。故彝族认为天有三重，在这个空间模式中，高处是神灵居住的地方。四柱撑天柱，撑在地四方。柱成为沟通天地之间的媒介，因其垂直性沟通了不同的空间层次而与神灵接近，得到神的认可。对柱的崇拜潜入彝族人的意识深层，成为集体无意识。

彝族历史上就有祭柱传统。民国时所修的《弥渡县志稿》，对当地彝族在大理弥渡县铁柱庙里的祭柱习俗记述甚详：每于春间，俱停止农作，一般女流，穿红着绿，与众男子头顶毡窝，各担柴炭，购置糖酒，选村中宽敞隙地，立一秋千架，对立一杆，上悬灯幡，下焚香火，夜间男女杂沓，聚众打歌。正月十四日早，至铁柱庙领歌，杀羊为牲，焚化香纸，次日复来打歌，是晚回村下秋千标杆，虔送出村，以求一年清吉，六畜兴旺（弥渡县文联等，2006）。

《大理行记》中记载：白崖甸西南有古庙，中有铁柱（图 3-20）（王丽珠，1995），说的便是大理弥渡县铁柱庙。每年农历正月十五，

---

〔1〕 据实地调研，在香格里拉地区的藏式建筑，柱子是通连上下层的。

图 3-20　云南省大理弥渡县铁柱庙南诏铁柱

图 3-21　彝族男子的"天菩萨"头饰

彝族人民聚集铁柱庙，共同举行祭柱活动。在彝族的民居建筑中，中柱亦为全屋的主心骨，具有通神通天宫的功能。随着汉文化的影响加深，彝族的中柱渐渐隐没，不再是室内主要的象征物，祖先神不再依附中柱，转而依附于火塘。然而，对中柱的崇尚仍然可以在其他事物中寻见，如彝族男子的"天菩萨"头饰（图 3-21）便是中柱崇拜的一种表现，即使打架械斗，胜利者也不能触摸对方的"天菩萨"。

对于彝族而言，中柱一度是重要的建筑构件，是建筑中不可缺少的一部分。然而，由于受到汉文化的影响，中柱逐渐隐退，神龛、火塘逐渐兴起。现在在云南各地的彝族建筑中，火塘是房屋的心脏，人们在那里进行重大事件的商议，并在此举行仪式、唱歌、喝酒等。火塘成为彝族文化中最重要的元素，它的方位、组成、地点都被赋予了神圣的意义。建新房时，火塘的位置、点火的方式都有专门的规定。火塘还规定了人们座位的秩序，并且形成一整套既定的规则传承下来。家中火塘的火常年不灭，象征着香火不断，有的人家还把祖先神位挂在火塘灶的墙壁上。随着神龛的引入，祖先神继而又从火塘转移到神像牌位之上，神龛位于堂屋中央，人们认为只要定期进行祭拜便会得到祖先的庇佑。如此一来，中柱渐渐被人淡忘，地位旁退，甚至消失。随着中柱的消失，彝族传统建筑壁体加柱梁承重的内框架结构逐渐解体，转变为汉式的间架式结构。

（二）非固定性神圣物形成的象征空间对建筑元素"对位"的影响

除了固定性神圣物形成的象征空间在建筑中起到重要的构形作用以外，还有一种非固定性神圣物也起着类似作用。我们选取神龛为例来探讨神圣物形成的象征空间及其对空间布局、物品摆置所带来的影响，并且讨论当物的神圣性减弱后所形成的空间格局的变化。

在所考察的几个少数民族中，神龛区域无一不是整个建筑空间中最为神圣的区域，一般都不允许外人接近。神龛的形式包括橱柜、牌位和"位"等。因此，神龛不一定是以实际的物形式出现，它也许只是一个观念性存在，重要的是它所占据的区域及所形成的神圣空间。空间总是被特定的主体居住和支配，不管这些主体是动物、人类、诸神还是魔鬼。主体在空间中寄居，因此，空间被当作这一特定主体的领域而受到尊重（莫尔特曼等，1996）。

神龛又称祖先龛、佛龛等，是供奉祖先、神灵或佛祖的地方，在每个民族含义都不尽相同。中国古时便有形与器之分，虽然器与形是形而下的概念，与形而上相对，但实际上中国古人也并没有停留在"形而下"这个广泛的概念层次上，而是对许多器物的类别和象征意义进行了深入的思考，发展出一套在古代世界中罕见的器物学的阐释理论（巫鸿，2006）。早在夏代以前，古人就把器分为祭器、明器和生器三类：祭器是祭祀用的器具；明器（冥器）是丧葬专用器具，特征是"貌而不用"；生器是供活人使用的。巫鸿根据丧葬器物在造型、装饰和制作中的若干基本倾向划分，得出器物的几个特征：①微型，即小型丧葬物；②拟古，即不是对古代礼器的忠实模仿，而是对"古意"的创造性发挥；③变形，即一些丧葬铜器的器形被故意简化和蜕变，甚至改变整体机制；④粗制，即制作比较粗糙（巫鸿，2006）。对应于神龛来看，符合巫鸿所说的微型、拟古和变形等特征，它并不是凭空出现的一个物件，而是有其悠久的历史来源。

这个源头或许可以追溯到古代宗庙的建制。中国三代时期祭祀祖先的地方为宗庙，宗庙在所有建筑中的地位是最高的，有"左祖右社"之说。《礼记·曲礼下》所述：君子将营宫室，宗庙为先，厩库为次，居室为后（国学整理社，1935）。三代以后，宗庙衰落而墓葬兴起，意味着由祭祀远祖（同一宗族的祖先）到祭"近亲"（个体的亲属）的转变，同时也隐喻了盛放死者的器物由"降神"[1]的礼器向"供器"[2]的转变（巫鸿，2005）。葬礼的实质在于"以生者饰死者"，在阴间，死者居于墓穴棺椁中，即为拟"宫室"之物，那么在阳间

---

〔1〕　降神，指神降临。

〔2〕　供器，指祭祀用的器皿。

祖先也必须有可居之所。这个可居之所（礼器）经历了由实体建筑物（宗庙）向模拟建筑物（祠庙）再向简化的器物（神龛）转变的过程。神龛实则是一个微缩、简化了的宗庙。由于更重视墓下居所的修饰和营建，所以在地上的反而逐渐演化为一种概念上的象征，神龛便是这一象征的具体显现物。

由此可知，神龛产生于人们的祭祖观念，是丧葬祭礼的抽象化产物，是死去之人的居所。在中国人崇祖的观念中，对祖先的追思与敬奉体现在对器物的尊崇上，通过对物的供奉来实现对祖先的祭拜。中国古人用来祭祀的器物称为礼器[1]，巫鸿先生在论及礼器及建筑物之关系时说，在礼器及其建筑原境之间存在着一种内在的逻辑关系：神圣的青铜器赋予宗庙以权威和意义，而只有在宗庙的礼仪程序中，这些青铜器才能发挥其功能和意义（巫鸿，2008）。也就是说，神圣物与所居空间两者是相辅相成、缺一不可的。巫鸿还考察了中国古代纪念性建筑从宗庙向墓葬转变的历史，认为宗庙在很大程度上依靠神圣的礼器以获得神圣性，而宫殿和墓葬纪念物则主要通过自身的建筑形式来实现它们的意义。这就是为什么后来出现因礼器移出或隐退使其所居于中的建筑物成为神圣载体的原因。

在本书中，我们把礼器统称为神圣物，神圣物的存在与否是界定空间神圣性的一个重要变量。

再看神龛的形制。通俗地讲，神龛即是供奉祖先（神灵）的橱柜，通常由顶板、两壁板、后板、龛门等组成，有的还更为简易一些。质料均为木头，上有精致的木雕和漆画。如前所说，"降神"礼器变为了"供器"，这种转变导致了宗教艺术形式的变化，器具成了祖先崇拜中的次要因素，给灵魂布置居所则成为艺术创作的主要任务（巫鸿，2005）。因此，神龛的简易制作就不难理解了，它的简易性体现在形式的简化上：用橱柜、牌位或者是以"位"来标志。

综上所述，神龛的神圣性来源于人对神灵、祖先的崇拜，表达了人对于祖先、神灵的情感依附和对未来的期冀之心。神龛的形制反映了它作为祖先次要居所的性质，人们更多地把它当成一种象征物来看待，因此并不施予过多繁富的装饰。神龛一方面连通着人与祖先之关系，另一方面也规范了现世宗族成员的人际网络。神龛的存在，使人们摆脱了无序、有害和混乱，建立了一种规范的秩序。

下面以纳西族、佤族神龛为例进行说明。

1. 纳西族神龛及其对其他物件的制约

纳西族摆放神龛的区域称为"格固鲁"——一个中间放置火塘的的柜子，为祭祀之所，是整个住宅的中心。

---

[1] 礼器是古代中国贵族在举行祭祀、宴飨、征伐及丧葬等礼仪活动中使用的器物，用来表明使用者的身份、地位与权力。礼器是在原始社会晚期随着氏族贵族的出现而产生的。

　　从纳西族木楞房平面图（图3-22）可以看到，"格固鲁"位于火塘边男床与女床接合的区域，是整个主屋空间意义建构的基点。"格"意为"上"、"固鲁"意为"里"，"格固鲁"是一个由两个普通方位名词复合成的专有名词，取自纳西文化上与下、里与外这两组最重要的认知模型，表达这个区域在整个主屋空间的相对价值（鲍江，2008）。男床、女床各一边的位置分别反映了纳西"崇窝"[1]（骨）和"那阔"[2]（肉）之间亲属关系的主要区分。男性家长"崇窝"的男性来客坐在"格固鲁"的男边，女性家长"那阔"的亲戚无论男女都坐于女边。无论"崇窝"和"那阔"的亲属，走进或走出"格固鲁"的人落座时不允许从一边跨到另一边，而要从自己所属的方向（西面和东面）走上"格固鲁"。在"那阔"亲属的对面是非亲属客人的位置，这一座位的安排体现了以男性为核心的观点。非亲属客人中基本上就形成两种人：愿与他们建立婚姻关系的人和已经建立了婚姻关系的人。虽然纳西族优先采用姑舅表亲婚配制度，但也会积极吸纳外人进入"那阔"亲属而获益。

　　在"格固鲁"区域，特别是"崇窝"和"那阔"的边上座次有着严格的等级秩序规定。每一代辈分资历和年龄资历最高的男性坐在各自坐区的上方终端，即坐于"格固鲁"的两旁，剩下的亲属依次坐在他们旁边。其中，未婚女儿的座位比较特殊，在纳西族婚姻体系中，女儿要按其所生育的子女重新回到父亲的"崇窝"：如果生儿子，将成为父亲"崇窝"中的核心成员，如果生女儿，则按照舅表婚的原则嫁回其母出生的"崇窝"作舅舅家的儿媳。因此，在"格固鲁"空间中，当未婚女儿面朝东服侍坐在她们面前的人时，她们立于下方，即"格固鲁"的南面。同时，她们以对父亲及其亲属扮演身体和社会对

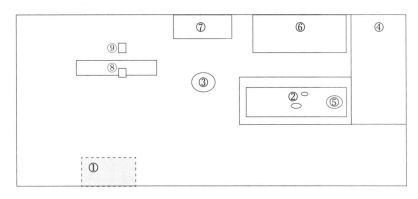

图 3-22　纳西族木楞房平面图

①门；②男床；③火塘；④女床；⑤格固鲁；⑥斗柜；⑦水槽；⑧中柱；⑨木碓

[1]　崇窝：纳西族家族制习俗。意译为："一个根骨"，指由一个男性远祖后裔组成的有血缘亲属关系的家庭组织。

[2]　那阔：指由一个女性远祖后裔组成的有血缘关系的家庭组织。

応的角色而成为"格固鲁"中客人"bber"与"那阔"双边之间的重要桥梁（白羲等，2013）。正是这些妇女，把"格固鲁"三边的关系结合起来。"格固鲁"第四边为"火塘尾"，是做饭、待客的区域，也是妇女和未婚女儿经常待的地方，这反映出妇女的地位并不高。

由以上描述可以归纳出围绕"格固鲁"所反映的三重关系：第一，圆周关系。由神龛所确定的核心空间范围是一个以父方祖先为中心组织起来的亲属脉络，其边界在于是否为直系亲属或有婚姻关系的非直系亲属，不是直系亲属或没有婚姻关系的外人被杜绝于外。第二，垂直关系。"格固鲁"在垂直方向分为三个区域：最高处为"祖先座位"[1]，中间为"祀座位"[2]（鬼魅所在区域），下层为人活动的区域（床-火塘平面），折射了纳西族看待祖先、灵魂与人之间的关系。最下层为人活动的地方，"祀"由"体"和"魂"两部分组成，魂存在于身体中，但也会游离于身体外。第三，里外关系。里与外反映的是家庭成员的关系，体现于位序方面，辈分、年龄最高的男性坐在"格固鲁"两旁，即坐于"格固鲁"的两旁。剩下的亲属依次坐在他们旁边，客人则坐在对面。人一旦死亡，便要被从里移到外，一共移动三次死尸，表达亡灵空间渐次由里而外地分离生与死的历程（鲍江，2008）。

在纳西族人的建筑空间中，"格固鲁"（神龛区域）无疑是最为神圣的空间，在这个场域中，人和事物都要受其约束和规范。除了上述对神、祖、人、鬼魅的秩序规范外，对物也起到了制约作用，表现为对男床、女床摆放方位的限定，以及以神龛为中心的与其他神圣物（中柱、祭篓、火塘）的对位关系。在新的仿汉建筑中，"格固鲁"被安置在厨房的角落，这里也是纳西族的会客地点，有火塘炉灶，较为温馨舒适，形制较之传统发生了较大改变。现在的神龛比较讲究工艺制作，柜面上有雕饰纹样，乍一看类似于藏族的神龛。其周围的格局与传统的木楞房风格迥异，神龛的中心性被取消，两边不再有男床、女床，而只是随意地摆放着沙发或者凳子等，人们也可以在前面自由穿行，不再有什么特别的禁忌。由此观之，神龛的形式感加强，但神圣性减弱，神圣空间不再存在，象征意味也随之消失殆尽。究其原因在于：原有的仪式空间是以祖先崇拜为核心，以亲属婚姻关系作为边界的划分，如今随着祖先崇拜的衰微，仪式空间中最为核心的权力支架坍塌，让位于新的权力操控者。中心的衰弱，意味着从属的亲属婚姻制度也随之改变，反映在整个建筑构

〔1〕 立柜的上方搭一横梁，日常供养祖先的酒、茶、油灯和柏香炉都放在这根横梁上。这个空间称作"禹紫姑""祖先座位"。
〔2〕 立柜的顶部称作"祀紫姑"（"祀座位""生灵座位"），供家庭成员的灵魂栖息的竹篓（也称为"祭篓"）放在其上。

景观艺术构形与文化
空间之人类学研究

· 102 ·

形的颠覆性改动上也就不足为奇了。

2. 佤族的神龛区域及其建筑平面空间"对位"的要求

佤族的神龛区域是以"位"的形式出现。此区域称为"罗格外"，是正对大门的年长者卧室旁一间非常小的屋子。"位"的概念借鉴巫鸿对墓葬中死者之"位"的研究，指的是墓葬中专为死者灵魂设置的位置，象征了死者在墓中的存在和他的视点（巫鸿，2009）。换言之，"位"实际上是一个象征性的框架，它是生者为死者创建的抽象环境，同时也换位于死者的视角，让他从主体和中心位置对周围环境进行观望。巫鸿认为中国艺术的本质特点：在东周以前，是非偶像式的，灵与神皆处于无形的阶段，这就是为什么祖先神这一中国古代宗教中最为重要的崇拜对象仅以木牌来表示的原因（巫鸿，2008）。我们认为，非偶像性也是导致神龛以"位"形式出现的主要原因。

这里引出的一个问题：以实体形式出现的神龛和牌位，观看的主体是祭祀者，视线从外向内。而没有实体形式的"空位"，无法提供观看的视点，也没有被祭祀的对象，反过来却是以无形的神为主体视角向外进行观看，于是便形成一个与纳西族不太相同的象征空间。如果说纳西族神龛所构成的象征空间是以神龛为出发点决定的上下、里外层级关系，那么佤族的则是环绕着"位"区域所形成的"对位"关系。首先，空间的边界并不是很明显，并没有对外来人有很大的排斥（与佤族信奉神，而不是祖先有关）；其次，"魔巴"（佤族的巫师）显示了绝对的权威，"罗格外"只能让"魔巴"和家里的老人进入，女人被排斥在外；最后，"窝郎"（寨主）所居住的大房子是举行宗教公祭祀的中心场所，具有绝对的神圣性。

在佤族的村寨里有两套领导班子，一是以村长为首的行政班子；一是以"窝郎"（寨主）为首和其他"魔巴"一起构成的宗教事务班子。后者的权威性在某种程度上大于前者，并且在日常生活中所起的作用也远远大于前者。"窝郎"和"魔巴"的权威性主要体现于祭祀仪式之上，首先，只有"窝郎"和"魔巴"才有资格举行仪式活动；其次，也只有他们才能任意进出每个家庭的"罗格外"。

以"罗格外"为基点形成的佤族村落象征空间可以概括为：以巴昭神为核心的全体村落成员信仰体系，它的边界在于巴昭神神力可控的范围内。其中形成的村落等级关系为：巴昭神—"窝郎"—"魔巴"—老人（男性）—男人—女人—小孩；家庭等级关系为：巴昭神—祖先—老人（男性）—男人—女人—小孩。

在此基础上，比之纳西族神龛对空间秩序的规定，佤族的内部空间设置更加别具一格。如果说作为有形实体的神圣物是空间的中心，四周需从中心出发，以靠近中心为尊贵，那么无形的空间便是向四周提出了"对位"的要求，各个物体的摆放，房间的设置都需要在相应的位置上，否则便违反了禁忌。具体来看，建筑朝向要迎向寨心，而与门直接相对的区域是"罗格外"与主间的位置。进入佤族人家，只要确定了正门与"罗格外"的方位，就能知道整个房间的布局及长幼尊卑的位次。

如图3-23所示，"罗格外"与主间平行且相连，正对着大门。客间是住屋中比较大的区域，摆放沙发、客火塘，来客都是在这个区域停留。大儿子的卧室也必定是对应"罗格外"。靠近"罗格外"与"主间"区域的两根柱子比较重要，它们是家神和祖先神的安居之所，是佤族家中的"屋神"，也是重要的祭祀场地。二儿子或其他子女的卧室安置则比较随意，一般在房间进门的另一个角落，并不与"罗格外"相对。可以看出，在佤族的空间结构中，神圣空间与凡俗空间虽相互连接，却有着严格的区分，说明神与人之间的象征体系不容颠倒。在佤族的观念里，神永远是第一位的。祖先在佤族的世界里，则是第二位的，从空间的位置排列可以看出：祖先没有具体的形象，他往往与火塘崇拜融合在一起，佤族人深信祖先亡灵依附在家庭正屋里的火塘上，随时都与家人生活在一起（杜巍，2008）。

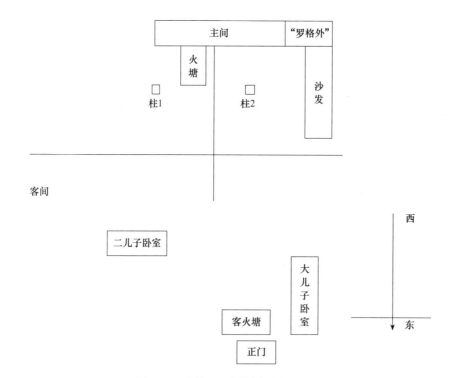

图 3-23　佤族民居建筑内部空间平面图

第四章

白族、彝族文化认同空间与建筑景观艺术构形的互塑

❧ 认同，尤其是文化认同，如何影响空间观念的改变，继而塑造新的空间模式，最终带来建筑构形全方面的改观？

❧ 文化认同空间完成建构，并形成固化，与之相应的建筑构形却并不一定完全反映认同，它还会带有许多原始的基因，带有很多本土的特征，这些因素会在什么方面表现出对异文化空间形态的背离与弱化？

❧ 文化认同空间尚未建立或已然淡化、消失的时候，要唤起人们的认同感，建立、恢复或重构相关建筑构形，如何形成对文化认同空间的表述和表征？这种建筑构形中又蕴含着什么样的对原始（地域、地方、民族）文化的认同？原始（地域、地方、民族）文化在何种程度上与当今文化达成调和？

本章以云南白族、彝族建筑构形为例，探讨文化认同空间与建筑景观艺术构形的互塑。

如果说同构关联发生在崇仰神性的社会，同构的两方面事物呈单极支配，一次性给定的状态，那么，在神性衰微、伦理秩序大行其道之人治时代，单向性关系被打破，取而代之的是双向或多向关联——互塑。在参加互塑的主客体之间，并不存在谁决定谁，而是互为协商、沟通，互为塑造。互塑的目的和实效在于最大限度地消除差异，获得认同，互惠共赢。

认同，本质上属于一种确认、确证行为，与身份预设的某个结果不同的是，认同既是对已完成建构的身份的再次确证，也是对未完成建构之身份的确认。因此，当我们使用认同时，往往表示个人或群体对于自身身份认知的过程。这个认知的过程不一定会产生关于个人或群体身份得到正面认可的结果，即人们有可能认同身份，也有可能在解构原有身份的基础上进行身份重构，甚至走向身份的对立面。还有一种可能性就是，认同主体有选择性地认同被赋予身份的某些意义。

由上可知，认同的核心在于个人或群体对于身份的追问和确认。根据侧重点的不同，认同可分为民族认同、国家认同、文化认同等。美国政治学家塞缪尔·菲利普斯·亨廷顿认为文化认同对于大多数人来说是最有意义的东西，人们常常以对自己最有意义的事物来回答"我们是谁"。

文化认同是人们在一个民族共同体中长期生活所形成的对本民族最有意义的事物的肯定性体认，其核心是对一个民族的基本价值观的认同；是凝聚这个民族共同体的精神纽带。因此，文化认同是民族认同、国家认同的最根本基础。

文化认同空间，是指在建筑中，对某一种文化的认同导致对空间模式的趋同，即认同某一种文化及与之相对应的空间观念、人伦秩序、宗教信仰、价值取向和审美偏好，并在建筑构形之中反映出与之相似的空间形态与造型形式。本章讨论的文化认同空间产生于各种文明交汇、融合的时代，各种文明形态的排斥与兼容本身就是一个互塑的过程，虽有强弱之分，但并非一定是强势对弱势的全面侵蚀与吞并，弱势也能保持自我的特色。文化认同空间与建筑构形同样表现为互塑关联，呈现双向互动：一方面，文化认同空间塑造了建筑构形；另一方面，建筑构形也在形塑、形构文化认同空间，其表现为表征、强化，或背离、弱化。

第一节　大理白族文化认同轨迹辨析及对汉化说的质疑

在讨论白族文化的形成上，很多学者都是沿着与汉文化比照的思路，得出的结论是：白族文化是汉化的结果，我们认为这样的结论一定程度上抹杀了民族文化发展的丰富性与多元化，使之成为单一线性的被同化之物。

以往的汉化说力求说明文化传播是具有方向性的，是从高到低，从文明到野蛮，从先进到落后这样一个单向传播的路径。汉化说是先把白族文化放在一个落后的位置，从而认为白族文化只能受到汉文化的同化（不同事物经过逐渐的融合而趋向于相似或相同），即白族文化失去了本民族文化的特征而变成了汉文化的附属品。无疑，这是进化论的简单挪用，仿佛先进的文化势必淘汰落后的文化，正是这样片面的认识，使得一个民族文化发展的丰富性在一定程度上遭到遮蔽和漠视。

从人类发展历史进程来看，文化从来就不是单向流动的模式，而是呈双向甚至多向流动的，如苏美尔文明、埃及文明、希腊和罗马文明。相比不胜枚举的世界文明而言，汉文化同样也是包罗万象的，最终在漫长的历史中建构了汉民族的主体文化体系。在这个过程中，其他民族的文化基因并未就此消失，而是以各种形式融入汉文化中。例如，古代北方民族匈奴、契丹、突厥等的"胡服骑射"文化就曾出现在汉文化中。为了抵制匈奴、契丹、突厥这些游牧人的进攻，战国时期的赵国将重车兵改变为灵活的骑兵，军事上的革命使得汉人军衣发生变革：长袍大袖改为短衣窄袖。在汉文化与白族文化的接触过程中，亦有大量白族文化融入汉文化的实例。例如，南诏奉圣乐被不断推广而成为唐朝的十四部国乐之一。白族文化在与汉文化融合过程中，也在不断与其他文化相融合，如与西域、南亚、东南亚佛教文化圈的交融。可以说，汉文化与白族文化之关系并非简单的同化与被同化，更多的是相互融合。白族文化在吸收汉文化的同时，也最大程度地保留了本民族文化特色。

云南94%都是山地，古代交通的不便带来的是信息交流的困难。虽然大理地处坝区，但因受到周围高山的阻隔，外来文化很难进入当地，即使进入也会被当地融变为另外的形式，与原貌产生较大的差异。因此，外来文化对大理地区的影响具有变异性、滞后性和固化性等特质。

基于以上各点，我们认为大理白族文化的形成并非简单的汉化过程，而是在漫长的历史时期内与不同文化互动、互融，却又保持着自身文化内核的结果。德国哲学家奥斯瓦尔德·斯宾格勒曾说过，不同文化之间即便会因为战争、征服、伟大人物的交流等发生影响，但各文化本有的精神是不会因此而变的（奥斯瓦尔德·斯宾格勒，2006）。因此，在理解大理白族文化对外来文化的吸收和融入上，应首先立足于该文化的特点，再去谈其对外来文化的认同与融变。下面我们将分析不同历史阶段白族文化对其他文化的认同，以此了解白族多元文化的形成历程。

一、祖源想象：文化认同意识的萌芽与文人代言

族源是指一个民族的源头，包括祖先是谁，来自哪里等。与起源有关的民族史不只是史实的编撰，也是人群自我的界定与当前族群关系的反映（王明珂，2006）。从王明珂对族源问题的基本立论可以看到，对于族源的史实性界定似乎并不重要，重要的是一个族群如何叙述自己的起源？如何界定自己？这里面隐含了很多重要的信息需要我们重新加以认识。因此，如果把历史当作真实来看待，不如把它作为人为建构的文本来解读，历史所显现的不仅是事实本身，还有编撰者的意图。

族源在还没有民族划分的古代社会一般被表述为祖源。在一个以祖先为崇拜对象的社会里，追溯老祖宗的做法是很普遍的行为。人们追溯祖先的目的通常都很明确：一来为了证实自身的出处；二来可以通过了解祖先的名望或身份获得自己地位的提升。因此，谁是祖先？认同谁为祖先？就具有一套认知策略在其中。需要注意的是，古人对祖先的追溯和认定不能等同于现代人所说的认同，认同是现代人发明的词汇，是对自我身份的明确及不断建构的意识，具有较强的自觉意味。相信古人不存在这样的身份意识，他们有的只是一种寻祖念头，通过对祖先的认定确认自我身份以获得生存、升迁的机会，充其量只能说是文化认同的萌芽阶段。

在白族祖先认定中存在几个版本，典型的有"诸葛亮（诸葛武侯）""九隆裔""观音梵僧""冒籍"（即冒充祖先为汉人）。这些说法常常并用或交替出现在一个家族的历代族谱、碑刻和艺文之中，并且都能并行不悖或相安无事，究其原因，可以归结于王明珂所说的集体记忆[1]和结构性失忆产生[2]的相互配合。实际上，有关族源的说法，无论正史还是野史，都并不是真正血缘的或是文化上的历史事实，只是集体记忆而已，一旦有了新的说法，旧有的族源也便结构性地失忆了。

（一）九隆神话

永昌郡，古哀牢国。哀牢，山名也。其先有一妇人，名曰沙

---

[1] 记忆是一种集体社会行为，每一种社会群体皆有其对应的集体记忆，借此该群体得以凝聚或延续。

[2] 对于过去发生的事情来说，记忆常常是选择性的、扭曲的或者错误的，因为每个社会群体都有一些特别的心理取向，或是心灵的社会历史结构。

壶[1]，依哀牢山下居，以捕鱼自给。忽于水中触有一沈木，遂感而有娠。度十月，产子男十人。后沈木化为龙出，出谓沙壶曰："若为我生子，今在乎？"而九子惊走，惟一小子不能去。陪龙坐，龙就而舐之。沙壶与言语，以龙与陪坐，因名曰元隆，犹汉言陪坐也。沙壶将元隆居龙山下。元隆长大才武。后九兄曰：元隆能与龙言，而黠有智，天所贵也。共推以为王。时哀牢山下复有一夫一妇，产十女，元隆兄弟妻之。由是始有人民，皆象之后衣著十尾，臂胫刻文。元隆死，世世相继。分置小王，往往邑居，散在溪谷，绝域荒外，山川阻深，生民以来，未尝通中国也。南中昆明祖之，故诸葛亮为其国谱也（常璩，2000）。

九隆神话是哀牢夷氏族起源神话。哀牢夷是古哀牢国的主体民族聚居于云南的一个部落群体，包括佤族、布朗族、德昂族等现代民族的祖先，主要分布在今云南西南澜沧江、怒江流域及今缅甸迈立开江流域等。

九隆神话反映的是哀牢夷从旧石器时代的母权制社会向新石器时代的父权制社会过渡的历史。其中母系社会时期主要以女神沙壹为代表，可概括为沙壹时代，而父系社会时期以九隆为代表，概括为九隆时代。

九隆神话，讲述沙壹触木而孕的故事，属于古老的感生神话。感生神话讲述的是人类女始祖与神龙感应生子。龙是哀牢夷崇拜的图腾，哀牢的龙图腾崇拜源于他们的祖先百越人对龙的崇拜。

汉族较早的感生神话产生并流行于三皇五帝时期。汉族早期的感生神话主要是尊崇神农、炎帝、黄帝等三皇五帝，尊奉他们为自己的始祖，自称为炎黄子孙，把龙作为祖先来崇拜，称呼自己是龙的传人。

从时间来看，汉族的感生神话晚于哀牢夷的九隆神话，说明前者受到后者的影响。从神话的主题来看，九隆神话是典型的原始意义上的追溯始祖、讲述氏族历史起源的神话。汉族的感龙神话却不是为了追溯祖先起源，而是通过神灵之威来弘扬或象征氏族首领、统治者的权力。很显然，汉族的龙崇拜是社会发展到一定文明程度的产物，而九隆神话中的龙崇拜还是原始社会中的图腾崇拜。

九隆时代对龙的普遍崇拜反映了哀牢社会特定的历史、政治变革——哀牢夷和我国其他民族日渐形成的民族大融合。随着哀牢社会的发展及中原文化的辐射，哀牢夷同中原文化逐渐发生接触，相互影响。九隆神话的形成实则包含了对中原文化的吸收和消化：九隆神话中的龙崇拜正是由于中原龙文化的传入，与当地土著居民图腾崇拜逐

---

[1] 沙壶，诸书记载不一，又可称沙壹、沙一。为方便叙述，除引文保持原文"沙壶"外，其他地方一律用"沙壹"。

渐结合而产生的。龙在中原文化中具有至高无上的地位，它是我国各民族普遍崇拜的图腾徽号，中原龙文化的传入与哀牢当地固有崇拜逐渐融合，再加上一个政治契机，最终促成了九隆神话中的龙崇拜。九隆神话中讲述哀牢虽是小国，但却是真命天子——龙的传人。因此，九隆神话寓意着哀牢夷对中原天子的臣服。

九隆神话在东晋《华阳国志》、南北朝《后汉书·西南夷传》、东汉《哀牢夷传》和《南诏备考》、元代《纪古滇说集》、明代《白古通记》等很多古代文献中均有详细记载。

如果说唐代以前的九隆神话一定程度上反映了哀牢夷与中原文化的渊源关系，那么唐代樊绰《蛮书》中记载南诏蒙舍诏[1]向唐代统治者献书，强调是沙壹的后代，受到汉文典籍影响，其真正意图不在于追溯祖先起源，而是盼望与唐和好。

在元代张道宗《纪古滇说集》中，九隆神话演变为这样的版本：沙壹不再是感应生子，而有了丈夫蒙迦独，并将沙壹产十子改为先生九子又产一子，而且第十子就是南诏蒙氏第一代王细奴逻。《纪古滇说集》所记载的九隆神话，是南诏时期与《华阳国志》中的记载有本质区别的九隆神话。故事改编的意图在于强调蒙氏一族在血缘上的正统。

在明初大理地区的学者编撰的《白古通记》[2]中，把"白子国"[3]的建立与阿育王[4]进行了密切关联，对祖先人物的记录比之前面各版本都详细，人物谱系也发生了很大变化。在《白古通记》中，阿育王成为"白子国"的鼻祖，并且与九隆神话紧密地联系在一起。《白古通记》中讲到，天竺阿育王第三子骠苴低，骠苴低之子低牟苴（又称蒙迦独），娶沙壹为妻，世居哀牢山下。蒙迦独捕鱼时淹死了，沙壹在河边哭，见一浮木漂来，坐于其上，感应生子。第十子，谓曰九隆，为六诏之始。

《南诏野史》也记录了阿育王的故事。阿育王人称白饭王，育有三子，后三子留滇，其第三子骠苴低，娶妻欠蒙亏[5]。骠苴低死于水中，沙壹往水边哭悼，见浮木漂来，便坐于浮木之上，感而孕，生十

---

〔1〕 蒙舍诏，即蒙舍国，洱海南部由哀牢人建立的小邦国。

〔2〕 《白古通记》是大理地区一部古代史书，不著撰写人。现存的云南地方文献《南诏源流纪要》《滇载记》《白国因由》和历代云南地方史志均在不同程度上参录演绎《白古通记》的内容。

〔3〕 云南古国名。简称白国，亦称白崖国，今云南大理祥云即是"白子国"首都故地。"白子国"又称"张氏白子国"。关于张氏的世系，据顾祖禹《读史方舆纪要》载，诸葛武侯南征时，到达白崖，立龙佑那为酋长，赐姓张氏，于是据有云南，或称昆猕国，或称白国，或称建宁国，传十七世。到唐贞观年间，国王张乐进求因蒙舍诏强盛，举国逊位于细奴逻。

〔4〕 古代印度摩揭陀国孔雀王朝的第三代国王，阿育王的知名度在古印度帝王之中是无与伦比的，他对历史的影响同样也可居古印度帝王之首。

〔5〕 沙壹。

子。第八子为蒙苴颂，为"白子国"王也。

比较几个版本的九隆神话可知，唐代以前的史书《华阳国志》《后汉书》等当中，强调的是沙壹触木（感龙）生子，沙壹并无丈夫，对龙的崇拜隐含着哀牢夷与中原文化之关联。唐代以后的史书《纪古滇说集》是根据蒙舍诏献祭书于唐王朝的历史改编。《白古通记》改编最大，也最有影响力，意图引导人们相信南诏、大理国人群的祖源来自于佛教圣王阿育王。在大理国时期，王权合法性需要佛教的权力赋予方可确立，段思平能成为大理国开国皇帝就证明了这一点。《南诏野史》记载了阿育王与"白子国"的渊源。这样一来，南诏史和作为南诏前史的"白子国"史在时间坐标上都以阿育王为起点。阿育王的传说同时也能有效地整合洱海不相隶属的各部落社会产生共享的认同（连瑞枝，2007）。可见，相比蒙舍诏向唐王朝宣称是哀牢夷沙壹的后代而言，直接连线阿育王更加有利于南诏整合西南各个部族的力量，从而使洱海地区各部落社会产生共享的认同。

以上九隆神话各个版本显示的是历史书写者根据不同需求对祖先来源的杜撰，其后隐含着不同的政治诉求，书写者多为权势拥有者及代表某一阶层利益的文人，对祖源的想象性书写从某种程度来说也隐射着真实的历史。

（二）观音梵僧建国传说

在大理国时期，观音显化是佛教传说的重要内容。《白古通记》中记有观音七化故事，《南诏图传》里载有阿嵯耶七化的内容。佛教的化身是指佛和菩萨为了救度众生，化身为不同的人或物。在《南诏图传》中原本不同的三个梵僧都被画为一个面貌，反映的便是观音化身的情节。《白国因由》分十八段，分述"观音初出大理"等十八种观音显化神迹。在十七化、十八化中，观音帮助段思平获得王位，体现了"君权神授"的思想，观音于是成为大理王室的保护神，同时也是人民的保护神。在《白国因由》前十六化中，每一化都在讲述观音为民除害、除暴安良、惩治恶人、普度众生的事迹。特别是书中前六段描述了观音除罗刹的过程，赢得了当地百姓的尊敬和爱戴。不仅如此，观音还选细奴罗[1]为王，给予了人民一个好的统治者。

观音辅助人建国，由观音转化而来的梵僧则直接开启了贵族世家的源头。《南诏图传》中的"观音七化"讲述了观音化为梵僧的事迹，在《白国因由》中也有着类似记录：梵僧对南诏王室有着重要影响，他们往往被封为"国师"，具有很高的地位，同时他们还自称为观音，得到了王室以及下层人民的普遍尊崇，并被贵族世家尊为先祖。僧人

[1] 细奴罗（617～674年），蒙舍诏第一代诏主。

与"白蛮"大姓通婚，在当地安家落户，有的族姓后来得以繁衍和发展。观音与梵僧可互化，梵僧与当地人通婚，子孙融合，到最后竟然不知来历了。

梵僧为了巩固其在朝廷的地位，培养了一大批弟子，这些弟子便是日后的阿吒力[1]。史书记载：其僧有二种，居山寺者曰净戒，居家室者曰阿吒力（陈文修，2002）。南诏后期，阿吒力取代了梵僧成为民间社会的主要宗教实践者。阿吒力的出现标志着僧人开始以团体化的身份活跃于朝堂之上，大理大姓中杨、李、段、董、杜等家族中都出过阿吒力，在大理地区的家谱中均有反映。在南诏时期，形成了"白蛮"贵族密僧阶层。不同于汉地僧侣，大理阿吒力可以娶妻、生子，并且身份可世代相袭，从而使团体化进一步走向家族化。

这样的形式催生了另外一个新的阶层：师僧、释儒阶层，他们不仅与世俗之人相区别，也与其他宗派的僧人相区别。师僧、释儒阶层在大理国时期对朝政和地方文化建设都起到了很大作用，可以说他们是这一时期白族文化的代表，是沟通精英与民间社会的中间力量。大理国灭亡以后，阿吒力再无力干政，由他们所形成的师僧、释儒阶层却并没有退出历史舞台，而是随着时代的变迁又一次转变了身份。元、明以后的师僧、释儒阶层朝着地方大户、知识精英及归隐之士三种角色演化。他们或通过读书考取功名重回政治舞台，或通过经商成为经济大户，或归隐山林。无论他们在哪儿，都能成为社会的中间力量，都能为地方社会做出卓越贡献。清代，大理出现的各大儒商、名流世家大多是此阶层人士转化而来的。

综上所述，观音与阿育王一样，是南诏、大理国时期王权授予的合法性来源，同时，观音所化之梵僧更是被认定为贵族阶层的祖先。如果说阿育王是南诏王室社会群体集体的祖先，那么观音可以说是大理国时期次级集团的祖先，而这次级集团正是大理国王权核心的统治精英（连瑞枝，2007）。梵僧所形成的特殊阶级经历了集团化到家族化的过程，逐渐赢得了上层社会的认同。在民间，观音是最受欢迎的佛教神祇，成为人们信仰体系中的主神形象。对佛教的认同至此达到了最为普及化的程度。

（三）诸葛亮擒拿孟获说

诸葛亮擒拿孟获在西南地区是家喻户晓的故事，诸葛亮因此被很多少数民族尊奉为祖先，白族也不例外。然而诸葛亮是否到过大理？

---

[1] 大理的阿吒力是观音授记的大理民家大姓的后人。明代大理地区有数种碑记引《白古通记》说，唐贞观年间，观音大士从印度到大理，率领段道超、杨法律等二十五姓僧侣，以佛教显、密二教教化一方，译咒翻经，上则阴翊王度，下则福佑人民。到南诏蒙氏细奴罗时，授记细奴罗为奇王，主宰大理；选有德行的人为阿吒力灌顶僧，为国师，大兴密教，开建五密坛场，祈祷雨旸。现在大理地区的阿吒力都是他们的后人。

历来各家争论不休，徐家瑞《大理古代文化史》说道：大理永昌一带，平静无事，皆吕凯之力也。永昌已拥护汉室，孟获又未窜扰，何劳武侯远征？此至明显之事也（徐嘉瑞，2005）。提出大理已有吕凯镇守，无须诸葛亮远征。吕思勉、顾颉刚、谭其骧、章巽诸、江应樑、蒙文通、任乃强等经过考证，也认为诸葛亮南征路线最远只达滇东，未曾到过滇西。

查阅相关资料，在汉唐以前，《三国志》《史记》《华阳国志》等典籍都未提及大理。诸葛亮南征应该并未到过滇西大理一带，不然不可能此前的史料里遍寻不见滇西的踪影。诸葛亮至滇西的记载在唐代南诏时期开始出现，之后，其事迹开始在西南地区广为流传，主要见于《蛮书》。这应该是源于南诏和中原王朝的战事，南诏每次战胜后都要从蜀地掳掠汉人至滇西，从而使得蜀地的诸葛传说在滇西和滇东得到传播。元、明以来诸葛传说逐渐兴盛起来，大量的记载开始出现。关于诸葛亮南征至大理的事迹主要集中于擒拿孟获、白崖[1]立柱上。

1. 擒拿孟获

元代张道宗《纪古滇说集》记载诸葛亮南征战役发生地：亮经会川，历三绛（武定也）、弄栋（姚安），而抵永昌，断九隆山脉以泄王气……回兵白崖，立铁柱以纪南征，……以仁果十七世孙张龙佑那领之……冯苏《滇考》记载诸葛亮六擒孟获，经历白崖一擒、邓川再擒、漾濞川三擒等六擒，最终降服孟获（云南省人民政府参事室等，2002）。清人张若骙《滇云纪略》也提到：一擒于白崖，今赵州定西岭；一擒于邓赕豪猪洞，今邓川州。浙江绍兴人诸葛元声的《滇史》，记载了数十则诸葛亮的传说和逸事，李元阳的万历《云南通志》和嘉靖《大理府志记》都描述了诸葛亮在滇西擒拿孟获之事。《白古通记》中的记载就更为丰富了。

2. 白崖立柱（图4-1）

《纪古滇说集》记载的白崖立柱之事，是以诸葛亮立张龙佑那为王建立"白子国"的历史为原型的：仁果之子孙世守其家法，不尚染采，不杀生，仍号白国。是时守令治其人，酋长安其土，两不相妨。传至十五世孙凤龙佑那，不变其旧。诸葛亮收用豪杰，仍封佑那于其故土，赐姓张氏。又传十七代，至张乐进求。

据云南地方文献来看，《纪古滇说集》是较早记述"白子国"的，全面而又系统作记述的是《白古通记》一书。

元代以前，有关"白子国"的传统都与阿育王、哀牢九隆有关联，与诸葛亮并无关系。但在明代的史料当中，白崖与"白子国"开始相关联，仁果肇基白崖，尚创业之详细于兹，遂以地号国曰

---

[1] 白崖，今大理弥勒县。

图4-1 《南诏图传》中的白崖立柱

白。……号年法古，正朔从夏，采撷诸家之善，自集成于一枝，而为白氏国也。阿育王第八子蒙且颂居大理白崖，因地名号白国。至楚威王命庄跻伐滇，跻遂称滇王。庄威王之后，好佛法，纲纪不振，国人推张仁果为王。至汉武帝命张骞使滇，立仁果为王，仍称白国。《白国因由》卷首也说道：骠信苴号神明天子，即五百神王也。传至十七代孙仁果，汉诸葛入滇，赐姓张。

由此可知，白崖立柱的寓意在于明确"白子国"建国的合法性是由中央王权赋予的。元代前后的史料，一致认为阿育王是"白子国"的先祖。在《白古通记》中，始终强调"白子国"是由阿育王一直延续下来，就算张乐进求禅位给细奴罗，也并未说"白子国"被蒙氏所灭，细奴罗依然是"白子国"之后裔。"白子国"历史一直延续到明初始绝，乃至于大理国的段氏都是"白人"。

由于把阿育王尊为"白子国"之祖，故阿育王的后代也皆为"白子国"之裔，所属的人民也称为"白人"或"白子"。又由于《白古通记》的作者出身喜洲的僧侣贵族世家，所述"白子国"历史，乃以明军攻占大理，扫平佛光寨叛乱，将云南纳入中央集权统治为终结。这时候的明代文人，经历了战乱，加之佛教信仰受到打压，不得不发出的悲愤之声，于是把祖源溯至"白子国"，直线联系阿育王，其意图已颇为明显，就是想要对明代统治者发出抗议，驳斥明中央王权的夷夏之辨。

而在明代大理赵州的名家大姓那里，则将自己的祖源追溯至"白子国"又存有另一番用意。《万历赵州志》有一段有关"白子国"的叙述，将他们对自己的"白子国"起源，追溯到了南诏、大理国之前，竭力与诸葛亮相联系。有关诸葛亮传播文明、开辟地方的传说，其实与明代中后期明政府为了镇压土司及控制铁索箐[1]一带长期的政治反抗密切关联。这样的叙述，表明了赵州的名家大姓在政治和文化的"自我正统化"意图。

然而在民间，对诸葛亮并不认可和崇拜，据《万历赵州志》载，大理弥渡铁柱庙原祭南诏王世隆，新庙建成后要改祭诸葛亮，遭到群众反对，后又毁诸葛亮像改祭世隆。祭诸葛亮是官方的意见，而百姓主张铁柱为世隆所建，应祭景庄[2]，这代表的是民意。至今弥渡的彝族人每年都要举行盛大的祭柱仪式，围绕铁柱踏歌祭祀孟获，并尊孟获为祖，对诸葛亮不太重视。集中于定西岭一带的彝族支系腊保（或称腊罗拔），是这一时期山区与坝子复杂的社会政治关系脉络下兴起的另一个社群。腊保村民，正月十五到铁柱庙祭拜铁柱老祖，围绕南诏铁柱"打歌"。随后到铁柱庙侧殿的孟获夫妇塑像前，祭祀孟获，尊孟获为铁柱老祖。对于孟获的尊崇与祭祀从另一面说明了民间对于官方统治的反对与抵抗，认定孟获才是英雄，这意味着"华夏英雄祖先"提法在边疆地区的失效。

可见，在赵州坝区和铁索箐山地一带，一系列有关群体的自我定义都分别围绕着地方精英和民众如何对诸葛亮和孟获的历史神话展开诠释，反而对南诏、大理国的历史追溯并没有成为一个中心议题。

随后至清雍正年间编纂新赵州志（《乾隆赵州志》）时，有关"白子国"的万历版本所强调的"白子国"与诸葛亮的关系，已经转换为强调"白子"即"民家"，他们是"白子国"的后代，这样的族群身份重点意在表明："白人"与"民家"等同，为"白子国"的后代。"白子"身份为明中后期的产物，与"民家"相配合，成为坝子居民当中与户籍制度对应的身份类别[3]。有关坝子中"民家"（白子）身份溯源的叙述方式的转变，对我们理解明代至清代的国家意识形态与制度两方面的转变对地方民众的自我身份的理解和论述是至关重要的（马健雄，2017）。

从以上史料、地方志及民间史实的梳理可以看到，两部清代赵州志所表述的土著"白人"的历史与社会身份所强调的重点和方式，乃是基于国家意识形态与制度的转变；汉族移民的影响以及当地文人阶层在科举考试中对汉人身份的需求。但是，对于坝区和山地的大部分民众而言，由于面临着不同的生存挑战，所采取的生存策略也大不相同。

---

[1] 铁索箐各部落从明初至万历初的两百年间，一直与明朝政府对抗。铁索箐是山地，四通八达，可攻可守，在明代，这是一个控制云南西部、北部和中部的重要地理区域。

[2] 景庄为南诏王蒙世隆谥号。世隆又作"酋龙"。世隆继承父业，为南诏第十一代王。

[3] "白子"（民家）是明朝户籍制度中区别于军户（军家）的一个身份类别，也开启了后来的"民家"与汉人身份分野点。

官方、文人的祖源书写与民间存有一定差距，甚至完全相反。前者体现的是对正统统治秩序的认同与归顺，后者则反映了民间对中原政治势力、文化侵入的交锋、抵抗、归顺和攀附。从社会记忆的观点来看，对祖源的不同书写，代表的是不同时期或同一时期不同阶级立场的人对于历史的选择性记忆。在此，我们把正史、野史中对祖源的书写当成历史文本来看待，不去辨别它们的真与假，实际上也没有绝对的真假之分，任何一种历史文献都是依据某一角度来撰写的，带有很多主观想象。然而通过对历史文本的解读，可察觉到其背后隐藏的真实的社会事实，也可探知到各时代之人具体而微的认同倾向和情感。

二、身份攀附：文化认同意识的形成与选择

明代大理白族各名家大姓在修撰族谱时总是免不了要对身份进行修改，把祖先追溯为来自中原某地的汉族，进而攀附汉人身份，是当时的惯常做法。一开始这样做是因为自己民族处于劣势，对身份的隐藏有助于保证他们日常平安无事。后来，渐渐攀附汉人祖先，身份改为汉人，籍贯改为汉地州郡，所要应对的，显然是明代户籍制度所产生的身份确认问题。这样的做法，有利于士大夫们快速融入上流社会行列之中，并且与中央王权攀连上正统关系。随着国家认同的进一步确立，地方上的士大夫纷纷把宗法秩序和礼仪规制运用于乡土管理中，在地方积极推行儒学教化，于是一种基于士大夫文化价值的地方制度——宗族制度逐渐普及开来。洱海地区的名家大姓，也在这个时代形成了宗族。士大夫在建立宗族时，巧妙地将礼仪制度和儒家文化结合在一起，进一步稳固了国家认同。在此基础之上形成的宗族历史记述，无论真实与否，作为一种认同表达，都是历史的一种反映。

文化认同比之国家认同具有更强的自觉性与内化性。明代，随着儒学的推广、科举考试的盛行，使得文人阶层，特别是寒门子弟除了通过科举晋升以外别无他途。明初以来遭受政治边缘化的滇西各大坝子的名家大姓，也逐步回归到科考的洪流中。于是，一种超越了民族、阶级限制的文人共同体意识在科举考试的推动下得以建立，文人的身份认同也随之诞生。到了明中后期，一个新兴的文人阶层——士绅阶层形成了。他们具有独立的身份地位，并且依靠学识谋生，无论是否考中功名，他们都能成为地方社会的中间力量。此外，汉族移民也成为士绅阶层最充足的人口基础，移民本身就带着汉族文化血统，"学而优则仕"一直在他们的思想里未曾改变，他们比任何人都渴望通过仕途来回归主流社会，因此尽管移民身份复杂，但也都能迅速形成统一的认同。

对儒家文化的深度认同反映在宗族身份的选择上，越来越多的白

族文人不愿意承认自己是白族人，而以汉人自居。在一些碑刻和族谱中，原来称"九隆之裔"的变成了"江南望族"，这些事实无不体现了白族文人阶层在当时历史背景之下对汉族身份的认同与积极建构。

三、民族文化身份建构：文化认同意识的自觉书写

明清时期大理白族称为"民家"，在部分地区被称为那马、勒墨、七姓民，其族自称"白子""白尼"。何谓"民家"人？据考证，"民家"之称首源于明洪武十四年（1381 年），明将沐英攻占昆明，元代残余势力彻底失败。次年二月袭大理，俘大理总管段世、段明兄弟，再将段姓、高姓贵族羁置安徽凤阳，传统政权的整个上层被抽走。后陆续迁徙内地汉人到白族地区屯兵安置。当时的屯田分为军户和民户，对本地民族则称为"夷户"。似因白族经济、文化接近汉族，故也被称为"民家"，以别于其他民族。此后，历代当朝为了便于统治少数民族地区，便沿袭此例。这里的"民家"显然是相对"官家""军家"的指称，后期白族渐用其作为自称。那么，"民家"究竟是不是代表白族的一种族称？学界长期以来存在多种说法，至今未有定论。

由于大理地区族谱中汉族祖先叙事一直延续到 20 世纪初，从而使得许多人类学家也认为"民家"和汉人没有什么实质性的区别。澳大利亚学者 C. P. 费茨杰拉德在《五华楼：关于云南大理民家的研究》中描述了"民家"与汉人的区分仅在于语言，在人们头脑中，区分不同民族最重要的依据是语言，即说汉语的是汉人，说白族话的是"民家"，如果不说白族话，那么他就是汉人，即使他的母亲被公认为地道的"民家"，而且会说地道的白族话，他还是被当汉人看待（C. P. 费茨杰拉德，2006）。在费茨杰拉德看来，"民家"不是汉人，但他们也没有强烈的民族感，民族的区分度在这里微乎其微。

晚于《五华楼：关于云南大理民家的研究》五六年的另一部美国华裔人类学家许烺光的著作《祖荫下：中国乡村的亲属、人格与社会流动》更加强化了这一点。许烺光在此书中绝口不提"民家"与汉人的区分，而直接用当地的家族文化来解释西镇人个体性格的塑造过程，想要把这种家族文化作为解释整个中国文化的蓝本。有学者认为《祖荫下：中国乡村的亲属、人格与社会流动》抹杀了"民家"人的特色，使之等同于汉人。那么，究竟是许烺光有意忽略了白族的民族属性，还是这个现象本来就是事实？

对此，段伟菊认为，许烺光之所以把西镇描绘成汉人社会并不是有意为之，而是由当时的时代及学术背景所致，许烺光所处的时代流行"大汉族主义"的观念，因此不可能把西镇人单列作一种少数民族。再者，许烺光师从马林诺夫斯基，研究体现了用功能主义的观点对中国家庭的分析方法。另外，西镇人在族群认同上的摇摆不定，也

导致了族属的模糊不清（段伟菊，2004）。段伟菊后来又补充道，西镇人的认同存在着汉人族源认同与强烈的白族认同两个方面，是一种双重认同（段伟菊，2004）。

梁永佳对于认同的讨论别具一格，他认为虽然现在"民家"与汉人已经被划分为两个民族，但在民国时代的社会场景中，"民家"并不是一个类似今天"民族"的概念（梁永佳，2008）。西镇人以祖籍江南界定自己的身份，与周围的"民家"人村落互不通婚，将祖先崇拜制度化到很高的程度，穿汉服，用汉俗，引入先进的生活方式，与外部世界交往密切，这一切都说明，民国时期的西镇人保有一种心态，那就是主动积极地将自己界定为具有较高文化的汉人（梁永佳，2008）。

仔细辨认"民家"与汉人的区别，其实并不是今天所说的白族与汉族的区别，而是来源于清代卫所归并制度所产生的"民家"与军户的区分，只不过因为近代学界一直关注"民家"与汉人之间的关系，所以才会对另一对存在已久的关系"民家"与军户视而不见。可以说原住民开始注意到非汉的僰[1]（"白人"）族群化身份，是随着明代的编户体制而逐渐形成的，在这之前是没有如此区分的。与汉族比较后产生的非汉意识也是在汉族移民大规模涌入对当地社会造成了巨大影响后才得到强化。对于"白王"[2]"白子国"的认同意识最早可追溯到13～15世纪产生的一批叙事文本那里，如《纪古滇说集》《白古通记》等，这些都是云南社会产生剧烈变动的时期，在汉族的影响下，白族精英阶层开始对自我身份产生模糊认同意识后撰写的历史。16世纪至清代，白族地区的原住民认同意识产生了明显分化，表现为精英阶层攀附汉族、冒籍南京，而民间社会则仍然坚持对"白子国""白王"的认同。然而此时，就算是精英阶层的认同也并非是对汉族身份的认同，顶多是对汉文化的认可。因为，从"民家"产生的机制来看，"白人"与汉人的分界一直都存在。民国时期，由于现代民族主义的传播，"民家"与汉人的区分又不是特别明显，可以说并没有被人们有意识地加以区分。因此，才会导致连西镇人自己都无法说清楚"民家"与汉人的差异何在。直至1956年白族族群身份正式被国家界定以后，精英阶层的认同才开始明确，他们又回到了对"白人"的认同中来。最后，在1956年4月，将"民家"统一改为白族，白族称谓一直沿用至今。

实际上，民族、族群这类概念，都是来自于西方。民族，是人类发展到一定历史阶段的产物，是一个侧重于主权化、疆域化和制度化，经由政府识别规范的族群总体。民族识别以后，白族作为区别于

---

〔1〕 白族，元、明的时候又称僰人、"白人"，以区别于汉族。
〔2〕 "白子国"建立时，封其首领仁果为王，号"白子国"，白王之称始此。

其他族群的主体民族文化身份意识才开始被自觉地建构。很明显的变化是一些家族在修订族谱时开始有意识地回转到白族身份上来，旧谱中的庄蹻、诸葛亮、清河张氏、唐时入滇落籍等这样的汉人符号"结构性地失忆"，而选择汉文献记载中的"九隆族"或"西洱河蛮"等这样的本土文化符号来"建构性地记忆"其家族先祖在地方王权历史中所建立的卓越功勋（赵玉中，2014a）。

从族谱来看，族群认同的研究很多，不再赘述。在此，我们通过对一个白族典型文化事项的认知和建构来反观族群文化身份的认同变迁。现在提起白族文化特色，被人公认首推的便是本主信仰，本主信仰无疑已成为白族文化的代表。

在明、清两代，中央政权为了树立儒家礼制学说，极力打压其他宗教信仰，本主信仰也被列为"淫祀"一列。为了能保全本主信仰的存在和发展，地方士绅阶层采取了本主信仰儒家化的策略，使得多神崇拜的宗教信仰转化为以信奉儒家价值观为主的儒化宗教，从而使之在中央所能容纳的范围内继续存活并发展。

民族识别以后，白族对于民族身份的认同意识日益敏感和强烈，特有的民族文化便成为民族身份确认及区别于他者的重要标志。然在新时期语境下，民族文化遭遇与不同文化的交流和碰撞，正面临着同质化、边缘化或逐渐消失的危机，民族身份亦面临同样的困境。在这样的背景下，本民族特色文化的建构便成为抵御同质化，彰显民族特质的重要一部分，同时也成为民族身份识别的主要依据。

于是，本土学者纷纷宣扬以本主信仰为核心的文化建构理念，想要把本主信仰打造为白族本土文化的重要标志。例如，以杨政业为代表的学者在本主信仰起源问题上指出：本主文化是白族的民族特征之一。……本主文化只是白族才有的文化（杨政业，2000）。这样的观点有意绕过或忽略其他学者，如徐嘉瑞提出的外来说：认为本主信仰来源于古代各独立部族之宗教遗存，并不是大理独有的土生土长的信仰形态。这不能不说是出于一种确立白族民族文化身份的需要所致。对于本主信仰对民族认同产生的积极影响问题上大多数研究者持肯定态度，例如，白族对于本主的信仰，以本主崇拜为核心，是区别于其他民族的一个重要特征。由于宗教的产生使一个民族在信仰上有了共同的认同。对这种文化现象的认同既是其存在的基础，又是民族归属的标志（郑晓云，1992）。且不论此论点是否属实，是否算得上全体民族的共同信仰，又是否是民族归属的标志，单从持此观点的广泛性和普遍性来看，似乎在白族文人当中已经达成共识：本主信仰是白族共有、特有的文化事项，是区分于其他民族的重要特征之一，本主信仰是形成民族认同的核心要素。

文人对民间信仰的强调和重塑，意味着地方精英需要建构一种独属于本民族的文化作为族群区隔标记以此获得他者的认同。从知识精英对本主信仰的书写来看，无论是 20 世纪 40 年代徐嘉瑞提出本主来源于中原楚国地区的风俗，还是 20 世纪 50～70 年代，把本主信仰看成是阶级压迫的工具，或是 20 世纪 80 年代随着民族主义的复苏，本主信仰逐渐成为白族文化的标志性旗帜，本主信仰都在因时因地随着人们的具体需求而变换着身份。有学者对此提出批评：白族知识精英则更愿意将本主崇拜与南诏、大理国的王权历史联系在一起。显然，这种书写方式不仅有意或无意地遮蔽了先秦以来中原与云南边陲社会之间的历史交往，同时，也完全忽视或否认了元明以来大理在儒家化过程中的各种文化变迁与文化创造，在某种意义上简化或割裂了地方与国家之间的历史联系（赵玉中 b，2014）。

因此，究竟是我们创造了一种特殊的文化，还是我们在某种文化中显示出了特殊的自我，这当中表现出来的是民族性该如何构建的问题。20 世纪 80 年代初，一批开始走向文化自觉的少数民族作家，在面临本主文化逐渐消失，身份认定危机的情势下，开始在作品当中进行自我身份认定的积极建构。民族身份的确认是伴随着外界的变化而不断进行的过程。纵观历史，早在南诏时期针对中原文化的强势侵入，本主信仰的内容就发生了很大改变，不正说明了他者文化迫力对于本土宗教认同的影响。到了现代，来自汉文化及全球多元文化的冲击，更使得本民族文化认同岌岌可危，为了增强认同，才会出现本地精英阶层对本主信仰尤为重视并努力对之进行固化和标记，使之成为白族特产的行为。这显然就是一种想象共同体的建构历程和满足自我文化身份确立的策略。

综上所述，以祖源想象、身份攀附及本民族文化建构三个具有代表性的层面探讨大理地区白族的认同问题，旨在辨析不同历史阶段认同的实质和倾向是什么，从而避免单向性、简单化的汉化说。本书不对认同做过于细化的类别划分，而是采取整体观照、历史优先的方法进行梳理，把文献、碑刻等材料当作文本来加以分析，试图在庞杂的历史情境中找寻作为个体或群体的白族人的认同轨迹，让每个类别的认同自动浮现，形成一个交错、重叠或矛盾的状貌，从而辨明在文化认同的主线下白族先民不断进行自我建构的历程。初步得出的结论为：从历时层面看，呈现出认同的萌芽—形成—自觉轨迹；从共时层面看，呈现出认同的不同层面之间的相互渗透、交融。具体而言，西汉至南诏前期，白族文化主流是对中原汉族统治的抵制与不认同，但也存在着对以诸葛亮为代表的汉文化的爱戴与认同；南诏至大理国时期（唐宋阶段），呈现出对中原统治时而臣服时而背离的不稳定态势，文化认同处于摇摆不定之状。南诏中后期，佛教文化的影响加剧，这一时期虽然儒家文化还具有持续的辐射力，但不得不退居次要地位。元、明、清时期，由于中央政权对大理地区的管理更为深入与严格化，大理从"羁縻之地"变为边疆行省区域，户籍、科举制度的施行以及儒学正统文化的层层推进，使得地方上迅速形成以士绅为中心，以宗族为最基本管理单位的社会组织模式，朝着中央正统政权靠拢，大大促进了汉人身份认同和儒学文化认同的形成与发展。中华民国时期，由于现代民族主义的传播，族群区分并不特别明显。直至 20 世纪 50 年代初期中国的民族识别完成以后，白族的民族身份意识才开始渐渐明确并变得自觉起来，尤其是白族知识精英阶层，在面临现代语境之下，民族文化受到冲击并被同质化、弱化的危机时，表现出了相当的焦虑意识，他们开始察觉到建构本民族文化的迫切性与重要性，于是，本主信仰的建构便成为他们对抗民族身份危机的策略之举。

第二节　合院式建筑景观艺术构形
与礼制认同空间的契合与背离

在研究建筑构形变迁的问题上，空间模式的转变是关键。空间模式是指空间的标准样式。空间模式的变化意味着人们的身份认同、文化认同发生了改变。我们知道，认同的产生与确立一定与他者有着密切关系。由于他者的存在，主体的意识才得以确立，也就是说，"他人"是"自我"的先决条件。自我只有在对他者的反观中才能建立自我认同或他者认同。认同的转变，从最根本上说是因为自我与他者之间的冲突引起，他者有可能给自我带来危险，危机迫使自我进行认同意识的转变。同理，认同空间的确立也是如此。

空间认同基于人们的空间感知，空间感知的变化往往源于空间界限，也即边界被打破。认同空间的确立，必定是以原有边界被打破为前提。原有空间模态不再适应于生态环境以及因人的意识、身份认同改变而对空间产生的新需求。边界是一个地理概念，是指人类把不同的社会或组织存在其中的空间划分开的界线，具有客观性、自然性。山脉、河流、湖泊都可作为分界线。边界还可以是人为边界，与自然边界相对应，人为边界是指以民族、宗教信仰、语言、意识形态、心理习惯等因素作为依据划分的边界。人为边界多种多样，归纳起来主要有两种：一种以政治力量作为划界标准；一种是以人们民族宗教信仰、心理习惯等文化因素作为划界标准。一般而言，当一个族群或个人的空间界限不被侵犯，那么很少会引起太大的波动。但假如空间界限被打破，则势必会引发危机感，改变也由此产生。边界的打破可分为被动和主动两种。被动主要是受到外敌入侵、政治力量的重构等；主动则在于群体或个人对于可能性风险的焦虑，只要一个群体希望提高它的地位并注重自己的生活方式，它就面临着邻居的问题——相互毗邻的不同族群之间的关系（弗雷德里克·巴斯，2014）。也就是说，群体或人一旦开始关注自我更好生存和发展时，就不得不面临自我与他者的边界问题，需要更为主动地与边界以外的人或事物打交道，从而在客观上使自己的边界得以扩张或至少得以保持不变。

一、大理白族认知空间阶段与礼制认同空间的确立

历史上，众学者都认为大理白族建筑自秦汉以来深受汉文化影响，故而形成了仿汉建筑。但是，我们说，建筑的汉化说至少忽略了几个问题：第一，空间是建筑的主角，建筑构形的改变首先意味着空间模式的变化，空间模式取决于空间观念，只有空间观念改变之后，文化认同才会起作用。而每一种文化认同的生成、转变都是一个复杂的历史过程，绝不能约化为三言两语的汉化。关于这一观点的论述在建筑学上较为缺失。第二，从大理地区的汉族建筑也融会了白族建筑特色来看，汉化没有普及性，还存有汉族受白族影响的事实。第三，在提到白族与汉族在建筑构形上的相似性时，汉化论者会指出这是汉文化影响的结果，但却忽略了一个可能存在的事实：汉族的建筑构形是否受到过其他民族建筑文化的影响，而白族建筑有可能与之来自同一个文化源头，然后在相异的时空中表现出类似的特征。第四，即使白族建筑对汉文化的认同表现于建筑构形上，但也只是在某些层面达成认同，其建筑构形更多仍然延续着祖辈传下来的特点，表现出与中原汉族建筑构形的差异性。

礼制认同空间是基于大理白族文化认同的一条主线——对汉文化中礼仪制度的接受及认同而形成的空间形态。具体而言，指的是对儒家所提倡的礼仪制度所映射下的空间观念、空间模式、空间价值的接受与认同，并在此认同意识指引下创造出兼具本民族特性的空间形态。可见，礼制认同空间是一个历史性产物，既不是本民族特有的，也不是全盘汉化的，它呈现出一个漫长渐变的过程，直至明、清时期才得以完善成熟，在白族民居建筑中表现得尤为突出。

以下，我们将从各个历史时期梳理大理地区白族所面临的空间界限变迁问题，从中分析空间观念、空间意识及空间模式的相应变化，最后得出礼制认同空间确立的脉络。

1. 上古时期

从考古学的发现来看，古代大理地区发生的空间变迁是从山地到坝区的转移。这无疑是白族先民对自然环境及生产劳作择优后的选择。大理先民远古时代生活于高山之上，随着洱海水面的下降和地质的大变动，人们的生活领地开始往下移。大理先民的居住模式是由穴居逐渐下移至山麓坡时代，再发展到平地结棚式的半穴居，往后就是从半穴居到干栏式建筑的演变。从公元前 1159 年左右的剑

川海门口遗址可以看出，干栏式建筑的风格已经较为清晰了。在相关居住地的遗址附近总能发现大量的工具，其表明至少在 4000 年前，那里已经开始了原始刀耕火种的农业生产，并且一直延续至今。《五华楼：关于云南大理民家的研究》记载，大理坝子的居民居住在最适合水稻生长的土地上。

由此可见，大理先民的居住环境经历了以下变迁：第一，从山地到坝区。高山环境特征为严寒干燥，劳作方式主要为采集与狩猎。坝区环境特征为潮湿、多水患，劳作方式为定居农耕。生态环境的改变，影响着资源的整合与再分配，原居住在山地的居民获得了新的资源和权益，但同时也面临着新的居住空间问题，原有的半穴居的山地居住方式显然难以适应平地环境。因此，主动的适应性改变逐步出现。第二，平地的生活固然美好，但在大理地区，山地占80%～90%，平地无法容纳扩张的人口，因此一部分人只能继续滞留在山区，久而久之就出现了坝区和山地的分割，建筑模式也呈现出坝区模式和山地模式[1]的差别。

居住环境的变迁引起的是空间感知的变化。空间感知，是指通过各种感官（视、听、味、嗅和触等）来感觉周围世界的一个积极的过程。对空间的感知源自相对尺度、氛围、身体行为和人的身份对其产生的制约，同时感知会唤醒记忆和思考，进而激发想象。

山地空间与坝区空间的分异是十分明显的。山地地形容易造成隔绝、不易流动的空间形态，而坝区则正好相反，畅通无阻且易于流通。因此，山地空间引发的空间感知是阻隔式，坝区空间则是畅通式。正如美国人类学教授詹姆士·斯科特所说：交通方便的平原，即使面积较大，也更容易形成一致的文化和社会整体；而交通不便的山区，尽管面积较小，也很难形成文化的认同感（詹姆士·斯科特，2016）。对于建筑空间来说，感知方式可能正好与大环境的空间感知相反。阻隔式的环境发展出开放型的建筑空间，如干栏式建筑。阻隔式的山地，与外界隔绝，人与大自然的关系密切，人类原始的宗教崇拜即相信万物有灵，万物与人相沟通，反映于空间设置上，便是与外在大自然保持畅通，空间开敞，气流顺畅。再者，出于对安全感的考虑，山地居民更关注防范自然灾害，如干栏式建筑底层架空的形式主要起到防潮、抗洪、防虫等作用。山区人与人之间的关系较为和谐，因此，空间设置也就无须针对外人进行防范。

坝区的情况则是农耕造成区域的固定。农民与他们的稻田都在空间上被固定，便于政府对他们进行征税、征兵（詹姆士·斯科特，

---

[1] 坝区模式逐渐向平房、院落式结构发展，而山地模式则继续保持原有的建筑形态——干栏式，例如怒江勒墨人。

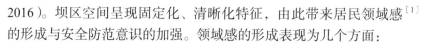

2016）。坝区空间呈现固定化、清晰化特征，由此带来居民领域感[1]的形成与安全防范意识的加强。领域感的形成表现为几个方面：

（1）领域区分的物质意义是可以进入和可认知性，可以进入表现为空间入口——门的设置，可认知性表现为居住环境的领域形成一种固定的空间关系，这种空间关系构成了一套稳固的知识系统。

（2）安全感的需要。人们站在住宅出入口及其附近区域，首先是出于自身安全需求的支配。因为在这个区域，人们有一种共同的心理感受，这是我们的楼门口，是我们的领域、属地。在这种心理感受的支配下，人们心情放松、自由，全无对安全防卫的心理紧张情绪，因而乐于对周围的事物、环境发生兴趣，从而自由地进行各项活动。北京的四合院给居民的领域感就特别的强烈。对于四合院里的居民，只要进入这个四合院的大门，就有了回家的感觉。所以，四合院里的每户居民都对这个院子有强烈的认同感和归属感。

（3）私密空间的需要。采集、狩猎时代的集体劳作转变为农耕时代自给自足的生产方式，带来的是生活方式的深度转变。人们对私密空间的需要与日俱增，使得空间设置由开敞转变为封闭，出现了公共空间与私密空间的严格区分。私密空间通常利用率很高，领域感很强。

2．两汉时期

两汉时期空间界限的被打破源于西汉武帝欲打通"蜀身毒道"。据《史记》记载，公元前122年，汉遣使间出西夷西，求通身毒国。至滇，滇王尝羌乃留，为求道西十余辈，岁余，皆闭昆明，莫能通身毒国。此后，汉闭于昆明约200年。根据考古学资料，这一时期云南很少有出土的汉文化器物和墓葬，说明了这一时期由于交通隔绝以及来自本土的抵抗，使得汉代深入云南的中原势力受到极大的阻碍，从而未能得到较大扩展和延伸，反而面临被本土同化的可能，庄蹻入滇便是最好的例子。"庄蹻入滇时，楚已积弱，庄蹻武夫，欲其在文化上有何建树，亦属奢望"（司马迁，1995）。庄蹻不仅没能改变当地习俗，反而被当地文化同化。再者，观之云南移民史，内地移民（汉族为主）入滇经历了五次浪潮。两汉时期的移民规模小，人口数量不多，移民主要来自于四川等地，对边疆文化的影响有限。因此，两汉时期中原文化对大理地区的渗透程度并不如很多研究者所指陈的那样广泛深入，反而是汉族被当地民族影响居多。观之建筑，即得出汉文化对大理白族建筑产生颇深影响的说法便值得质疑。

秦汉时期中原地区盛行神仙方士之说，根据仙人好楼居的说法，

---

[1] 领域感指居民对所归属的特定环境的感知。领域划分的根本意义在于让居民体验到环境的统一和居住生活的社会组织方式。

统治阶层追求仙居生活的建筑环境，加上居住、安全、军事等需要，楼阁式建筑形成热潮。图4-2是大理大展屯发掘的东汉时期的纪年墓中出土的三个陶楼阁建筑模型。左边一个是四阿式庑殿顶三重檐房屋建筑模型；中间一个是干栏式陶房屋建筑模型；右边一个是庑殿顶楼

图4-2　东汉时期的陶楼阁建筑

阁式陶房屋建筑模型。从出土的文物可得知，东汉时期大理地区已经出现楼阁式建筑。大理地区出现的楼阁式建筑足以显示出汉文化对大理的深远影响。然而，在实际使用过程中，因楼阁式建筑头重脚轻，防震效果差，最终被当地居民放弃，改为低矮稳重的平房建筑。

这说明：一方面，在两汉时期，人们还生活在海拔2000～2200米的点苍山脚下，属于山地区域，对建筑功能的需求与坝区相差甚远；另一方面，汉文化在山地区域的影响也较小，并不足以彻底颠覆原有的空间模式。

3. 唐宋时期

唐代，中原至南诏之路线已连通，但交通状况时好时坏。五代十国时期，战乱频发，交通状况愈发恶劣。北宋前期，交通仍不顺畅。中原与大理之间艰难险阻的交通环境，直至北宋中后期才得以慢慢改善。交通的建立和改善带来的是文化交流的日益频繁。

唐代，南诏国城市的建设中大量融入了中原汉族的建筑模式，其原因有以下几点：

（1）防御的需求。从高山迁往平缓山坡的南诏政权，没有了山地的天然屏障，必须采用不同于以往的防御措施，典型表现为城墙的修筑。例如，皮罗阁建立的太和城，太和城的城墙是夯土筑成，城墙主要着力建造南、北两道，南、北城墙相距约1.8千米。太和城的街区巷陌则是用石头垒砌而成，高有一丈多，这种以石头垒砌成的城墙、街区曾经连绵数里不断，石头城墙的建立延续了"垒石为之"的建筑传统，同样具有很强的防御性。

（2）空间象征。当太和城作为南诏古都的时候，中原王朝的国都——唐长安城已经向全世界昭示它成熟丰满的形态。相较而言，南诏政权的王都太和城就显得有些稚嫩。虽然太和城作为苍洱第一都已经开始行使它统治中心的作用，但它又不可避免地带有中国早期都城的痕迹，即都城政治和军事的功用皆十分突出。太和城的宫殿和布局，历史上没有留下太多记载。根据考古推测，太和城中有南北向大街，起着分割宫城区和平民区的作用。位于太和城西端的金刚城（南

诏的避暑宫），地处全城的西端，并且处于全城的制高点上，所以，这座宫殿绝非一般的避暑宫，有极其明显的防御作用并且很可能有建中立极的政治寓意。

779年，异牟寻迁都羊苴咩城。据《蛮书》记载，羊苴咩城方圆有15里，城内建有南诏宫室和高级官吏的住宅。羊苴咩城南、北两座城门之间由一条通衢大道相连。城内有一座高大的门楼，在其左右有青石板铺垫的高大台阶。从羊苴咩城南城门楼进去，走300步就到第二座门楼，城两旁又有两座门楼相对而立。这两座门楼之间，是高级官员清平官、大军将、六曹长的住宅。进第二道门，走200步到第三道门，门前置放兵器，门内建有两座楼。第三道门后面有一照壁，走100步就可以见到一座大厅。这座大厅建筑宏伟，厅前建有高大台阶，厅两旁有门楼，厅内屋子层层叠叠。过了大厅，还有小厅。小厅后面是南诏王的宫室。

可见，羊苴咩城沿用了唐朝长安宫殿纵轴线对称和庭院序列布局的传统，意在用空间的象征方式表达对唐王朝政权的认同和靠拢。

（3）建立统治秩序的需求。开元二十六年（738年），唐王朝扶持蒙舍诏统一六诏（蒙嶲诏、越析诏、浪穹诏、邆睒诏、施浪诏、蒙舍诏），建立以洱海为基地的南诏国，蒙舍诏诏主皮罗阁被封为云南王。统一六诏后，南诏自然迫切需要建立管理各部落的制度。在都城建立模式上，原来的山地模式不再适应于集中、固定、整合的坝区模式，因此学习唐王朝长安城建设规范（如方形布局，都城由宫城、皇城和外郭城组成，街道呈棋盘格状分布等），以形成国家的有效整合和管理。

观之这个时期的历史史料，所记载的几乎都是对南诏建立都城的描写，对平民阶层的建筑则很少提及，只是唐人樊绰的《蛮书》里略有提到。《蛮书》卷八：凡人家所居，皆依傍四山，上栋下宇，悉与汉同，惟东西南北不取周正耳。别置仓舍，有栏槛，脚高数丈，云避田鼠也，上阁如车盖状（樊绰，1962）。《周易》中也有记载：上古穴居而野处，后世圣人易之以宫室，上栋下宇，以待风雨，盖取诸大壮（立强，1998）。上栋下宇指什么？清代学者陈梦雷认为，栋指屋脊，承而上者；宇指椽也，垂而下者，故曰上栋下宇。上栋是房屋顶部支撑房瓦的椽子、檩子的总称，而下宇是支撑上栋的房柱房梁的总称。因此，上栋下宇指的是房屋的结构，人类从远古时期的穴居发展为有屋顶和支撑柱结构的建筑，可谓是人类居住史上的一大进步。

从形式上来看，上栋下宇应是单层平房，平房因低矮、建筑中心低，故稳重，利于抗震，适合大理地震多发地带抗震的需求。上文说到由楼阁式建筑改为低矮稳重的平房建筑，指的就是重新回归到这种上栋下宇的建筑形式。

至于说，上栋下宇这种建筑形式究竟是不是受到汉文化的影响？影响的程度有多少？我们对《蛮书》中的断言提出一些疑问。首先，上栋下宇是何人所创？在什么地方先出现？如何传播？这些疑问很难加以考证，如何证明是由中原文化传至边疆少数民族，也无法说清。所以，我们认为，上栋下宇应是古代先民的一种普遍建筑形态，并不是哪一个民族所独有。其次，据徐嘉瑞考证，干栏为"邛龙"之音转，"民家"之干栏来源于羌民之邛龙建筑。邛龙也是由屋顶和四壁构成。那么，《蛮书》所描绘的上栋下宇，有没有可能一部分受到汉文化的影响，一部分来源于邛龙建筑样式？至今，在大理地区的仓房（保管粮食的房子）还是干栏式建筑，它还明显地保留着山地民族的习惯。因此，可推之，大理地区出现上栋下宇的建筑形式，应是受到中原汉族和羌族建筑形式的影响。因此，唐代大理民居建筑虽受到汉文化影响，但影响有限，还保留着大量本民族固有的建筑基因。

同时，在南诏、大理国时期，由于佛教的兴盛，佛寺建筑星云密布，四处可见。尤其是大理国时期，全国尊崇佛教，历代国君多于暮年禅位为僧。大理皇家佛寺建筑大有盖过仿中原礼制建筑之势头，平民百姓家中也每家每户必有佛堂，并以敬佛为首，形成了一个以佛教信仰为圆心的认同空间。

综上所述，唐宋时期，大理白族对空间的认同及建构存在着不同的阶段。南诏前期，统治阶级为了更好地与唐王朝达成友好关系，在都城建设方面向之靠拢和学习，表现在城池的建设中出现大规模的仿唐朝宫廷建筑。南诏中后期，因君权神授政权统治的需要，佛教大为兴盛，佛教建筑也因此得以大力兴建和推广。相对于国家建筑而言，一方面民间单层平房、院落雏形等反映出受汉文化的影响，另一方面却反映出其受大理地理环境和民族文化基因的影响。

4. 元、明、清时期

元代至明代中期，大理白族民居还是延续土库房的形式。明代后期，针对原有土库房的诸多不足之处，白族民居吸取了汉式建筑的优点，进行了改良。其表现为：将整条石过梁改为木过梁，解决了石过梁长度不够的缺点；提高楼层，加大门窗，增设廊厦，避免了木梁柱、门窗的遭雨淋湿；在平面布局上一改过去一坊一漏、一丁一拐的单调布局，逐渐形成"三坊一照壁"的空间布局，使得院落层次更为丰富、规整和美观。清初时期的建筑保持了明代建筑的简洁、深厚、朴实，到清中晚期开始逐渐重视建筑的外装饰。

此外，大理地区的合院式建筑空间模式大致从明中期开始形成，清代完善并成熟。其改变的原因主要有以下几个方面：

（1）生态环境的改变。此时居民已从山地搬至沿洱海边生活，洱海边潮湿、风大，合院式的住宅可以避免潮气侵蚀，抵挡大风袭击，并可以很好地利用日照。

（2）"户"概念的形成，使得家族、宗族观念日益深入，居民对私人领域感要求增强。

（3）文人阶层的形成。合院式建筑满足了居民追求安全、隐秘、自足的心理需求。

（4）崇尚自然观念的影响。官方极力提倡崇尚自然空间的建构也影响到民居建筑崇尚自然观念的形成。

二、礼制认同空间形态与建构动因

（一）礼制认同空间的形态构成

礼制认同空间是指对礼制的认同形成的空间形态，包括空间模式与空间布局[1]。大理白族礼制认同空间是对汉文化空间观念的认同所致。

1. 对汉文化空间观念的认同

大理白族礼制认同空间对汉文化空间观念的认同主要体现于以下几个方面：

（1）两仪。"是故易有太极，是生两仪，两仪生四象，四象生八卦"（《易传·系辞上》）。其中，两仪可引申为阴阳、天地。空间的形成既离不开天与地的物质性感知，也离不开阴与阳的观念性认知。一言以蔽之，既是物理学又是哲学的问题。《周易》认为天和地的次序是不能变动的，天高高在上，主宰一切；而地则处于最低位，处处服从天。这也便是儒家"礼"的思想来源，礼者，天地之序也。人需要找到自己的位置，并遵循礼的秩序。两仪不可颠倒的秩序观念反映在空间中便是长/幼、男/女、尊/卑、内/外的严格区分。此外，阴阳观念成为建筑中崇尚自然的思想来源，并与人伦之道紧密结合，形成一套严整的建筑布局学说。

（2）辨方正位。《周礼》开篇即写道："惟王建国，辨方正位，体国经野，设官分职，以为民极"（黄公渚，1936）。辨方正位是建国之首要关键，重要性可见一斑。王权的确立不仅靠官僚体制来维护，更是需要一套完备的空间象征体系，让人在其中各谋其位、各司其职，国家才会有序、稳定。辨方正位从空间秩序建构来看，首先要正位。正位是指等级分明，位置正确。可以这么说，方位落实到社会层面是为礼，落实到空间层面是为形（杨小彦，2007）。《周礼》所提倡的辨方正位为建筑的形制规范提供了认识论上的依据。

（3）尚中。如果说礼主分，那么中便是讲求和谐、适度及容纳。

---

[1] 空间布局指的是各个部位的形状和安放形式。

西周以后，中上升为美德，具有褒奖之意。中也为中正，表示事物的最佳状态。孔子提倡中庸之道，强调制中之礼，中成为礼的重要思想。礼与中相辅相成，礼虽主分，但也不是绝对地追求差异，也讲求居间调和，从而保证了礼的灵活性。表现在空间设置方面便是，一方面讲求建筑单体形制及尺度各方面的高低有序、等级分明，一方面也注重整体协调，即中心对称和南北轴线的设置。

2．礼制空间模式

（1）封闭。封闭、内向的形式符合了礼的要求，同时也最大限度地提供给人一个私密、安全的空间。封闭对于领域的生成有着至关重要的作用，内外隔绝也使得礼仪的操作具有了空间条件。

（2）对称。对称与中国人讲究中庸、注重礼仪思想分不开。择中而居的主体建筑象征着尊贵、威严，其尺度较其他房屋大，易于识别。中轴线符合儒家中正的思想，是礼仪制度在建筑上的反映和强调。元代，汉文化在洱海地区的传播和影响加深，合院式建筑构形基本成为主流。

3．礼制空间布局的特点

礼制空间布局的特点有以下几个方面：

（1）以院落为中心组织平面。

（2）间、进、院的序列安排。

（3）等级差异。等级差异不仅表现在建筑群体中，即主要建筑位于中央，次要建筑位于两列，在建筑形制、尺寸上也讲究阳尊阴卑，在装饰方面更突出了这种等级差异，例如屋顶、台基、面阔间数、斗拱、纹饰、柱色等方面体现的差异。

（二）礼制认同空间的建构动因

礼制认同空间的建构一方面源于官方的推广，一方面也依赖民间各阶层团体的认同和实行。下面将对各个推动因素进行分析，力求呈现出不同认同意识的交互影响对于礼制认同空间形态建构的作用。

1．官方意识形态的推广及正统空间的建立

明代统治者对大理地区空间的塑造主要体现在以下几个方面：

（1）城市的规划与建造。空间的塑造对于统治者来说具有至关重要的意义，与其说它是用来压迫被统治阶级的工具，不如说它是统治阶级用以获取和维护政治权力的工具（张光直，1999）。明代新都城的建立，使南诏王异牟寻于779年建立的羊苴咩城完全被摧毁。这反映了明王朝破旧立新，以求在空间上建立新兴权力象征的决心。新的大理城规模宏大，四周皆有巍峨城楼。城的四角也皆有角楼，东北角楼叫颍川楼，东南角楼叫平西楼，西北角楼叫长卿楼，西南角楼叫孔明楼。同时还修筑了方圆四里、有四道城门的上关城，以及方圆二里、有三道城门的下关城，很好地体现了朱元璋镇守四夷的治理思想。

（2）崇尚自然空间的塑造。为了在原先由世家大族控制的大理国核心区域建立稳固的政治基础，明代官吏迅速推行新的空间诠释体系，将坝子改建为一个以崇尚自然为核心的文化空间，使之成为当时中华地理观念系统中的有机部分。以大理赵州为例，明代初期，大批佛寺被毁，一些新的庙宇，特别是龙王庙被官方扶持建立。明中期之后，大理赵州分布的山脉皆重新被命名，地方及乡村的地理位置都被赋予了全新的含义。明后期，将山水河流、村落整合为一体的赵州，已经形成一个完整的崇尚自然的空间。崇尚自然空间的建立，将佛教空间的象征意象归附到了中原传统文化的空间体系中。

（3）书院、祠堂、祠庙的修建。明政府摧毁佛寺后，大量修筑祠堂、书院和祠庙。明代皇帝把佛寺列为淫祠加以打击，下令拆毁庙宇和寺观，迫害僧人。寺庙遭到破坏，古代佛教经典文献也大多被损毁，佛教受到重创。与此同时，建立以祭祀诸葛亮为正统的祠庙，以象征国家教化及军事力量，并修建了大量的书院。据统计，元、明两代，大理地区举办 12 所学宫、23 所书院，数量大大超过了周围的地区，允许私人修建祠堂，建立宗祠，积极推行家庙的修建。朱熹《家礼》的推广，间接地使具备礼制功能的院落式建筑形式深入人心。

以上举措皆是朝廷礼仪教化推广的策略，为的是在空间象征上建立起礼仪制度的规范。

2. 民间各阶层对礼制空间的认同及运用

（1）文人阶层。西方学者保罗·布拉斯、科恩和格尔等都认为精英阶层[1]对于认同的建构作用非同小可，甚至是起决定作用的。在传统社会，一个社会的观念体系、价值取向、流行风尚、审美趣味等往往是由精英阶层来建构和引领的。因此，民间建筑，如民居、园林、宗祠等的空间形态主要反映了精英阶层的文化认同。

对礼制空间的认同反映于祠堂、家庙的建立、空间区隔与审美心理的转变之上。

第一，明代科举制度盛行，白族文人阶层为了获取考试及晋升资格，对于汉人祖先的攀附成为一种普遍行为。明清时期"品官家庙"的规定，更是使得家庙建制直接与科考功名挂钩。明代品官家庙制度，是当时国家规定的一套有关特定阶层的祖先祭祀礼仪。品官家庙制度规定，只有官宦人家才有权力建造家庙和祠堂，品官家庙有特定的建筑样式和规模，祠堂的空间形制有严格的规定，品官家庙祭祀必须在特定时间内开展，即岁时节日祭拜。也就是说，民间的家庙、祠堂在空间象征层面上代表着一个家族的身份地位，成为一种重要的象

----

[1] 精英阶层指受过高等教育，有社会地位，有一定的社会关系和背景的人。

征资本，从而区别于平民阶层。

第二，通过建筑空间的区隔，令家庭中的每个人都能各安其分，各守其归，不得逾越界限，使家族及宗族家长的绝对权威得以实现，从而能更好地管理整个宗族。

第三，对于一种制度、观念及价值的认同之后必然会使审美心理也发生转变。审美心理由外向式向内省式转变，并在此基础上形成对淡雅、幽深、怡神以及怡趣等审美志趣的追求。例如，照壁的设置符合了文人"隐"的内向心理需求与"心存目想"的审美观照。

（2）商人阶层。商人是清代大理崛起的一个新兴阶层，大多由明代释儒阶层发展而来，具有较高的儒学修养及雄厚的经济实力。这个时期大批的豪宅建成，是清末西镇商帮崛起后的产物。据资料显示，仅民国期间，喜洲就建成了120个大院，著名的就有杨家大院、严家大院（图4-3）、董家大院等。喜洲人传统习俗，凡是经商发达之后，第一件事是起房盖屋，建造祖坟；其次是婚丧嫁娶，大摆排场，极尽阔绰之能事。他们认为这样就可以荣宗耀祖，光大门楣（杨卓然，1982）。如果说明代文人阶层追求的是以建筑规模来显示自我的品官身份，那么，清代商人阶层则更重视建筑所具有的炫示功能，富丽堂皇的建筑成为富有阶层竞相追逐、互相攀比的资本。从深层次来讲，显示的是对光宗耀祖这一中国文化内在动力的认同。

图4-3　喜洲镇严家大院

（3）平民阶层。平民阶层的礼制空间的认同虽说主要是跟随主流阶层的脚步，但也有其产生认同的根基与动因。一方面，大理地区历来有祖先崇拜的传统，与礼仪制度所推崇的孝悌有共同之处，从而使礼制空间的建立找到了依据，如祭祖空间与四合院堂屋的契合。另一方面，民间工匠对建筑技艺的运用也体现了对礼制文化的认同。以剑川工匠为例，剑川工匠是滇西南地区闻名遐迩的能工巧匠，著名的丽江五凤楼便是他们的杰作。剑川工匠的流动性使木雕文化深入到云南甚至西南各地。在技艺传播的背后是文化的交流和传播，剑川民间读书修礼之风甚广，虽偏安一隅，却有文献名邦的美誉。剑川工匠技艺精湛，且通达文理，早在南诏时期他们就广泛地接触了被南诏、大理国军队掳掠到洱海地区的各处工匠，学到了很多外来的先进技艺，使剑川木雕艺术（图4-4）的内容和精神得到进一步的充实。从至元初年到至正末年（1264～1368年），剑川木雕艺人离开剑湖参加了昆明筇竹寺、曹溪寺、贞庆观、盘龙寺等佛教庙宇和道观的建造修复等各类工程，奠定了剑川木雕在云南省内的地位。明、清两代，剑川工匠行迹更是不局限于云南省，而进入到滇周边的地区及国家。剑川工匠之所以能走得那么远，一方面源于其精湛的技术，另一方面，雕刻艺术所反映的内容体现了对中原文化的认同，因为只有这样木雕艺术才能得到更为广泛的接受和认可。

综上所述，通过明、清两代中央政权对礼制空间的推广，以及民间各阶层人士对其的认知、接纳和认同，最终使之成为大理白族沿用至今的建筑景观空间格局。

图4-4　剑川木雕

三、合院式建筑中的中原文化符号与文化持有人认知

根据前文所述，每一种文化空间的形成，并不是自上而下的命令就可以完成的，而需要内部居住者的主观认同、行为实践，以及内外力量的互动。大理白族对汉文化及其建筑模式的吸收和运用，已经是学界一致认可的事实。很多学者还指出大理合院式建筑属于汉式合院体系，是在吸收了汉族间架结构基础上融合本土建筑特色发展起来的，因而大理建筑中包含着许多中原文化的符号，具体表现为以下几个方面：

（1）院落的围合。院落的围合是中原四合院的主要特质，是礼制的一种表现。

（2）中轴线的设置。中轴线规定了建筑空间的中心所在，确定了整个建筑的布局，整个建筑依礼制依次展开。轴线的中心为主体建筑，四周为次要建筑，等级分明。

（3）厅堂。厅堂位于三间正房的中间，用以供奉祖先，是家庭中最为神圣、庄严的场所。

（4）照壁。照壁是由中原四合院建筑中的影壁发展而来，是体现礼的重要物件，有隔断视线、主宾分隔、美化空间等功能。

（5）等级划分。在合院式建筑中，等级划分无处不在，不仅体现在房屋的级别、体量上，还反映在各类装饰图案、颜色、样式的选择和运用上。不同地位、身份、财富的人家皆不相同。

这些符号是礼制认同空间的显性符号，通过政府、文人和媒体的宣扬为大众所熟悉和认可。

我们经过查阅文献和实地调查，看到的却是另外一些事实。从表层看，大理白族合院式建筑确实有很多中原文化符号，并且在一些大户人家里表现得尤为明显，当地的人一般这么解说：这里是某某家大院，是二进三院，堂屋在二进院落正中，属于主人待客的地方，小姐的厢房在西北角……这样的说辞放在任何一座四合院里似乎都说得通。而属于白族自己的建筑特色，如走马转角楼、马头墙、腰檐、装饰绘画和书法等却不被太多人关注和知晓。在一些非观光用的民居建筑中，情况又和大户人家有所区别。例如，我们走访喜洲一座普通百姓的四合院，这里原本是大户人家的宅子，在 20 世纪 50 年代，宅子分配给了周围的贫民。七八户人搬了进去，每一户按人口分得两到三间房屋。当询问居住者对这座宅子有什么了解的时候，他们的回答几乎都是，相比之前所住的茅草房这里简直就像是天堂。但是，当问及这座四合院包含了怎样的礼仪制度和文化内涵，被询问者都是摇头告之不知。从中我们可以看到，对于一座宅子的居住者而言，作为内在者的他们未必了解所居建筑的历史和文化内涵，前文提到的中原文化

符号可能对他们而言毫无用处。因此，中原文化符号等被包装过的常识，实际上是一种固化了的文本知识，只是存在于特定的文人阶层和媒体话语中，大多数当地百姓并不清楚，他们一方面是不愿意去了解，另一方面即便有兴趣去了解，了解的途径也多半是通过书本和媒体的宣传，再简单复述给外来者。这样一来，实际上就产生了两套不同的知识体系：一套是讲给外来者的，一套是当地人自己的实践性知识。因此，我们有必要探究一下，与当地百姓密切相关的文化空间（民俗空间）到底是什么？

（一）以土地神为核心的祭拜空间

在大理，建房以前都要举行隆重的仪式。据当地人介绍，盖房的时候会选一个黄道吉日，用锄头象征性地挖地三下，表示开始动工。当天烧金银纸钱，烧一对长香，请一位长者说些吉利话。盖房过程中，浇灌柱子那天要在每个柱脚放一片铜片或银片，表示辟邪求财。房子建好后确定不会再动土的时候，要举行安龙谢土仪式（请土公、土母、土子、土孙），请人念经烧香。晚上，众人会一起唱歌跳舞。

安龙谢土仪式很重要，之前的建房开工仪式可视各家情况而定，有些人家可以不举行，但是安龙谢土仪式家家都要举行，以确保今后家宅的清洁平安。安龙谢土仪式古已有之，在《重修邓川州志》里有所记载，是对土地神的尊奉，反映的是稻作民族古老的生存理念，人们认为，农业的丰产与否取决于土地神的意志。安龙谢土又称为"安龙奠土"。人们认为，建房时因动土惊动了土地神，于是要向土神谢罪请安，遂举行此仪式。仪式举行前先要布置仪场，仪式场所布置完毕，就开始"请水、接祖、谈经、祭神、绕城、谢土、起土"仪式（寸云激，2015）。安龙谢土仪式不仅表现了白族的民俗、禁忌行为，也反映了他们对待文化空间的看法，这些较为朴实的看法正是有别于汉文化的地方。

首先，白族的土地神来源于万物有灵的观念，土地神一开始只负责管理农作物收获事项，后来逐渐演化为身兼数职的万能之神。白族对土地神非常崇敬，称他为"天的王子"，认为建筑（住宅）的根基在于土地，搬迁房屋、建新屋都动了土地神，所以要祭祀神灵，以避灾害。安龙谢土仪式中需要安抚的龙神有别于汉文化的龙，龙神不仅掌管着降雨，还掌管着地脉，在请水、绕城、谢土、起土等祭祀环节均有出现，被白族视为主管方位及龙脉的"土府"神祇（寸云激，2015）。白族每年都要举行"地母节"祭拜地母。

其次，在大理对神灵的祭祀位序上，土地神是居于祭祀的首位。虽然大理地区的宗教信仰形态多元，在家屋供奉的神灵中，既有儒家推崇的祖先神，也有佛教的观音和道教之神等，但是在安龙谢土仪式当中，供奉的多为道教之神，是因为土地神信仰对道教的形成与发展产生过重要的影响。土地神在民间多以灶神形象出现，大理的厨房内设有神龛，是祭拜灶神的主要空间。人们对灶神的祈愿无所不达，求平安、求财、求功名，连刚出生的婴儿都要抱去祭拜灶神，从而获得灶神的保佑。在白族人眼里，灶神是神圣不可侵犯的，不仅要毕恭毕敬地安置好灶神，还要在灶旁边贴上灶神像，每日祭拜。可以说，土地神与人们的生活息息相关，它掌管着世人的平安、健康与丰产。白族认为安放好土地神的位置无比重要，因为如若安放位置不对的话，便会招致灾难。比起祖先神来说，土地神是更具起源意义上的神，它是所有祖先神及后代的根源。

综上所述，我们可将白族建筑空间分布与汉族的空间分布做一个比较。在汉式四合院中，祖先是最高的神灵，占据着最为重要的空间——正房，建筑（家屋）与人的关系已由人—土地之维度转为人—祖先之维度。许烺光认为大理家屋是祖先庇荫的物质基础（许烺光，2001），后有许多学者提出异议，认为这是许烺光从汉文化角度来观看大理社会，从而得出的片面结论，因为汉文化就是如此。实际上，对于白族来说，人与建筑、空间的联系首先还是人与土地的关系，这一点亘古未变。由此而言，礼仪制度与本地的地方性知识相比，对空间的规范作用还是略小一些。

（二）堂屋的神圣性

堂屋是一个神圣空间，而不仅仅是礼仪空间。

白族民居建筑的中心是堂屋，堂屋在一楼。在大理古城，堂屋里面供奉着祖先牌位、财神、观音等，不允许放床供人休息。二楼通常有三间房屋，两边是卧室，中间是一个大开间的仓库，用来堆放农具、存储谷物。有客人来时，只在堂屋里接待。

与汉族的堂屋相似的是，白族的堂屋既是供奉祖先的场所，联系着生者与死者，同时也是接待客人的礼仪之地。与中原汉地不同的是，大理堂屋承载的神圣性更为浓厚。有些人家为了清净，把供奉祖先的牌位移到二楼，供桌上摆放有三类神位：左边是祖先牌位，中间是佛祖、观音和文昌帝君牌位，右边是财神牌位。在重要节日里，祖先牌位会被挪到一楼堂屋接受祭拜。而在怒江兰坪白族地区，堂屋被认为是最神圣的空间，不能随意亵渎，和待客的客厅须严格区分。

再往前回溯，白族早期的干栏式建筑、土栋房源自于羌族的邛笼式建筑。羌族的建筑并无专门祭祖的空间，三楼即为祭神空间，由此可以推之，古老的白族家屋中心也应是以祭神为主。从现存的怒江白族支系勒墨人那里可以看到，怒江白族支系勒墨人至今还生活于干栏式建筑中，这种民居建筑称为千脚落地房。他们一般都居住在怒江两岸海拔 1500～2000 米的湿热山腰台地上。勒墨人的千脚落地房大多建于向阳山坡，沿坡地走向分布。矩形平面被划分为三个起居空间，中间宽敞，两边狭窄。中间一间为正房，供主人居住，设有火塘，正房是建筑的精神中心所在。勒墨人的居住空间中也没有专门的祭祖空间。新儒家学派在《朱子·家礼》中将"祠堂"放在卷首，把祠堂作为整个家族的活动中心，可见，祭祖空间应出现于宋代以后。中原汉族的祠堂、家庙制度传至大理，经过漫长的融合、演变以后，白族的堂屋成为一个混合型的空间，既是礼制中心，又是举行宗教仪式的空间。

白族堂屋的仪式性还主要表现在丧葬礼俗中。人死之后，灵柩放在堂屋中间，前面用松柏枝搭成牌坊，贴上对联，扎上白花，变成了灵堂。六扇格子门被拆卸以便抬出灵柩。除孝堂外，所有院内的门槛和门都要贴上白色对联，并且不能马上更换为红联，那样会被认为是不吉利的。出殡时，堂屋要用驱邪植物来烧熏，人们须从燃烧着的火焰上跨过，做完清洁仪式后，灵柩被抬出堂屋，堂屋也随即恢复了日常的功能。

（三）方位

中原的建筑礼制大多是坐北朝南，在大理，建筑是坐西向东。东西向是中国古代文化中十分重要的方向，古代的建筑物通常都是坐西向东，后世才转为坐北朝南，由观星相而得来的面南而尊的观念逐渐形成一套社会政治方位体系，成为中原建筑座向安排的基本准则。而在一些少数民族中，坐西向东一直是主要的朝向。对东西向的坚持，固然是考虑地形、光照和风向的因素，但也有可能出自于人类自原始时代始，对于太阳东升西落而引发的出生与死亡主题的怀想。比之坐北朝南所具有的政治意涵，坐西向东更具人类对于本真生命的关怀，是一种原发性的情感使然。另外，大理北面的点苍山坐西、洱海向东，倚山靠海形成地域小自然气候，因此，建筑轴线也必然是与之契合。

（四）中轴线的弱化

北京四合院及徽州民居建筑布局一般都具有鲜明的中轴线，是讲究中轴线对称的合院式建筑。然而大理大部分民居建筑并不受严格的中轴对称制约，其主要表现为轴线的缩短和不予特别强调。通常在汉地，住宅大门设置在前院正面，即便大门并未开在前院墙正中，在前后院间也会形成人们要跨越的连贯性的中轴线。在大理，有前后院的，少有将大门放置在前院正中，而往往有一段前导空间，大门避开主室，或者将大门设置在两院之间，因而减少了人们跨越前后院中轴的机会。这样设计实则是一种刻意回避贯穿中轴线的做法，显示了人们对礼制文化的有意疏离。另外，由于地形的限制，大理很多合院式建筑几乎都是一进院落，布局紧凑，受制于一进院落的狭小尺度，也并不强调中轴线的设置，而是通过花草等装饰使得院落富有生机，从而减少了有明确方向的礼仪性诱导。

（五）单体建筑的重要性

如果说礼制型建筑是对中心的虚化，那么宗教型建筑便是对中心的强调，如佛教中对中心意象——须弥山的重视。礼制建筑更多的是表现四周建筑群的和谐关系，体现礼教尊卑有序的秩序，对宗教所需的中心性要求减弱，虽然减弱了，但并非不存在，事实上，讲究中心性与序列化空间组织可以并行不悖。

在大理白族建筑中，注重中心性的特点集中反映于"坊"的构形上。大理四合院与北京四合院存在一个很大的不同点在于坊[1]这种单体建筑的运用。北京四合院的建筑皆是一层，既保证了序列化的秩序，又使得正房高于从属用房，维持了上、下的秩序性。而楼（两层）的使用，削弱了这种秩序性。徽州建筑采用的是楼居，但显然并不是对秩序性的背离，而是出于地少人多而因地制宜发展出来的一种建筑模式，楼同样具备较强的礼仪象征功能。如果说，四合院突出的是对中心的虚化，那么坊的运用则是宗教建筑突出中心的体现。在古代，中西方建筑皆采用突出中心、中心对称的构图方式。例如，原始社会时期的"大房子"、埃及金字塔等。突出中心的做法是人类最原初空间观念的反映，预示着人对自然的崇拜。自然的力量在西方逐渐演变为上帝，仰望天空，便是对天国乐园的向往。正是这一强烈的信念，形成了人们对垂直空间的强调与认同。由此，在西方建筑中，更注重立体的效果，更有意于向上甚或向下的发展。坊的运用使得建筑群体的对称性减弱，同时也削弱了建筑单体间的等级差异。

综上所述，由于宗教因素在大理白族生活中的比重居多，无论是原始宗教还是佛教，都注重一种超验的体验，这样的体验一经转化为空间感知，势必与礼制空间向平面模式发展相抵触。

（六）不完全围合空间形态

围合是把居住者全部包进来，受到保护，从外面看，只能看到上翘的屋檐和庭院中的树尖的一种空间形态。这是一种内向型空间，意味着家长制的严格执行。在这样的空间中，父子、夫妇、长幼的秩序关系便被凸显出来，被严格执行。然而大理合院式建筑的围合并不等

---

[1] 坊，指的是两层楼的形式。

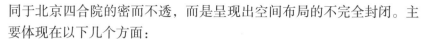

同于北京四合院的密而不透，而是呈现出空间布局的不完全封闭。主要体现在以下几个方面：

（1）照壁的大量使用。照壁一方面起到围合作用，一方面对于空间虚、实的联动和转换也起到了很大的作用。它使整个空间既闭合，但又没有压抑感，反而通过艺术审美的手段使人与自然很好地结合起来。照壁的大量使用，使原本封闭的空间多了一些灵动性以及开敞性。

（2）走马转角楼（图4-5）的连通。它使得各房之间，楼上楼下形成畅通无阻的格局，减弱了因等级差异造成的内部空间隔绝。

（3）檐廊空间的设置。檐廊空间是指房屋与庭院之间一个宽敞的中间地带，带檐厦，是人们休闲、聚会、玩乐的主要活动场所，这是一个随意轻松的空间。檐廊空间的设置使得妇女、儿童均可在此休闲玩耍，并减弱了由院落进入主厅堂的庄严性。

（4）漏角天井（图4-6）的设置。漏角天井旧时多为女人活动的空间，是厨房、水井、杂货间的所在地，它是对男性空间（堂屋、院落）的一个有效补充，使礼制空间在此得到调整和弱化，从而使人能够获得放松。

以上这些空间的设置，一定程度上打破了内外空间的围合性，使得空间呈现出贯通、灵活的气氛，和中原严格的礼制性空间相比有较

图4-5　走马转角楼

图4-6　漏角天井

为明显的差别。

　　从表象来看，礼制认同空间是大理白族民居建筑中的主流，是被官方、媒介、大众所认知的常识，但实际上在民间老百姓的地方性知识和实践中，空间所反映出来的观念、秩序及价值取向究竟在多大程度和多大意义上被认知和运用，则呈现出不同程度的契合与背离。归纳已有的材料来看，大理的空间体现出以土地神为重，兼有祖先神、佛教神灵和道教神灵的神圣空间，堂屋以祭拜为主要功能，与待客的汉式客厅有所差异。空间的围合并不如中原四合院那样得到强调，却处处透露灵动的气息。坊的单体建筑显示出对于宗教超验性的追求与展现。因此，一方面，在官方、学界与媒体层面，礼制认同空间占据着主导地位，从而造就了对经典建筑样式[1]的认同和传播；另一方面，民间社会对礼制空间的认同度并不高，对民俗空间却是欣然接受的，在民众那里，地方性知识仍然充当着建房、安居等的重要依据，在某种程度上与官方、学界与媒体宣扬的民族文化有所背离。

---

〔1〕　三坊一照壁、四合五天井、六合同春等合院式建筑。

第三节　建筑景观艺术构形
与佛教认同空间的互证

　　佛教认同空间是指对佛教的认同形成的空间形态。如果说礼制认同空间至今仍然存在，经过官方、媒体精心包装后成为当地重要的文化空间，那么佛教认同空间便已退居二线，成为一种近乎隐没的空间形态。然而，即便是隐没，它也在通过丝丝痕迹力证曾经辉煌过的历史。我们通过还原历史上的这一空间形态，以论证佛教认同空间与建筑构形之间的互证关联。对佛教，尤其是对佛教密宗的认同，反映在具体的建筑构形之上，而建筑构形的特征，也处处体现了佛教认同空间的存在历史。

一、"妙香佛国"[1]认同下的佛寺空间营建

（一）从礼仪之都到"妙香佛国"：佛寺的空间分布

　　南诏自8世纪中叶统一六诏后，就不断兴建或扩建一些城镇。南诏建都城始于皮罗阁，皮罗阁统一六诏后，把都城迁到大理，在清平官郑回的规划下，于点苍山神祠以北、阳睑点苍山中和峰下，建立了气势恢宏的仿唐新都城——羊苴咩城。异牟寻即位后迁居至此，羊苴咩城仿效长安，分为内、中、外三城。

　　从城市整体格局来看，南诏城为了凸显其权力中心，表现政权的正统与合法性，且为了证明归顺臣服中央王朝的意愿，最初的建筑设计是以儒家的礼制思想来建造的，体现出了较高的仿唐性。随着南诏后期政权更迭频繁、战乱不断的局势出现，南诏与唐王朝的关系也发生了改变，儒家礼制意识形态难以维系现有的政治局面，加之从印度经吐蕃传来的佛教迅速在上层及民间蔓延开来，开始显示出整合政权及社会统一的非凡作用。新的政治格局、新的意识形态势必呼唤新的空间形态产生。

　　佛教的兴盛一方面与统治者的推崇分不开。南诏自异牟寻之子

―――――――――

〔1〕　南诏中期，佛教已在洱海地区盛行，印度僧人到大理传播佛教也有记载，南诏王室崇佛，不惜耗费万金建佛塔、铸铜佛、开凿石窟寺。大理国时期佛教更加兴旺，年年建寺不已，统治者崇佛，从段思平到段兴智的二十二代王中，就有七个"避位为僧"。在王室的推崇下，佛教在大理民间也迅速兴盛。丰佑王曾"废道教，谕民虔敬三宝，恭诵三皈"，"劝民每家供奉佛像一堂，诵念经典，手拈数珠，口念佛号"。因此，大理有"妙香佛国"的别称。

寻阁劝信佛，其子劝龙盛继承及发展了信佛之事项，其幼子劝丰祐更是以身作则一心向佛，遂使佛教大盛国中。也就是从那时起，大量寺庙开始建设。对于大理这么一个有限的地域空间有这么多的寺院，不能不说是非常密集和壮观的了。大理城东西座向，呈南北轴线延展，由四座城墙及三城围合组成。南北城外各有几大佛寺林立，形成环绕之势。

另一方面与民间百姓的顶礼膜拜关系密切。李京《云南志略·诸夷风俗》中记载"民俗，家无贫富皆有佛堂，旦夕击鼓参礼，少长手不释珠。一岁之中斋戒几半"（郭松年，1986），可见，吃斋念佛已成为百姓日常生活的重要组成部分。值得注意的是，这时期民间的鬼神崇拜及本主信仰受到佛教的巨大冲击，不仅没有走向消亡，反而促进了信仰形态的改革，如积极吸收佛教教义、祭祀方法以及神祇等，最终一并融入本主文化中，形成一种新的信仰格局。这种信仰格局即为：佛教居庙堂之上，本主信仰处村野之间。国家的正统祭祀为佛教仪典，村落则供奉各村之主。

由上可以看到，南诏初期城市设计以儒家礼制思想来建造，自南诏末年到大理国后期，佛教建筑逐渐占据了大理城内最为广阔的空间，从而打破了原有的礼制空间格局，形成了一个特殊的佛教认同空间。所谓"妙香佛国"不仅指的是佛寺遍布的空间格局，更是指在这个空间中因人们对于佛教的信仰与推崇产生的宗教氛围。

（二）神圣与凡俗空间的交融：寺院建筑构形的汉式倾向

南诏寺庙的建设主要分布于政治、经济的中心地区——洱海与滇池周围，形成城中有寺、寺中有城的格局，其带来的一个直接效果便是：神圣中心与凡俗中心的联结与交融。佛寺除了承担祭祀功能以外，还有迎接邻国使者以及本国贵宾的作用，成为对外宣示其高贵等级的"国宾馆"。在民间，寺庙是进行教育的重要场所。当时有一个重要的社会阶层称为师僧，师僧通过佛寺场所进行佛教教义的宣讲并与伦理道德相结合，对民间产生了深远的影响。例如，宣讲观音的慈悲，佛教密宗大黑天神的正义与勇敢，这些神佛人物最终化为道德典范，为世人所效仿和敬拜。再加上，大理国实行开科取士，选拔对象为僧人，标准为"通释习儒"，更是大大提高了人们学习佛教的兴趣和动力，被提拔的人形成了大理国特有的释儒阶层。通过寺庙教育、家庭佛教教育及节日礼佛的社会教育，大理地区达到全民修佛法的盛况。民风得以改善，人民变得友好顺良、知书达理，从而强化了对统治阶级的顺服。

除了由国家建立的一批寺院外，王公贵族和地方富豪捐舍财物建造的佛教寺院也不在少数，后者因出入寺院者出身、阶层、性别都极为不同，因此创造出了一个更加凡俗化的佛教空间，推进了佛教的凡俗化，以此凡俗化为基石，统治阶层的思想逐渐渗透到各个阶层。例如，大理国时期的高氏家族为权倾一时的名门望族，笃信佛教，积极开展佛教活动。其中之一便是出资广建佛寺，鹤庆的高家寺、庆洞村的圣元寺的修复都是高家所为，其他的还有紫顶寺、广严寺与妙山寺等。除了建寺以外，高家还建幢修塔、塑佛像等。高家的这些行为表明了大理国贵族阶层对于王室崇佛活动的鼎力支持，同时也暗含了想通过此种方式合理分配资源、提高声望及建立权威的意图。这样的意图可从寺院功德碑上的留名和事迹看到。当然，还有一个最为重要的原因是：当时的大理王室实行两套管理系统，段氏作为君主仅具有虚位，高氏则掌管行政大权，然而段氏因为具有"君权神授"的宗教性正统地位，总是在高氏之上。因此，不难想象，高氏广建佛寺等佛教建筑，目的在于补充自己宗教身份之不足。此外，广建佛寺也间接对地方百姓产生了教化之用：边陲之地因佛寺建立、佛教的传入变为"贼散去不知几千里"的人杰地灵之地，可见佛教的影响非同一般。

如上所述，统治阶级积极建立佛寺的目的不唯正史所言是出于崇佛之举，更深层次的原因还在于受到"佛陀（观音）建国""佛王传统"理念的影响。对此，古正美有过精彩而独到的论述，她认为在南诏、大理国期间，一直存在使用观音佛王传统治世的情形。这是因为佛教密宗认为，任何修习莲花部观音法门者，都能体验"神、我同一"的经验。因此，如果帝王修持此法，其便能有佛教密宗所言的"佛顶轮王"的佛王体验。这种情形在当时统治阶层普遍采用观音的名字称呼自己中得以体现，广建佛寺、佛塔和石窟寺等也可以理解为使用佛教意识形态治国的方略之一。佛寺既是神圣空间又是凡俗之地，因此在建造形态上也必然是二者的结合。我们认为，南诏、大理国时期佛寺的神圣性主要体现在塔的建造以及供奉的佛像之上，凡俗性则体现在寺院空间的设置与建筑的造型之上。

自汉代以来，许多佛寺其实就是民居的变形，时人习惯改宅为寺或舍宅为寺。寺院前面必建塔，形成围绕塔为中心的宗教组群建筑。塔为纯粹的供奉、崇拜的宗教对象，而寺则兼具朝拜、举行佛礼及供人休憩的功能。若按塔、寺发展的顺序来看，是先有塔，再有寺。这个问题后文要加以详解。中原地区自魏晋以来，佛教走向凡俗化后，塔的中心地位式微，殿的位置上升。隋唐以来，佛寺的平面布局以佛殿作为中心，院落沿南北轴线展开，并以廊子形式连接院落，塔则偏于一侧。宋以后，更是发展了"伽蓝七堂制"，与四合院布局基本呈一致。

西南地区汉式寺庙的建筑格局也大多承继中原制式。大理地区沿袭汉式佛寺建筑的原因有以下几点：

（1）儒学在南诏时期大量传入，礼制思想深入人心，体现在建筑规制方面则为王公贵族的寝宫居室皆为礼制式建筑。民间虽未大规模形成，但也受其影响。

（2）大理地区多属平坝，气候温润，中原汉式建筑能较好地适应地方环境，这一点在前文中多有阐释，因此，比之印度佛教密宗之建筑形式［曼荼罗（坛场），中心图示］来说，汉传佛教建筑形式更适应于此地的生态环境。

（3）佛寺在大理地区的多功能性决定了它不仅是礼佛、拜佛的场所，也是传教、授业、待客、交往的空间，因此，倾向于居室形态的汉式佛教建筑更易于满足这样的需求。

基于以上几点，南诏、大理国时期白族虽然主要受佛教密宗影响，但在佛寺的建设上却选择了汉传佛教寺院的构形，说明了其在宗教文化接受上的变通性与兼容性，对宗教的认同并非呈一个单一的取向，也包含了对不同源头宗教的分类取之。另外，从佛寺与塔之关系来看，大理地区保持着重塔的惯例，也从侧面表明了塔为主体，而佛寺为辅的空间安置原则，仍然从含蓄层面上象征了佛教密宗的宗教意象。

以大理崇圣寺（图4-7）为例，历史上的崇圣寺虽然已毁，但按照复原后的寺院形制来看，与汉传佛教寺院基本相同。整座寺庙按主次三轴线展开，共分为八台九进，建筑群方圆七里，房屋800多间，佛像11 400尊，是当时东南亚、西南地区最大的建筑群。即便以今天的视角来看，此规模宏大的寺院也是极为罕见的。主体建筑造型呈中轴线对称风格，从山门入口至藏经楼，各个庙宇自下而上，随点苍山节节升高，宏伟对称，风格典雅，向上可仰望点苍山雪景，向下可远眺洱海风光。崇圣寺是王室寺庙园林，增加了园林元素，使寺院成为王室贵族修身养性的地方。同时期的感通寺形制也类似，山门坐北朝

图4-7　大理崇圣寺

南，左右有"法轮常转""眉毛增辉"门联和怒目威严的两尊护法神。其后上台阶进围院，院内南北轴线上坐落在高台上的是正殿大云堂，现也称大雄宝殿。

与汉传佛教寺院不同的是，崇圣寺三塔位于寺的中心位置，供奉的主佛为观音像，其中以雨铜观音最为著名，体现了佛教密宗滇密的特点。从崇圣寺寺名进行分析，"圣"指的便是观音，民间有"只拜观音不拜佛"的说法，可见观音在此地具有极高地位。另外，在佛寺建筑构形上也体现出诸多与汉传佛教寺院的区别，例如，生起处理的运用相当广泛，幅度相当明显，顶面凹曲特别突出，故而尤其富有曲线美。不仅如此，在鸱尾的处理方面，也颇为大胆，脊短翘高，形式多样（段玉明，2001），这些都表现了与汉传佛教寺院的背离，而与佛教密宗及本地文化的关联。

由于现存佛教密宗寺庙损毁且文档保存不多，因此无法详细描述佛寺的特点，以下以剑川兴教寺为例具体分析佛教密宗佛寺的特点以补充说明。兴教寺的建殿时间据《新纂云南通志》记载大概在明代，建寺时间也许更早，我们认为有可能建于南诏时期。《西南寺庙文化》中列有隋唐时期在剑川建有一寺（段玉明，2001），也可能指的便是兴教寺。兴教寺属于典型的佛教密宗佛寺，在佛寺构形上可帮助我们认识南诏、大理国时期的寺庙形制。

兴教寺的建筑群布局为坐西向东（图4-8），纵向由三进院落组成，横向轴线上，由两侧的厢房、耳房环绕而呈H形，与汉传佛教寺院空间布局并无二致。山门外由四方街组成的一个宽敞空间与兴教寺处于同一纵轴线之上，兴教寺位于四方街的中心，强调了轴线居中而尊的思想。轴线的末端为一个魁阁带戏台，高四层，此戏台作为兴

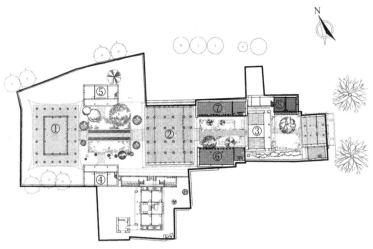

①大殿；②二殿；③三殿；④大殿南厢房；⑤大殿北厢房；
⑥二殿南厢房；⑦二殿北厢房；⑧三殿北厢房

图4-8 云南剑川兴教寺平面图

教寺的延伸，应为寺庙功能凡俗化后的产物。

与汉传佛教寺院不同的是，兴教寺中殿的造型，室内布满金柱，柱子非常密集，光线也不太好，突出了神秘幽暗的氛围，仿佛进入一个虚幻的空间，符合了佛教密宗所要求的宗教教义。兴教寺里残存的十余幅阿吒力佛教密宗壁画，也显示了佛教密宗所传达的信息。与汉传佛教寺院相同的是，大殿内无柱，空间高敞明亮，是一个礼仪空间。

总的来说，兴教寺空间布局承继了汉传佛教寺院的规格，采取中轴线对称、主殿居中、厢房围绕的院落构成方式。大殿采用抬梁式构形，形成礼佛的仪式空间。中殿为穿斗式多柱构形，特意营造幽暗而神秘的佛教密宗氛围。山门外与四方街、戏台连接，形成一个娱神娱人的凡俗空间，这应该是佛教密宗佛寺在民间凡俗化后的一个表现形态。借助兴教寺的构形，我们可以对大理南诏时期的佛教密宗佛寺有个大致的了解。

二、佛教密宗认同空间与密檐式塔形的互证

我们以大理崇圣寺三塔为例，试分析塔、寺之关系，并以塔的造型来说明统治阶级及民间社会对佛教密宗的认同是如何投射于塔形成的空间之上。

（一）塔、寺之关系

崇圣寺中三塔，中间大塔又名千寻塔，当地群众称它为"文笔塔"。

关于三塔与崇圣寺之关系，很多学者都认为，塔为寺之附属，并且属于仿唐塔（段玉明，2001），千寻塔为唐代密檐塔中的精品（罗哲文，1985）。针对这些说法，我们提出两点质疑：①塔是否为寺之附属？②千寻塔属于仿唐塔吗？关于第一点，我们认为，塔不仅不是寺之附属，而恰恰是寺之中心。

第一，从崇圣寺三塔（图4-9）的位置来看，崇圣寺在点苍山下，三塔峙立寺前（陈文修，2002）。《纪古滇说集》中云：唐遣大匠恭韬徽义至蒙国，于开元元年，造三塔于点苍山下，建崇圣寺于塔上（徐嘉瑞，2005）。从"建崇圣寺于塔上"可否推测先有塔后有寺？

第二，在时间上，是先建塔，然后在塔的基础上再建寺。为什么说先有塔，后有寺？就塔的来源来看，塔来自古印度的窣堵坡（stupa），佛塔是佛教徒的参拜对象。在汉代，佛寺皆以塔为中心，殿为附属。因此，从塔、寺最早的起源来看，是先有塔，后有寺，塔是寺的中心。寺院是塔之象征意义走向式微，佛像成为偶像崇拜物后兴起的参拜对象。随着寺院地位的提高，塔逐渐被移出中心，甚至不再建塔。然就大理崇圣寺千寻塔而言，因与佛教密宗有关，佛塔仍保持着相当程度的纪念性象征意义，因而没有如其他汉化佛塔一样沦为附属。

图4-9　大理崇圣寺三塔

图4-10　千寻塔剖面图

第三，三塔历经千年不倒，中间经历几次强级地震仍然安然无恙，说明建塔技术高超，同时也说明了当时统治者与建造者对塔的重视程度，因为只有极其重要的事物才会举全国之力，耗时耗力，并采用最好的材料、技术。三塔的重要性可见一斑。

因此，在大理崇圣寺当中，首先，从时间来看，千寻塔建造时间可能早于寺院；其次，无论是地理位置还是宗教地位，千寻塔都位于崇圣寺的中心，是一个重要的宗教象征物。

（二）佛教密宗认同空间与密檐式塔形分析

佛教密宗的空间形式特点可概述为：曼荼罗图形平面及象征须弥山的高耸集中式空间构图。对佛教密宗空间的认同反映于密檐式塔的构形中，主要体现于空筒和密檐的形态之上。

千寻塔（图4-10）是密檐式塔的典型代表，结构分为塔座、塔身与塔刹三个部分。塔座是塔的基础部分，造型变化不大，一般分为简单样式、须弥座、锯齿形高基座等几种。塔座样式不影响塔的构形，但它本身是佛塔造型的一个重要组成部分。千寻塔体量较大，因此塔基较为宽阔高大，造型比较简易，基础厚实与否才是关键。整座塔由砖砌而成，砖上刻有梵文，多为咒语，有镇塔之功能。大理地区多地震，崇圣寺三塔、弘圣寺千年不倒，应是与塔基宽阔厚实有一定关系。

塔身的形式是进行塔分类的一个重要依据，一般而言，塔身分为覆钵形和叠置式两类。覆钵形指塔身由一个如同倒置的钵形体覆盖而成，常见于东南亚、云南西南部地区南传佛教区域。叠置式指塔身由多个形状相似、大小不等的形体层层重叠而成。千寻塔即属叠置式塔身，由 16 层密接的塔檐构成，底面为正方形，边长 9.85 米，塔身高为 59.6 米，呈中间大、两边小的形态。因此，整个塔身轮廓呈饱满的抛物线，表现出一种飘逸的美感，弧线形与中原内地直线形塔身形式大不相同。对于南诏佛塔高大的形体来说，这样的形式不仅没有造成压抑感，反而成就了一种上扬的动态。塔身中空，不可攀爬，这也与中原楼阁式的塔有所区别。

塔刹顶端为铜铸葫芦形宝瓶，盖下为钢骨相轮，最下面为覆钵体。塔顶有金鹏鸟，为镇水之用。

对于千寻塔的形制由来，历来较为常见的说法为中原唐塔的一个类型，与楼阁式佛塔相似，显然是从楼阁式的基础上演变而来的（华瑞·索南才让，2002）。崇圣寺塔与西安小雁塔（图 4-11）造型、结构相仿，都由唐代工匠建造，也证明崇圣寺是汉传佛教寺院（云南省社会科学院宗教研究所，1999）。有研究者提出异议，认为千寻塔并

图 4-11　西安小雁塔

非模仿小雁塔，而是来源于登封嵩岳寺塔（图4-12）。登封嵩岳寺塔建于北魏，是已知的第一座密檐塔，在结构形制上受到中亚或印度佛教建筑的影响（徐永利，2012）。综合来看，我们认为，仿唐塔说法确实有待商榷。第一，崇圣寺千寻塔虽与小雁塔有相似之处，但仍存有很多差别，且密檐塔造型的最早源头来自于西域宗教建筑；第二，由唐代工匠建造，并不能说明就是佛教寺院之延续，因为工匠只是施工者，建造意图最终是由统治者来决定。

图4-12 登封嵩岳寺塔

图4-13 印度的窣堵坡

具体而言，汉传佛教中的楼阁式塔与密檐式塔在构形上的区别主要有以下几个方面：

（1）空筒：塔的空间构形。从塔的形制来看，楼阁式塔已接近于汉地木构建筑——木楼阁。而密檐式塔更接近于印度塔的原型意象，塔身中空，空筒结构是其典型特征之一，取消了可登临性，作为纯粹供奉的对象，是佛法"空"与"色"观念的具体象征。

中国佛塔来源于印度的窣堵坡（图4-13）。窣堵坡是一种没有内部空间的建筑类型，在古代印度，是半球形的实心土丘，埋藏着圣骸。还有一种起源说则认为，半球体现了古印度人的宇宙观，因为印度人相信宇宙是圆的。塔刹顶上一圆盘串联起来的相轮轴，便是宇宙的中轴。相轮四周围着的一圈方形的栏杆，是围绕宇宙中心的四周方位。窣堵坡进入中国后，经过中国本土化的融合和改造，发展为楼阁式，可以登临远眺。这是佛教传入中国与道教"仙人好居楼"传说结合而来的塔楼形态，也就是说，木楼阁式是在印度窣堵坡基础上进行的本土化转型。

由此，在佛教教义的象征层面上也发生了几重转变：

第一，佛塔本为佛陀的象征物，佛教发展到一定阶段，由对佛陀的崇拜转为供奉佛陀之物的塔崇拜，是佛教义理上由虚向实的第一重转变。而汉传佛教中的楼阁式塔，又使塔由佛陀的象征转变为供佛像之器物，佛像的偶像地位提升，佛塔地位下降。佛塔在寺院中的中心地位日趋弱化，成为供人登临游览的景观胜地，发生了佛教义理由圣转俗的第二重转变。密檐式塔内部空间的空筒形式，是佛法"空""色"观念的表现，且摈弃了凡夫俗子登临的功能，简化为"通天"的象征，暗示着佛教义理中层层递进的修行途径。另外，在空间类型上接近于曼荼罗空间图示，天空被视为有圆洞的巨大穹隆形帐篷，中心的祭坛是上天与下界的通道，通过这里，人的灵魂可以通达天界。空筒结构与塔顶可视为通天的通道。

第二，楼阁式塔通过水平线上的发展削弱了垂直方向的空间感。窣堵坡是对天穹的隐喻，象征佛的无所不在和无形存在，是整个宇宙及精神世界本质的体现。旨在建立人对于垂直方向上空天界的敬仰，对佛陀世界产生无比的敬畏与崇尚，也对彼岸世界充满神圣的向往。向水平方向的延伸，使得通天的含义减弱，向凡俗更为靠拢。而密檐式塔的塔身几乎与地面垂直，其越高越显著的棱柱式收分显然是受到外来文化的影响。

从以上两种塔的空间形制比较可以看到，即便是同一种宗教，也因为其接受者的文化特质与认同倾向，而产生出不同的形态流变。汉地统治者深受儒、道思想影响，佛教也就朝着礼制化、升仙化方向发展，空间上倾向向平面、水平方向延伸，建筑单体注重横向，而抑制向高处发展。密檐式塔则强调垂直方向的高度，这一方面是与南诏、大理国时期接受佛教密宗有关，另一方面也与白族崇柱传统有关。在张胜温《南诏图传》中，可以看到南诏统治者对于祭柱的重视，关于张蒙禅让所举行祭柱仪式中的这根铁柱来源，历来有两种说法：一种认为是当年诸葛亮南征时擒拿孟获后所立；一种是南诏第十一代君主世隆在白崖（弥渡县太花乡铁柱庙村铁柱庙内）所立。我们采纳第二种说法。南诏王立柱的动机可以推测一二：其一，顺应民意。柱与白族民间流行的社祭有关，柱之所在即社之所在，这在云南很多少数民族那里都有所体现。其二，柱是佛教的重要法物，是宇宙树衍化而来的世界中心的象征物。南诏时期君主即位都要依靠佛陀的"君权神授"，因此，在《南诏图传》表现的"白子国"国王张乐进求逊位给细奴罗的祭祀场景中，铁柱成为佛法权威建立的象征。为了能继续这种由佛法授予的神圣权力意象，立柱便是理所当然的了。其三，还有一种推测为世隆在白国故地上竖立天尊柱，并非是要效法汉臣立柱，以示慕化，而是为了重现早在南诏建立之初就广为流传的王权嬗递神话，以期唤起对蒙氏有德、张氏逊位的历史记忆，并借助复原"南诏前史"来宣示南诏之于唐朝的政治独立性（安琪，2015）。无论出于哪一种动机，对柱的崇拜都显示出白族本土信仰与佛教密宗的兼容，而对柱的崇拜自然延展出以柱为中心的空间意象，继而转附到以塔为中心的佛教象征仪轨之上。因此可以说，密檐式塔的形制契合了大理民众的深层信仰空间模式，那就是绕柱而转的祭祀空间在佛教仪式中的延续。

（2）密檐与天阶。与楼阁式楼层相较，密檐的层级没有实用性，应是佛教中"通天台阶"的一种象征。楼阁与"天宫""地宫"共同构成了汉地佛教徒修行的一个心理图示。密檐塔的层级虽然和楼阁代表了同样的意思，也暗示着"通天"意象，但却因为弃绝了凡夫俗子登临的可能，而使"天宫"真正成为遥不可及的东西，中间象征层层楼阁的密檐则暗示着层层递进的修行途径（徐永利，2012）。因此，密檐形制虽然表面上强化了天阶、天宫与地宫的空间模式，但因剥离了登临的功能，意味着佛教的传播不再需要借助于其他宗教的帮助，而能够自成一派，坚持自我独立发展。此外，千寻塔十六层密檐，与汉传佛教寺院内塔层为奇数有很大差别，这应与阿吒力教派阴性崇拜相关。

图 4-14　观音像

（邱宣充，2008．大理崇圣寺三塔［J］．中国文化遗产（6）．）

（3）千寻塔无地宫，佛像、文物均放置塔顶基座内。这和中原地区佛塔宝物多放在地宫的做法不同。地宫是中国化的产物，也许与"入土为安"观念相关。千寻塔没有地宫，大量文物藏于塔顶塔刹基座部位，这与早期印度佛塔放置舍利的位置相吻合，体现了印度佛塔的特点。大理的崇圣寺塔、弘圣寺塔、佛图寺塔等都是将文物置于塔顶塔刹的基座，佛教密宗高僧灵塔中的舍利也都放在上层。

（4）从千寻塔中藏有的佛像造型来看，与汉传佛教寺院内的佛像迥然相异。例如著名的镏金阿嵯耶观音像（图4-14），观音梳高发髻，戴化佛冠，多股发束自然下垂，面容清丽慈祥，作女相，足下有二方形榫。此雕像被认为是源于印度东北帕拉王朝。

所以，尽管千寻塔造型受到汉传佛教密檐式佛塔影响颇深，但从更远的文化渊源来看，实则是对印度佛塔的一种承继和延续，且在空间构形与外部形态所反映出的诸项特征中，显示出了与汉地主流佛塔——楼阁式塔迥然相异的一面。汉地自明代以后，密檐式塔逐渐衰落乃至绝迹，但在云南，特别是大理地区得到了千百年的薪火相传，这不能不说是文化认同空间的效力所至。

三、建筑景观艺术构形中的佛教认同空间意素

（一）佛教建筑构形中的佛教密宗空间特征

1. 佛寺

大理国段氏政权时期盛行"在家僧"制度，寺院格局虽受汉传佛教影响，但规模远不如汉传佛教或藏传佛教寺院那么宏伟巨大，一般都比较纤小，几乎只是一殿一塔，殿开三楹。另外，佛教密宗注重秘而不宣的气氛及不公开讲经的传教方式，使得讲经堂、藏经阁、僧舍等建筑空间的设置都省略掉了。更由于后期佛教密宗的不断凡俗化，寺前戏台的建设成为娱神娱人的重要场所，这也成为佛教密宗寺庙的一个重要标志。

2. 曼荼罗（坛场）

佛教密宗强调口耳相传、讲经授业或念诵真言，阿吒力是云南本地佛教系统中的"基层从业人员"，扮演了沟通制度性宗教与弥散性宗教的作用，要成为阿吒力必须经过大师灌顶和坚持不懈的修习。灌顶仪式必须在曼荼罗（坛场）举行，经千寻塔出土的《中胎藏曼荼罗图像》来看，唐代大理佛教密宗曼荼罗（坛场）的结构为：坛场呈正方形，中间为五方神，大日如来神居中，四周分为三层，从内而外，为护法神及诸鬼神（舒家骅等，1993）。

3. 塔

对塔造型的影响前文已详述过，在此做简略总结。大理佛塔的造型主要受佛教密宗的影响，与汉传佛教佛塔相较，体现为以下几个特点：

（1）汉传佛教佛塔的位置偏于寺的一隅，多为寺的附属。而大理佛塔以崇圣寺三塔为代表，居于寺的中心位置，并且建造时间可能先于寺。

（2）汉传佛教佛塔塔身一般为实心，大理佛塔塔身为空心。

（3）汉传佛教佛塔以楼阁式塔形为主，有台阶可登临。大理佛塔为密檐式，无台阶，不可登临。密檐的通天象征功能取代了楼阁的登临功能，显示出佛教密宗独特的教义与独立发展的趋势。

（4）汉传佛教佛塔多有地宫，佛像、文物均放置于地宫内。大理佛塔与之相反，没有地宫。

（5）汉传佛教佛塔的形状多为锥形，下大上小，而大理的佛塔则

呈中间微凸，曲线优美。

（6）汉传佛教佛塔层数多为奇数，表现了对奇数的崇尚。而大理佛塔多为偶数，是阿吒力教派阴性崇拜的反映。

（7）大理的千寻塔塔刹上有四个金鸡，传说为镇龙压邪之物，实为巫教与佛教密宗的结合物。

4．幢

幢是佛教密宗中制伏魔众的法器。大理的幢有两种形式：一种是墓幢，保持了佛教密宗幢的特点；另一种是塔幢，是大理工匠独创之物。以昆明地藏寺古幢（图4-15）为例，幢为方锥形塔状，七级八角，共有雕像300尊，雕像依幢的级别由下而上依次减小。最下层的力士雕像为最大，级别也最低，突出了幢的主要功能在于伏法降魔。佛位于最高处，保持了至高无上的地位，雕像尺寸最小。于1925年千寻塔上震落的一个塔模来看，同样体现了与塔幢形式相似的特征。

图4-15　昆明地藏寺古幢

综上推之，大理的塔、塔幢与曼荼罗（坛场）在造型上有着相似的结构：都是以降妖伏魔为首要，因此，除魔的神像总是安排在最外一层，造型也最为显著。

因此，佛教密宗对大理佛教建筑的影响主要表现在单体建筑造型、空间格局以及建筑物上雕像的形式等之上。

（二）民居建筑中的佛教意素

人们在建造民居建筑时佛教观念强化了向垂直方向发展以及侧重于单体建筑的营造方式。这一点前面有所详述，不再重复。其次，百姓礼佛风尚蔚然成风，形成家家户户无论贫富皆有佛堂。"居山寺者曰净戒，居家者为阿吒力"（陈文修，2002），大理佛教密宗僧人几乎都在家修行，出世但不出家。大理佛教密宗的修行方式促进了家屋中佛堂的兴盛，家家户户都有佛堂。在今天，我们仍然可以看到，在每户人家的正房二楼明间后墙正中，设有装饰繁富精美的佛龛。佛龛为牌楼形式三开间，中间设佛像，左边设"天地君亲师"牌位，右边设已故祖先牌位和家谱，呈现出多神林立的格局。在有的村落，居民在照壁一侧单独镶设一佛龛，或利用照壁两侧门之一建佛龛，摆放"天地君亲师"牌位。另外，在装饰方面，也多采用佛教的图案或物件，既用于驱魔辟邪，又用于祈福求吉。这些都可以看到佛教认同空间依然存在的痕迹。

（三）本主庙的佛教意素

佛教密宗对本主庙形制的影响主要体现在：供神格局之上，形成多中心并列的尊神局面。这与佛教密宗在发展过程中与多种宗教信仰相互吸收、相互结合的特点分不开。

可见，佛教认同空间虽然只在于南诏、大理国时期呈现出最强态势，但它的影响力却一直存在，只不过渐渐由显性向隐性发展，在佛教建筑上表现得最为明显，在民居建筑和其他建筑形式上表现较弱、较隐讳。

第四节 庙、戏台构形对本土信仰认同空间的表述与强化

一、明清时期本主信仰的儒家化与庙、戏台之表述

本主是白族全民信奉的神灵。"本主"一词源自白族话，其含义是"本境最高贵的保护神"，也是人神兼备的护卫神。它在南诏时期即已形成，并且是南诏、大理国时期白族的一种重要的宗教信仰形态。本主庙是白族祭祀本主的寺庙，各地或各个村寨本主庙内都塑有自己的本主神，也有几个村寨甚至几十个村寨共同信奉一个本主的。南诏时期，大理白族信仰的空间格局为佛寺作为信仰体系的核心居于城市中心，而本主庙（图4-16）位于乡野作为补充中心的边缘模式。在那个全民信佛，家家有佛堂，日日念经文的佛教鼎盛时期，本主信仰渐渐走向式微，开始于危机中寻找生存之路。它大量吸收佛教及外

图4-16 大理红山本主庙

来神祇，扩大信仰内核与外延。汉族英雄、佛教神灵、道教的神祇被吸收进入本主神体系，呈现出多神林立之局面（图4-17）。这不能不说是本主信仰空间的一次大的变动。

图 4-17　本主庙多神林立之局面

明代以后，本主信仰的情况变得日益复杂。明朝统治者在大理地区推行儒学礼制思想，书院、宗祠、家庙、碑坊成为主流，而佛寺、庙宇则在不同程度上受到排挤和毁坏，本主信仰被列为"淫祀"系列，在国家认可的祀典之外。例如，明代著名的志书《景泰云南图经志书校注》对于祠庙的描写就只包括文庙、文昌祠、城隍庙三类，对本主信仰颇为贬低，"民祀口土神，土神皆唐宋之僭封皇帝。历经焚毁，而村民居其地，食其水，香火益盛。但香通感人，凡疾病不知服药，专用祭，致损家误命。望风君子，只宜除筮人，而神居不可尽没。今遵府志载之"（艾自修，1986）。这些评价有些自相矛盾，一方面认为害处很多，一方面又认为不可或缺。本主信仰虽不能纳入国家正祀系列，却又要归属中央管理。作为地方来说，如若不将本主信仰从"淫祀"中脱离出来，将难以生存，于是便产生了由地方士绅推行的变通性举措"本主信仰儒家化"以向祀典靠拢。可以说，从明代开始，本主信仰逐渐从信奉神灵转变为具有道德教化功能的信仰模式，从而形成了国家权力向地方渗透的信仰格局。

（一）献礼空间与本主庙构形

我们把本主庙放置到中国传统祠庙系统里考察，原因在于庙宇虽看起来纯属民间百姓的精神世界，但实际情况并非如此。与西方不同的是，西方的宗教具有较高的独立性，宗教场所多为纯粹的神圣空间，不被凡俗所干预和打扰。在中国民间，宗教往往与求吉、求财、求子等功利性目的挂钩，因此，庙宇也就不可能是纯粹的宗教空间，而更像是一个凡俗活动场所，一个凝聚着区域认同的精神象征。同时，民间宗教的发展也受到中央王权的管控，注定了其在自身发展上不可能保持绝对的独立，势必受到多方势力的影响。从中可以看出，民间信仰往往受制于国家力量与民间社会等多重力量的操控。

大理本主信仰的早期形态体现为一种自然崇拜，崇拜物多为自然神灵。随着社会发展及汉文化的逐渐深入，崇拜对象由自然神灵转变为人为之神，英雄、帝王、名士、佛道之神仙统统纳入其中。此过程彰显了国家势力的不断渗透，明清时期，这样的渗透达到了最高峰。

大理本主庙目前被本土学者奉为本地特色，认为是本民族文化最富特色的一部分。这样的论述无可厚非，因为它代表着本土文人对打造白族特色文化的焦虑和期待。实际上，在中国，任何一种宗教信仰都不可能逃离中央政权的管涉，本主信仰同样也不例外。

在此认知基础上，可看到本主信仰在明清时期随着国家势力的深入，强化了国家认同后所引起的变化。

宋代以来的方志中专设有"祠庙""祠神"一门，祠神指的就是民间信仰中的神。刘敦桢的考察把祠庙建筑与塔、寺、经幢等宗教建筑并列，并对山西万荣县汾阴后土祠庙进行详细描述：庙门之前建棂星门三座；庙的大门左右各有廊，廊的两侧与角楼相接。从大门向北，经过三重庭院，才进入庙的主要部分。该庙的主要部分以四面围廊组成廊院，廊院共两重，外院的主要建筑就是后土祠的正殿——坤柔殿，面阔九间，重檐庑殿顶；下部承以较高的台基，正面设左右阶，殿的两山引出斜廊，与回廊相衔接（刘敦桢，1980）。从此描述可看到，祠庙构形与汉式廊庑式建筑几乎无异，说明祠庙的建制并非在国家控制之外。中国的古建筑本属于"庙堂本位"范畴，无论是廊院或合院式建筑都与宗庙建筑有着密不可分的关联。从宋至明清建筑组群布局来看，祠庙建筑的典型形制即为"门堂廊庑"，只要门堂廊庑具备，祠庙建筑也就基本成形了。

大理本主庙受到礼制秩序的规范和控制。本主庙分为廊院式和合院式两种。《重建白马庙碑》中载：计建正殿三楹，前殿三楹，两廊舍各五楹，两角房六楹，大门五间，门外戏台一所（杨金鉴，2001）。白马庙的规格较高，属廊院式，因此也并不多见。本主庙多数还是合院式，且造型不如其他神庙那样雄伟壮观。很多庙都没有高高的台阶和雄伟的气势，尤其没有"阁"式建筑，有的甚至比较矮小（梁永佳，2006）。

下面以大理喜洲妙元祠（图4-18）为例说明。妙元祠供奉史城城隍和妙元本主两位主神，坐北朝南，祠庙中伽蓝、财神在殿内东西两侧。东侧是厨房，供香客使用，内有本主夫人塑像。殿西南向塑有子

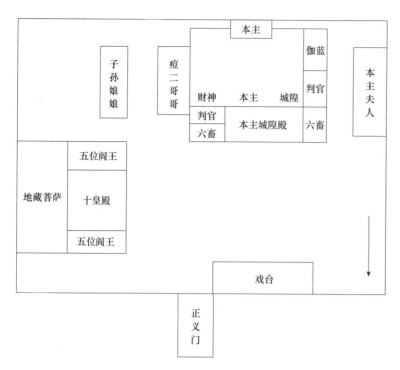

图 4-18　妙元祠平面图

（梁永佳，2005. 地域的等级：一个大理村镇的仪式与文化［M］. 北京：社会科学文献出版社.）

孙娘娘三尊和痘二哥哥。戏台在院内南侧。

　　由此可见，一房两耳是大理本主庙的基本配置，属于合院式轴对称建筑。门楼、戏台、照壁对于本主庙而言必不可少。从外部形制来看，是符合礼制规范的。那么，从内部空间布置来说，是否也如此？

　　1. 神谱结构

　　大理本主庙中，往往呈现多神共祀的现象，最为常见的神为财神、子孙娘娘、文昌帝君、地母、大黑天神、六畜神等。各路神灵互不干扰，各司其职，满足了民众求全之心。但神灵之间的关系并非平等，存在主神和配神之分，充分显现"一神独尊"的神谱结构，表现在空间布局上就是：主神居中，其余配神侍立两旁，大门两侧有山神、土地神等。这与佛寺、道观在建筑格局上具有很大差别。汉式建筑讲究伽蓝之制，以中轴纵深方向来安排诸神，等级严明。而本主庙则不在意殿前空间层次，除了少数具有多重殿外，其余多为一进一殿式样，进深层次为献殿、牌坊、门楼等通过性建筑。一般不会在纵轴线上安置神像，而是在中间安置主要神灵，其余陪祀神灵在侧形成环绕之势。

　　2. 殿堂空间布局

　　从空间格局来看，祠庙建筑围绕祭祀献礼的需要组织殿堂配置和献享空间,决定了其在空间组织方面的主要特点(郭华瞻,2011)。主神所居的主体建筑位于中间主轴线上,为整个建筑的重中之重。正殿之后为主神之寝宫,陪祀神灵并不出现。正殿之前没有其他神殿,而只是门殿、过厅等通过性设置,配殿居于两侧,与廊庑一起围绕正殿。配殿中的神灵只能以陪祀身份存在。空间布局同样体现了佛教密宗的建筑特征。因为佛教密宗的特点在于以塔为中心,廊庑构成了一个右旋空间供信众参拜,当塔被佛殿取代以后,廊庑便也随之消失。在大理本主庙中保存了廊庑空间,表达了民间对于佛教密宗的认同以及对于中原礼制文化的抗拒。

3. 本主祭祀中的神圣空间

如果说前两项是对本主庙供神格局和空间布局的静态研究,那么,接下来将对本主祭祀活动进行动态观察,确认其神圣空间的范围是什么,以此比较与行政划分提供的模型截然不同的认同感。

大理境内除了大大小小的祭本主活动外,最大的活动是每年一度的本主巡境活动,也称打醮。此项活动由跨地域的几个村庄共同参与[1],程序是先把本主塑像从所居的祠庙中接出,分别按严格的顺序在这几个村庄中巡游、供奉,活动结束后再送回到本主庙中。在巡游过程中,几个村庄显示出竞争与联合的关系。此项活动的目的在于通过神灵的巡视,净化村庄的不洁,进而再次确定领域边界。仪式循环范围通常创造出一种与地区进行行政划分相区别的地方性时空。

(1)巡境前。在巡境前一天,开始做准备工作。巡视所经过的村落中各家开始打扫卫生,包括房屋、街道、本主庙、乘坐工具(桥、船和木车)等,这些地方清洁完毕后即转变为巡视的神圣空间。此外,大理迎神码头和祠庙指定的位置也不能让女人和小孩触碰。

本主庙门前有一个香池,以供信众烧香、烧纸,旁边有一个祭坛,可以供奉食品、汤饭及酒水,这里属于象征性的祭奉,分量均少于庙内。庙内有制作神灵祭品的天厨和供凡人饮食的厨房,两类不能混淆。在迎神之前,需要将上述场地,包括食材和器皿用艾蒿清洗,用香熏,以保证较高的清洁度。此外,还要在香池里烧香,摆放盐、茶、米饭和净水于祭坛之上,周边铺上松针和柏树枝,在天厨边上须摆放净水,这些都是对神圣空间的确认。待所有素斋准备完毕,供奉于神前,便是对神圣空间的再次确认。在进入集体祭祀之前,人们还要通过食用素斋,完成个体的自我净化,才被许可进入神圣空间。

(2)巡境中。本主塑像被安置在船头祭坛上,女人和小孩皆不能登船和触摸。船须先顺时针绕本主庙一圈,然后驶向各村寨。进入村寨后,先进行陆地巡境,由三五百男子牵引装着本主神像的木车绳索

---

[1] 因为几个村庄供奉同一个本主。

前行，绳索要高于头部，不能置于胯下或者被脚踩到。不论是迎神还是送神，每户人家门前都要准备一个供桌，放置斋食，烧香，以表示空间的神圣和洁净。巡境的道路颇有讲究，都选择走大道，避开小道、偏路、岔道口以及古战场，这些地方被认为藏有鬼魂、恶灵等，是不洁之地。

（3）巡境抵达。每个村庄的本主庙，在庙宇正门迎神的西北方向摆放一张八仙桌，桌上摆放香火用来当祭坛，此神圣空间范围包括：桌子下方铺设松针的地方，祭坛前点燃的火盆（西北方），桌子后方的一把燃香（东南方）。人们祭拜完毕，神像被迎进本主庙，先在庙内绕一圈，然后供奉于神位之上，人们陆续前来，以家庭为单位进行献祭。献祭的仪式除了供奉接过来的本主外，还要兼及其他本主，也不能忽略天和地。庙内祭祀完，还要到庙门口的香池和祭坛供奉，才算完成整个祭祀过程。

总的来说，整个巡境过程中的神圣空间范围包含：本主庙内的神殿、院心、天厨、戏台（戏台也有可能在庙外）；庙外的香池和祭坛；清洁过的家屋、街道、船、木车；每家每户和本主庙前设置的供桌及相关区域；村落的大道。而没有被清洁过的地方及村落小道、偏路、岔道口或战争场地都被排除在外。在此巡境过程中，几个村落联合起来形成一个大的共同体，游走的路线往往是传统村落的边界，此时的村落是一个有着明确界线的地域，村落范围之外的村庄被排除在外。如此形成的仪式空间与国家创设的行政区划范围明显不契合。正如梁永佳在研究喜洲时指出，只有仪式空间是稳定的，也是真正的"本土知识"……"喜洲"的范围，正好等于三个本主的仪式空间范围（保佑下）的总和（梁永佳，2006）。

由此，我们基本可以判定，对于大理白族来说，所居地空间的范畴几乎与行政划分不挂钩，却和本主仪式所确定的地域界线息息相关，因为属于同一个本主庇佑下的居民，自己一生的大事（祭祖、联姻、生子、丧葬等）皆要共享仪式。对于居民来说，这当然会铭记在内心的最深处，形成对空间最为稳固的认知。

（二）享礼空间与戏台建筑景观艺术构形之关联

戏台是与本主庙关联较多的一个地方，本主庙前一般都要设置戏台。本主庙是提供人们献礼的空间，戏台则是供神享礼之空间。献礼是人对神的单方面祭祀，享礼则是人、神之间的沟通，人神共娱。在庙会期间，朝拜本主的活动中，娱乐活动最受民众欢迎。白族有谚语"三斋不如一戏"，歌舞最能愉悦神灵，因此，本主庙前必有戏台。戏台搭在本主庙前方，与大殿正对，人们背对大殿，与主神一起观戏。

戏台的建制首先应合乎于"礼"的一部分。儒家向来重视礼乐传统，礼乐是处理社会关系的重要手段，民间在祭祀活动中也多用到音乐。大理在礼乐文化的熏染下，形成了和合的社会风尚。音乐、歌舞都需要戏台来展现，礼乐表演已成为村落生活必不可少的一部分。戏台的修建使儒家宣扬的礼仪以娱神的方式出现，成为教化的一个有效途径。例如，大本曲是祭祀活动中较为常见的曲艺表演，很多曲本都来自于汉族曲目，其中"劝圣文""讲圣谕"占了主要部分，宣扬孝道的也很多。戏台表演传播了教义，丰富了民众的精神空间。

从戏台的演变过程来看，经历了露台（唐宋）—戏亭式亭台（宋金）—三面式戏台（元）—三面敞开（金元）——面留出作舞台的戏台的进程，完成了祭祀—祭台—表演的功能转换。今天看到的戏台大多是明清所建。戏台最早的原型是与祭祀相关联的场所，具有明确的宗教属性。后期作为戏剧的表演场地，成为祭祀神灵、娱乐大众的混合空间。明清以后，戏台成为祠庙建筑的重要组成部分。表4-1是沙溪古镇的戏台演变梳理。

表4-1　沙溪古镇戏台演变

所在区域		建筑	年代	备注
行政村	自然村			
寺登村	寺登街	魁阁带戏台	始建于清嘉庆年间，于光绪四年（1878年）、民国三十六年（1947年）、1987年三次重修	高四层，前面为底层挑空的戏台，后面是四层高的魁阁，两者相连一体，造型精美独特
		本主庙	不详	主供大黑天神
华龙	丰登河村	戏台	不详	已毁
		本主庙	不详	主供大黑天神
鳌凤	马坪关村	古戏台	建于清代	二层高，底层挑空。村内尚存古戏服若干套，每逢节庆村民穿古戏服演出滇剧
		本主庙	不详	主供大黑天神
	灯塔	古戏台	不详	高二层，带过街楼
		本主庙	不详	主供大黑天神
石龙	石龙村	戏台	始建于清代	两层高，位于本主庙入口。底层挑空作过街楼，结合地形，巧妙地与本主庙大门结合一起
		本主庙	始建于清代	主供大黑天神
四联	段家登村	魁阁带戏台	清嘉庆年间始建，光绪二十九年（1903年）重修	高三层，后墙为影壁造型。由本村著名木匠主持修缮
		本主庙	不详	主供大黑天神

资料来源：宾慧中，2004. 沙溪白族聚落文化景观解读［J］// 杨鸿勋. 营造：第三辑　第三届中国建筑史学国际研讨会论文选辑. 北京：中国科学技术出版社.

从表4-1可以看到，有本主庙必有戏台，两者如影随形。清代开始有了戏台的定制，这一时期恰是礼乐文化发展之高峰阶段。

戏台的分类方法多样，如按形制与功能，可分为庙宇戏台、魁阁戏台、广场戏台与过街戏台等（王胜华，2008）。按依附关系，可分为独立戏台、组群内的戏台两类。独立戏台在大理较为常见，通常位于本主庙外，与正殿相隔一段距离。如前所举妙元祠南侧戏台便是独立式。组群内戏台要在规模很大的祠堂内才会出现，是祠堂的一部分。徽州的古戏台一般都是组群内戏台，这样的构形都有特殊寓意，戏台伦理教化意味更加浓厚。大理的戏台则较为独立、自在，因此伦理教化功能不如徽州那么浓厚。

从戏台构形来看，大理沙溪古戏台（图4-19）一般是"凸"字形，单檐歇山顶，一坊一廊，也有走马转角型。主台及前台向前突出，形成多角度观演格局，后部即后场为厢房，为更衣室与休息室（申波，2010）。大理戏台不仅在空间上显示了伦理秩序，在装饰艺术上也表现出受到礼制的约束。

从观戏的角度来看，神庙里的主神位置居中，正对戏台，视角最佳。真正的观众则围绕戏台三面而坐，作为主神看戏的陪客。陪客们在观戏时背对着主神，且身份随着主神而变。由于本主为一境之主，具有很强的地域性，因此供奉不同本主的信仰者之间会出现民族、文化及方言的差异，座次也会存在明显区隔。

从以上分析可以看到，对于在大理民间有着广泛受众的本主信仰而言，它的来源和生长过程并非是封闭于此地空间，而是掺杂了其他文化，尤其是受到了中原汉文化的影响。本主庙的形制在更远的朝代

图4-19　大理沙溪古戏台

没有太多记载，实物也未存留下来，虽然在明清至中华民国时期的地方志里略有提到，但都归入"土主庙"的名下一笔带过，其中透露出的信息无非是记载了何时何种原因重修，而我们现在能看到的最古老的本主庙也多为清代所建。从地方史料记载情况来看，祠庙一门里没有包括本主庙，既说明了在明清两代本主庙被贬为淫祠的事实，也可窥见国家在重构地方地理图示时根本没有把本主庙纳入其中。而恰恰是被正统权势所鄙夷放弃的乡野信仰，却是民间百姓最为支持和信奉的圭臬，这在很多研究者的民族志当中有所体现。本主庙之所以在中央的打击和排斥下获得生存的机会，大理本土的士绅文人发挥了其聪明才智，他们把本主信仰朝着"儒家化"的方向改造，改造后的本主神具有了儒家礼制人伦品格，本主庙的形制也向着礼制建筑中合院式方向发展。通过对本主的宗教祭祀向儒家的礼仪活动（献礼、享礼、敬香等）转换，本主信仰完成了从内在到外在的全面转型。然而，这只是一种在帝国权威的夹缝中巧妙容身的权宜之计，真正活跃于民众之中的本主信仰却是另一番模样，我们通过本主庙的内部供神格局、空间布局及祭祀活动中的神圣空间范围确定来说明其还受到佛道两教的渗透，并且民众认知的空间范围恰恰是本主仪式所确定的边界，而与行政区域无关。

二、庙宇重修对近代本主信仰认同空间的强化

本主庙通常坐落在村落中心或边缘，既与凡俗生活紧密相连又保持一定的距离。村村皆有本主庙，每一座本主庙都有固定的本主，且具有严格的地域性，不容混淆。另外，本主只能放置在本主庙里，而不能放在家里和供有其他神祇的祠庙里。本主崇拜构成了一个封闭的地域崇拜体系（梁永佳，2006），形成了对地理空间的完全分割。例如，每一个村子都是在某一个本主的庇佑下，都属于它的管辖范围。从这个意义上可以看到，本主庙所具有的凝聚村落整体性的象征意义，通过以本主庙为中心集体敬奉祖先、举行公共仪式等广泛动员全村的人，将分散的家庭联结在一起，这是本主庙所具有的社会功能。可以说，本主庙在地理学意义上形成了地域认同的中心。如果说"地方"概念较为抽象，那么地域认同则相对容易理解。地域认同，即指人们对生活于其中一个或大或小的地理空间之认同。地域认同的形成在某种意义上超越于对地方认同的狭隘、稳定的认同，它是一种动态的、不断变化的过程，是对地方认同深化的结果。同时，地域认同又往往是族群认同乃至国家认同的基础，是后者形成的早期阶段（赵世瑜，2015）。在明清两代，统治者并不是靠维系或者扩张帝国的巨大版图来进行对国家的统治，而是集中地对人民进行管辖，使国家势力更为充分地深入每一个角落，从而形成了比前朝更强的凝聚力。明

代开始的区域开发促使大量中原移民到西部地区进行开垦屯田，带来的必然是移民对于迁入地的地域认同。而国家政策的深入及移民的大量涌入，不可避免地对原有社会产生了莫大的冲击，从而也促进了本地居民对所居地域空间的再认知、再认同。虽然明清两代的本主庙建立及发展意图从属于中央的礼制板块，但从中也能看到地方士绅阶层对于地域认同的初步意识。地方精英一方面通过对本主崇拜的保护和强化争取最大的地方话语权，另一方面也通过对本主的"儒家化"改造实现与国家权力的顺利对接。最终，通过这样的地域认同空间的建构，把民间地域保护者的体系带进与帝国崇拜以及与帝国和民国官僚自身保持一种特殊关系的体系中去（王斯福，2008）。

在地域认同中，需要关注的是本主庙如何成为社区的象征性体现。第一，本主并不是白族人真实的祖先，而是村落保护神。本主庙构成了一个村落的象征中心，具有明确的地域边界，是村落得以凝聚的核心。又如，上文所讲的巡境仪式，通过仪式净化手段使得村落边界得到确认和强化。又如，火把节的举行也与地域相关联，不同的家庭属于不同的火把社区，火种必须从所属的本主庙当中采集。白族祭祀活动，以村社为基本单位，民间组织的"莲花会""妈妈会""洞经会"也以村落为基本单位。每个自然村的村民，都是本主的信仰者，本主类似于"村神"。从这个意义上来说，本主成为各村户联络的精神纽带。然而本主信仰所建立的地域认同并非仅局限于本村，还联结着更为广泛的区域。例如，在对本主之主"中央皇帝"的信奉之上，就体现了超越一村一地的局限，"中央皇帝"所居之"神都"是最重大的朝圣节庆"绕三灵"的核心[1]，"神都"因此成为本主信仰超越某一村落而存在于更为广泛的地域联结中的象征之地。第二，虽然每个家庭有对应所属的本主，但祭拜行为却并不仅限于该本主，而是遍及多个本主。本主寿诞时，相邻本主社区的佑民们可以互相走动，朝贺对方的本主。这样的公共活动打破了村落之间的界限，促成了互动。

因此，地域认同就不再是针对某一社区，而是对一个具有共同地域认同的族群的界定（王东杰，2009）。本主信仰所构建的地域认同，不仅是指对一个较小地域——村落的认同，也是对较大的地域——跨村落（一个以本主信仰为核心的地理空间）的认同。这是一个相对稳定的仪式空间，能有效保持和维护白族人的民族认同感。随着本主信仰的不断凡俗化，本主信仰空间之后还存在着一个更为广泛的社会活动空间。人们通过公共仪式的举行开展社会交往、娱乐活动，甚至后

---

〔1〕 在大理喜洲镇庆洞村圣源寺的北面，有一座"中央皇帝"本主庙，供奉的本主神为段宗榜，两旁有五百神王及七十二地煞，白族语称为"朝迁里"。因段宗榜为神中之神，所以又把这座本主庙称为"神都"，是白族"绕三灵"活动的中心。

者的吸引力超过了前者。例如，在"绕三灵"中，互生好感的陌生青年男女可以自由约会，成为临时情侣，而不论婚否，这成了很多人参加活动的主要动因。可以看到，本主信仰通过村落—跨村落—跨信仰群体的演变，成为了连接整个大理区域白族族群共同体的强有力的纽带，在空间层面上是一个不断裂变的地域范围的核心。

本主的身世源流与本主庙的格局是村庄历史的一种隐喻（杨文辉，2010）。因为在某些村落，本主庙的神祇并非单一神灵，有时候可能是几位本主神并列，而这几位本主神的孰轻孰重以及位序排列问题无不折射出村落的历史变迁以及凡俗的权力格局。本主庙的格局、修筑地点、位置、朝向等反映了历史上曾居于此地的村落的地点及民居朝向，透过本主庙可追溯村落的历史变迁。

中华民国以后，地域认同伴随着族群认同意识的加强更加明晰起来。也就是说，此时的地域认同是出于自我（地方社会）认同的一种肯定与反思，区别于明清时期对于所属中央版图的附庸和靠拢，更表现出一种自我标志性与建构性。尤其是在民间信仰被视为乡土文化资源、民俗优良传统，在农村文化建设中起到重要作用时，本主庙的地位和价值得到重新定义及评价，并迅速提升为民族文化识别的标志性符号。现如今我们看到的本主庙几乎都是重修过的，其中存留重修最早的是清代的本主庙，其余大部分都是民国以后翻修的。从本主庙翻修的力度来看，中华民国以后至今，特别是20世纪80年代最为显著，大批本主神祇就是在这个时期重新塑成的。这其中暗含的信息即为：本主庙重新成为村落信仰的中心，与不再辉煌、逐渐冷清的书院、祠堂相比，本主庙又再度获得了人们的青睐，成为开展信仰活动的主要公共空间。

在这样的背景之下，本主庙形制的壮阔优美，成为本村与其他村落比较的资本。集中了公众力量的本主庙往往耗费很多人力和物力，细部的装饰、雕琢受到极度重视，造价很高的彩绘、雕刻被经常使用。近年来的本主庙越发重视门楼的修筑，多为有厦出角式，突出角的起翘程度，并将斗拱飞檐做得更加繁富突出，外饰彩色油漆，使得建筑更加金碧辉煌。例如，位于洱海县的白洁圣妃庙有厦式三叠水门头，颇有气势，装饰清丽，彩绘丰富，总体显得十分优美和华丽。再如，在大理高兴村"本主功德碑"上有这样的记录："于公元二零零五年己酉年因庙倒塌，经复善堂、莲池（会）两者协议，撤旧更新，必须美轮美奂，经得诚心善士的财力物力人力及群众的劳力支持，现以顺利落成完工告竣，谨即其名华图之巩固，星耀云灿，齐赓复旦，国泰民安，合上永清之赋。"可见人们对重修的重视程度，这样的做法隐含着试图把庙宇变为观光景点的目的，带有一种商业化倾向。再者，从捐赠者角度来看，名字刻于殿内功德碑上可以获得乡人的交口称赞与认同。

然而，对于戏台的重修，分歧也比较大。据杨文辉对大理高兴村的考察，当地村民认为现如今的戏台朝向与本主庙方向都是坐西向东，观戏之人本应与本主同一个方向看戏，"坐于本主的怀抱里"，现在却弄反了，演戏之人背对本主，观戏之人正对本主，远离了本主的怀抱，没有享到本主的福分。民间的说法为戏台的重修带来了两难，到底应该改还是不改？最后的结果是没有再修复戏台（杨文辉，2010）。这至少说明了两个问题：一是戏台已然失去了娱神娱人的功能，现如今的本主祭祀已经被其他的娱乐活动所取代；二是戏台已逐渐演变为一道古老的景观，不再是承担礼制教化的场所。

本主庙的重建，一方面是本村村民地域认同的显示，另一方面也是大理白族区别于他者的显著文化标志。在全球化的时代语境下，大理成为海内外闻名遐迩的旅游胜地的同时也遭遇了文化景观的同质化、扁平化的命运，鉴于传统文化逐渐消失被人淡忘，文化认同岌岌可危的现状，白族学者、有识之士首当其冲地肩负起维系及弘扬传统文化的重任。而本主信仰作为白族最具特色的民间宗教文化被推到了一个至高位置之上，因为空间是人们实现自我认识的重要因素，所以本主庙信仰空间的建构得到了来自民间与主流意识形态的双重认可与重视，从而使民族文化认同得到了强化，也使得白族身份认同得以有契机进行再次确认。

通过对明清时期本主庙的儒家化和本主庙形制的改观，可以说明建筑景观对于认同空间存在着一种正向的表述。然而，民间对于官方、上层社会制造的文化认同空间的态度却是既接受又背离的，反映在供神格局、空间布局及领域确定的方式之上。随着新时期的来临，由于大理白族面临不同程度的身份认同危机，本土文人积极扶植本主信仰作为大理最富特色的文化事项，本主庙不可避免地成为强化区域、民族认同的道具，同时也成为旅游观光的一个重要景观，因此本主庙的重修工作受到了极大的重视，而失去了实际功能的戏台则没有获得被重建的机会。

第五节　彝族建筑景观艺术构形
对文化认同空间的表征与符号选择

景观，是可观赏的风景，又是一种文化意象。虽然不同的观赏者对景观有着不同的感知，但是在同一地域或属地中，拥有共同文化传统的群体对景观却有着较高的认同。对景观的认同加强了人们的自我认同和集体认同，那么这样的认同是如何塑造新的认同空间和建筑景观的？

景观主要通过符号来表征空间，这是亨利·列斐伏尔所言的空间的表征。表征，简而言之是指通过语言生产的意义，其中语言是指任何具有某种符号功能的，与其他符号一起被组织进、能携带和表达意义的一种系统中的声音、词、形象或客体（斯图尔特·霍尔，2003）。即使隶属于同一种文化拥有共同符号的人群，也须共享解释符号的方法，只有如此，意义才能被理解，认同也才能形成。由此而言，意义是被表征的系统建构出来的（斯图尔特·霍尔，2003）。那么，政府、规划师、工程师和景观设计者在进行表征之前的文化认同和策略是什么？在此基础上，进行了怎样的符号选择？符号表征了什么意义？

下面，我们以云南省楚雄彝族自治州武定县为例，探讨彝族建筑景观艺术对认同空间的表征与符号选择。我们讨论的路径有两条：景观认同—自我认同、集体认同—塑造新的认同空间和建筑景观；文化认同—认同空间—建筑符号选择—景观表征。两条问题路径相辅相成，结论互为启发。通过对这两个问题路径进行描述，可以对景观空间生产以及建筑景观的生成形成一个具象的认知。

一、狮子山、爬山者与狮山大道的形成

（一）狮子山认同分析

《大清一统志·山川卷》中对狮子山有这样的描述，"壁立千仞，其巅平旷"，隆庆元年（1567年）设流官知府，隆庆二年（1568年）择地狮子山东麓建筑石城，后武定军民府随迁于此。可见，武定城选址与狮子山有着密不可分的关系。

狮子山位于武定县城西面，距县城有10千米，因山形像一座横卧的雄狮而得名，以雄、古、秀、奇的自然景观著称云南，被称为"西南第一山"。

狮子山是国家AAAA级旅游景区，在明代就已经成为滇中著名的旅游胜地，往来者众多。当地人对狮子山景观有着很高的认同，这样的认同塑造出了一系列的空间行为，这些空间行为又创造出新的景观空间。正如西蒙·沙玛指出：人们通过地名、历史、传说故事、景观符号来建构对地方的认同，又通过一系列空间行为内化和强化这种认同（葛荣玲，2014b）。

狮子山一方面是外来游客眼中的美景，另一方面也是当地人生活中不可或缺的部分。如同很多山城一样，有着秀丽风光的山峰坐落在城市周围，自然会成为当地人散步、健身、游玩的最佳去处。狮子山与当地人的日常生活休戚相关，健身者、休闲者、大自然爱好者、谈情说爱者络绎不绝，有人甚至感叹道："每天不去爬一下山就很难受。"假日聚会、庆典活动、带孩子户外活动、老友相会、同事聚餐更是以上山游玩为主题。我们在当地年轻人的一个微信群里看到，年轻人休闲时间大部分的娱乐活动都会呼朋唤友去狮子山，这成为人们无意识的不二选择。原因并不在于武定县只有这一个风景区，也并不在于它具有宗教的朝圣引力，而是它所包含的记忆。西蒙·沙玛指出，所有的风景，无论是城市公园，还是徒步登山，都打上了我们那根深蒂固、无法逃避的迷恋印记（西蒙·沙玛，2013）。对一个地点的记忆至少须包含如下几个方面的要素：

（1）这个地点必须有历史感。狮子山有许多美丽的传说故事，山上著名的正续禅寺建于元代。

（2）这个地点可能与重大历史事件相关。相传建文帝曾落难于此地，削发为僧。

（3）这个地点是一个"代际之地"，连接世代人的记忆。赋予某些地点一种特殊记忆力的首先是它们与家庭历史的固定和长期联系。这一现象我们称为"家庭之地"或者"代际之地"（阿莱达·阿斯曼，2016）。武定人世世代代生长于狮子山脚下，这里寄托着人们共同的情感。在"云南近代诗魁"梅绍农先生的诗词选中，直接以狮子山为题的就有四首。其中一首《重游狮山》写道：未到狮山瞬八年，乾坤双树旧云烟。凭虚阁外千峰翠，礼斗台前万壑悬……。首句对时间的感慨，蕴含着对狮子山深深的感怀之情，往事烟消云散，乾坤双树却依然茁壮挺拔，诗人的诗兴只有在面对记忆之地时才能发挥得淋漓尽致。时间继续往后推移12年，诗人又作一首《忆狮山双桧》：廿年未作狮山游，梦里烟峦春夏秋。最忆坤乾双桧树，参天拔地老边州。时隔多年，再忆狮山，记忆中最深刻的还是乾坤双桧。梅老先生并不是武定人，他是临县禄劝人，对狮子山尚且有如此深的感情，更何况土生土长的本地人。

（4）记忆必定隐含着人们对于记忆的策略选择和历史的想象重构。对狮子山的集体记忆已然包含了人们对历史、文化的选择和想象。云南偏安一隅，武定更是位于云南的西南一角，遥远的地域无法和中原形成关联，历史上鲜有大人物出现，建文帝的到来为这个地方带来了王者气象，增加了神秘色彩。狮子山因此而添加了龙脉，丰富了文化内涵，同时也成为宗教圣地。

所以，狮子山之于武定本地人而言便成为记忆之地的最佳选择。我们在田野调查中，采访当地人对狮子山印象最深的是什么，得到的回答有：浓密的松树林、甘甜的泉水、巍峨的佛寺、庄严的佛像、清新的空气……这些无不是凯文·林奇所说的环境意象，这种意象对于个体来说，无论在实践中还是情感上都是非常重要的（凯文·林奇，2001）。

基于这样一种根深蒂固的集体记忆，本地人与狮子山的关联在认同的层面上展开。对狮子山的认同包括：①身份认同（我是武定人）；②地域认同（我热爱武定）；③文化认同。前两种认同与身份、地缘认同有关；文化认同则表达出对狮子山传说，尤其是建文帝传说故事的认同，这是一种更深的文化记忆和认同，表达了对皇权的攀附，对中原文化的向往，还有对佛教的接受。事实上，狮子山主体景观正是以建文帝传说为主线进行设计的。

狮子山正续禅寺建筑设计由低到高，错落有致，与山势地形融为一体，起到取长补短的作用。殿堂以中轴为主的形式，结构更显得十分严谨，它既保留了"伽蓝七堂"制的模式，又有创新和发展，以正续禅寺"古八景"中的"诸天楼阁'概括正续禅寺全景。诸天楼阁包括今狮子山牌楼、石坊、山门、天王殿、翠柏亭、方丈室、从亡祠等一系列单体建筑。这些单体建筑既包含了完整的"伽蓝七堂"，即山门、佛殿、法堂、僧堂、厨库、浴室、西净（厕所），又新立了牌楼、石坊、翠柏亭、从亡祠等围绕建文帝逸事传说的人文景观，构成了今天武定狮子山风景名胜区的核心。

移步来到另一景点牡丹园，园中种植着品类繁多的牡丹花。从河南、山东引进牡丹花品种，打破了"牡丹世居中原，南下即衰"的旧有说法。狮子山上牡丹花长势优良，争奇斗艳，姹紫嫣红，很快便成为武定花中魁首。风景是投射于木、水、石之上的思想建构……一旦关于风景的观念、神话或想象在某处形成之后，它们便会以一种独特的方式混淆分类，赋予隐喻比其所指更高的真实，事实上，它们就是风景的一部分（西蒙·沙玛，2013）。牡丹国色天香、姿态万千，隐喻着高贵华丽、富庶繁荣，真正国色也，是皇家贵族喜欢赏玩的品类。牡丹南迁至此，又由建文帝亲手栽培，两者之间不能不说存在某种隐喻关联。诉诸牡丹的意象，由中原盛世景象转变为娇弱、稀缺、神秘的意象。当地人对牡丹讨论最多的一个话题是："牡丹花如何能在本地存活下去？有些什么种花秘方？"每年3月举办的牡丹节是狮子山著名一景，同时也逐渐演变为民间喜闻乐见的民俗节日。3月间几乎每家每户都会全家出动到牡丹园游玩，踏青赏花，品尝各类小吃，参加丰富多彩的游园活动，牡丹节很快成为当地人们一年一度期盼的节日。武定县政府还举办过牡丹花选美比赛，选出县城最美丽的姑娘担任形象大使。由此，我们可以看到由对景观的认同生发出来的民俗活动，其后蕴含着人与人之间交往主题的互动和整合，同时在一般意义上揭示了支撑武定社会生活的社会动力和文化价值（西奥多·C.贝斯特，2008）。

（二）爬山者与狮山大道认同空间的形成

狮子山空气清新，海拔适宜，风景秀丽，吸引了一大批爬山爱好者，他们每天早晨天不亮就从家里出发，其中以老年人及中年人居多。他们首先进入省级风景名胜区入口，沿着公路一直走，走到山脚处再沿山麓往上爬。很多人走到半山，接一桶清泉水便心满意足地下山，有的人还继续往上走。早上八九点人们陆续下山，开始一天的新生活。受到美国学者温迪·J. 达比《风景与认同：英国民族与阶级地理》对湖区徒步旅行形成的认同研究启发，笔者认为对狮子山风景的认同亦能促进人与人之间的相互认同。风景成为认同形成的场所，依据人们如何阅读、游览、体验、实地观景，或欣赏印刷画册、谈论及绘画风景而形成认同（温迪·J. 达比，2011）。爬山行为每天都在重复，空间是实践的地方，是被移动、行为、叙事和符号激活的场所（米歇尔·德塞托，1988）。爬山成为有闲阶级的时尚，他们把每天多余的时间和精力都用在这方面，从而使爬山途经的空间在不知不觉中变成实践空间——景观空间。

据《武定县志》载，1949 年以后武定县城规划共进行过两次，第一次规划于 1956 年，县建设科制定了《关于武定城市建设初步规划（草案）》，其要点是：①规划主街道一条，即现在的中心街；②南北街旧街道整修；③以县委、人委、法院为中心划为行政区域；④在大礼堂附近规划文化娱乐区；⑤文教、卫生为狮山脚中学附近……（云南省武定县志编纂委员会，1990）。规划显示：1956 年至 20 世纪 80 年代，武定县城以中心街为主街，以大礼堂为娱乐活动中心，反映了计划经济向市场经济过渡时期，人们对景观的需求主要集中于赶集、看电影、打桌球等活动。90 年代以后，随着生活方式及娱乐方向的改变，走向自然、回归内心的爬山活动逐渐取代了喧嚣的大众化娱乐项目。人们重新发现了一个新的景观——狮子山，虽然狮子山并不算新兴事物，但此时它在人们眼中散发出新的魅力，成为健康、时尚、社交及新的消费方式的象征。

人们对凡俗风景的感知一般不同于对圣地的凝视，但也模仿了后者的"净化"仪式——风景意味着人们把对自然的视觉消费从使用价值、商业、宗教意义或者任何易读的象征符号中解放出来，转而投向一种沉思的、审美的形式，一种因自然本身而对其进行的再现或者感知（W. J. T. 米切尔，2014）。人们之所以热衷于爬山，很大程度是因为爬山类似于阈限，具有治疗和净化功能。每天早上固定不变的行程，让每一天的开始清新而美好。美好的获得实际上是建立在对所居场所的一次游离和超脱，携带着对自由的片刻追求。对于压力大、孤独感日趋强烈的现代人来说，爬山提供了一个隔离空间。爬山过程中结成的伙伴，彼此认同，很少是来自地位、权势、金钱的衡量，更多是基于对同一时空的共同体验。重复的爬山活动建立起某种身体记忆，即通过身体的感应唤醒身体意识，从而构建出一种基于身体的空间感。当有活动的空间时，人们就可以直接体会到空间……空间大致建立了一个以移动和有目的的自我为中心的坐标系（段义孚，2017）。空间感建立以后，再返回内心深处去体验，由此产生出对地方的依恋和认同感。可以说，爬山之路建构了驻足在风景之上的记忆共同体。对于个体而言，爬山如同参加了一次仪式一样，肌肉的紧张和身体的劳累，都在提示着人与自然建立起来的短暂联系。这样一种近似痛苦的身体感，使得人对空间的感知集中于痛苦与忍耐，从而形成一种处境的空间性。

正因为狮子山沿路风景有如此大的魅力，20世纪50年代规划的中心区域转移到以狮子山和经济开发区为中心的领域。由县城出发至狮子山风景区停车场这条道路，随着爬山者的增多，爬山热情的持续不断，对路面空间及沿途风景需求的不断增长，从"空间"里创造出了"地方"——狮山大道[1]。狮山大道深受当地人喜欢，已变成县城的另一个中心。至此，政府也发现了它的价值，2009年8月狮山大道的修建规划顺利通过规划领导小组评审。规划赋予了狮山大道重点区域的优势地位，目标是打造一个集商贸、旅游、文化为一体的多功能开发项目，该项目能迅速提升武定县城的城市品位和形象。据报道，狮山大道规划为市政级主干道，直接连接至狮子山脚，是整个旅游区的重要组成部分，是实施旅游精品及提高城市形象的标志性工程。狮山大道的开发建设，已为武定县城市建设和旅游开发起到龙头作用。同时，对提升武定县城市形象，提升武定县总体环境有积极的促进作用（贺明辉，2010）。

至此，狮山大道正式成为经官方命名的景观空间，是城市的一张重要名片，同时也成为与当地人生活密不可分的地方。作为景观空间，狮山大道已获得本地人的高度认同。武定县的彝族在人口、政治、经济、文化等方面都比县里其他民族占优势，地方政府一直在努力发掘和利用彝族民族文化资源，以期加强百姓的地方文化认同。狮山大道连接狮子山景区，是整个旅游区的重要环节，是打造城市形象的标志性工程，娱乐休闲功能极大改善了当地居民的生活、工作环境。地方发展的意志反映于建筑形式之上，便是要建立具有民族特色的建筑。进入狮山大道，一座彝族建筑风格的牌坊（图4-20）映入眼帘，三层重檐，极富层次感，檐尾向上翘起，形成优美的弧线。梁坊、拱架处刻有各式图案，并刻有四方雷纹、小花格窗、卷曹纹等纹样。狮子山大道两旁的建筑，集现代楼房空间格局与彝式符号为一体：内部空间设计满足于商业经济的需要，彝族建筑符号则反映了对彝族文化的认同。具体体现在：屋顶采用了人字坡瓦屋顶；建筑材料部分选用木质材料；颜色选用了红、黑、白、黄、蓝等彝族人喜爱的颜色；外墙、檐口、门窗和台基局部画有装饰性图案。

观之狮子山大道的建筑形式，如图4-21所示，呈现现代化的空间格局＋彝族建筑风格，其实质是对彝族文化认同的一种反映，同

---

[1] 狮山大道指从新修的山门到山脚的一条大路。

图 4-20　狮山大道牌坊

图 4-21　狮山大道两旁建筑

时也是对景观所产生的商业价值和文化象征资本的认可。

综上所述，我们可以看到一条清晰的线索：由对狮子山风景的爱好到对此景观的地方性认同（与身份认同相互联系），并进入记忆空间形成地方记忆。随着娱乐活动的转变，爬山成为大部分当地人的日常活动，群体认同感在爬山过程中建立，于是爬山之路径成为新的认同空间，并且逐渐从空间转化为地方，狮山大道由此而来。为了获取经济价值，狮山大道正式投入建设，街道两旁的商品房也纷纷建成，成为工作的新区域。商品房采用内部现代化空间模式＋外部彝族风格建筑符号的复合风格，彰显其对彝族文化和现代文明的双重认同。

二、罗婺彝寨的符号选择与表征

继狮子山风景区至狮山大道景观项目的成功开发后，打造武定为旅游地的规划也逐渐明确。旅游以文化为依托，有大量彝族世居在此的武定自然是以彝族文化为基础。武定是彝族世居之地，早在 2000 多年前就已经有彝族先民的活动，唐宋时期，设有罗婺部[1]。明代时改为凤氏，统治范围和势力一度很强大。清初改为那氏。武定自元代以来一直在土司制度的统治下。据史载，元代以来在这片土地上发

---

〔1〕 东爨乌蛮的后裔，以远祖的名字为其部落名，是滇东三十七部之一。

现汉冢，却不见汉人，究其原因是"变服，从其俗"。至少可以推之，元代以前，汉人进入武定境地，习俗大多被彝族同化。南诏时期，罗婺部族势力渐盛，一度成为三十七部之首。从武定地名来看，出自于罗婺部族一说，应是比较可靠的说法，因为彝族人崇祖，以祖先的名字冠名自己生息之地完全合乎情理。

武定县隶属楚雄彝族自治州，历史上属古西南彝族部落。在"彝人古镇"的影响下，武定县也开始着手打造自己的彝族古镇——罗婺彝寨。罗婺彝寨建于县城东南角，占地500亩（1亩≈667平方米），试图复原彝族古部落文化、居住形态和历史街区，以推动当地文化、经济、旅游等的发展。这样的规划愿景，我们称为民族景观复兴。当口传和书写文本已无法再恢复原有的情境时，风景的再现也许不啻为一个好的选择。比之历史记载来说，它更不容易被损毁，也更能激发人的认同意识。

事实上，武定旧城建筑大多杂乱、无特点，已经不太能看到彝族古村落的风貌，但还是依稀保有一些彝族文化的肌理，如古代城市的"环状"样态在旧城有所体现，是彝族聚落同模式的反映。

随着罗婺彝寨的开发和打造，武定彝族土司文化开始声名远播，媒体用"罗婺故地"这样的词来指称武定，越来越多的人也开始了解这段尘封已久的历史，这其实也是在重启一段集体记忆。每一种社会群体都有其对应的集体记忆，使该群体得以凝聚及延续（王明珂，2006）。正如蒂姆·克雷斯韦尔指出：建构记忆的主要方式之一，就是透过地方的生产。纪念物、博物馆、特定建筑物（而非其他建筑物）、匾额、碑铭，以及将整个熟识邻里之定位"史迹地区"，都是将记忆安置于地方的例子。因此，建筑物是承载地方记忆的最佳媒介，通过建筑物的重建来唤起和复兴历史记忆无疑是可行的。

众所周知，仿古镇的最大特点就是仿，"仿"实际上就是把原型进行符号化。如何选择符号？怎样符号化？背后无不蕴含着规划者的文化认同及表征策略。

1. 罗婺彝寨的符号选择

1）街道

街道是辨识一个地方最为直观的符号系统。一个人要认识、熟悉一个地方，首先就是从道路开始。道路形态顺应地形，模拟古镇的道路肌理。环路串联着各处景观，建筑高度与街区宽度比为日本当代著名建筑师芦原信义所说的1∶1，尺度较为合理。街名命名为牛街、马街，这样的命名方式与彝族计算时间的方法有关，来源于彝族十二兽（十二属相）[1]。罗婺彝寨的街道设计较好地复原了彝族古村落的道

---

[1] 彝族用"十二兽"表示集市的集期和集场。牛街、马街为集场名，推之集期为属牛日、属马日。

路模式，是对同模式的认同。相比之下，楚雄"彝人古镇"却设计为方正的交通路网，寓意着对汉文化的认同。

2）屋顶

罗婺彝寨对屋顶风格进行了区分与强调：府衙采用一字形瓦屋面，庄严肃穆，檐口下有壁画装饰；庙宇采用歇山顶瓦屋面，屋脊装饰感强，脊尾似牛角状翘起；土掌房为平顶，这是适应于当地地理气候、民风民俗形成的特殊平顶景观；木楞房采用木板铺盖，上压有石块或瓦片。各个类型的建筑相得益彰，比例均匀。

3）颜色

彝族建筑以红、黄、黑三色为主，各自有其象征意义，用色上着重于这三个基本色，以及辅助色褐、白、青、蓝等颜色，色调兼顾古典和现代气息。

4）装饰图案、雕塑

装饰是彝族建筑的醒目要素，是图腾崇拜的物化反映。例如，在罗婺彝寨，牛头、黑虎可以做成雕塑悬挂于门头，也可以绘制为壁面图案，马缨花、羊角纹、虎形纹等纹样则可作为梁、拱、门、柱等的装饰性图案。

5）标志物

景观建设注重对标志物，如寨门（图4-22）、塔、雕像的复原和塑造，形成游客的凝视。

6）公共景观

公共空间由一些小景观构成，如四眼井。四眼井是人们茶余饭后闲谈、休息、乘凉的地方，是村落中必不可少的公共空间，是村落成

图4-22　罗婺彝寨寨门

员建立亲密关系的纽带。人们喜欢把四眼井当镜子照，因为往井里看时能显示四个影子，很有趣味。最重要的是，重建四眼井可以恢复邻里亲密关系和温馨的生活空间。

7）材料

在部分具有象征性意义的建筑构件中，如门、柱子、屋顶，采用传统的木、石或瓦片等材料，非象征性建筑构件则采用现代化的物料。

2. 罗婺彝寨符号选择的原则和特点

1）对彝族古老时空观的遵循

彝族的历法是十月历，反映了彝族的时空观。彝族的十月历一年分为五季，每一个季节包含同一要素中的公、母两个月，合计72天（每月36天）。五季实际上代表了太阳在天球上经过的东、西、南、北、中五个方位。十月中，双月为雌（母），单月为雄（公），雌雄相当于汉族的阴阳概念（刘尧汉等，1986）。五季与五个方位相对应，宇宙结构以万物一分为二的雌雄观念为基础，这样的时空观念表现在聚落中，体现为向心型聚落分布，中心是一个家支或部落最重要的建筑场所所在，其余的环绕四周。判断雌雄和阴阳首先是从方位开始，去除一个中心以外，剩余四个方位形成公、母共八组方位。彝族纪年的方式为八方之年，通过此种纪年的方式来确定环境意向、聚落选址、建筑物方位设置和形态。

2）图腾的物化

彝族把与生活、生产中最密切联系的动植物作为崇拜的对象，并且把它们物化为景观的一部分。例如，把牛、虎形象的木雕悬在门头或把牛、虎形象画在山墙上，形成壁面装饰和象征。新的寨子继续保留这样的做法，只不过物的灵性消失了。

3）传统与现代的相互交融

在建筑体显性符号的运用上多采取符号提炼的方法，把传统建筑中容易形成凝视的部分进行符号化提炼，如装饰、颜色和屋顶的造型；而对隐性符号——空间结构、使用功能等内部不容易形成凝视的部分，则进行现代化的改造。新旧两部分也并不是截然分开，而是互相渗透，如门是吊脚楼空间在变化过程中遗留的一个符号，作为人们的潜意识作用于空间的实践。旅游开发下的空间实践中，门的样式更换了，但依然保留在原先的位置（覃莉等，2018），对于彝族建筑而言，同样如此。

所以，可以看到，古镇景观设计虽然在很大程度上遵循了传统古镇的文化肌理，符号选择也尽可能彰显传统要素，但不可避免地借鉴了众多仿古镇建设的思路，采用显性符号传统化、隐性符号现代化的方式打造古镇景观。显性符号，如屋顶、颜色、装饰、标志物等符号对彝族文化进行表征，街道、节点的安排也在时时表征着彝族人的传统生活轨迹；隐性符号，如空间结构、使用功能等则倾向于满足现代化的需求。符号的生成，不再是从内到外的自发生成，而是从外到内地被赋予。符号和空间皆属于可被生产之物，具备可复制性，在各处仿古古镇中随处可见。

在楚雄旅游网上，景观成为文化认同的主要呈现方式，通过对历史建筑的复原与重建，以塑造人们的地方感知、认同和空间行为，进而强化人们的文化认同，并为城市增加象征资本提供有力的保障。罗婺彝寨的修建，一方面激励人们回顾历史，认知本土文化内涵，呼唤彝族文化空间的重建；另一方面，该项目是楚雄彝族自治州打造彝族形象系列工程的一部分，自然免不了模仿和借鉴楚雄"彝人古镇"的经验，体现了对彝族空间的认同。同时，从其与楚雄"彝人古镇"建设方案的不同，所反映的历史内容不一样的角度来看，又暗含着想要脱离彝族叙事话语圈的桎梏，打造本地特色的意图。

从行政区域范围来看，武定县属楚雄彝族自治州，从地理方位来看，离省会城市（昆明）比楚雄要近得多。武定距离昆明仅 60 千米，属于昆明半小时经济圈，本应划归昆明所属区县，但从文化上来讲，武定又与楚雄彝族自治州非常接近，所以最终划归楚雄彝族自治州管辖。因此，在一定程度上形成了地理空间与文化空间的断裂。文化认同也显示了双重性，即对武定本土彝族部落文化及周边汉文化的认同，以及对楚雄彝族自治州彝族文化圈的认同，从而疏远了在地理区域上较为接近的禄劝、昆明等地的彝族文化。

如果说狮山大道及其彝族建筑是对帝王文化、佛教文化及彝族文化认同的自然延伸（表现），那么仿古古镇的建立则是希望通过对罗婺彝寨旧址景观复原让更多的人知晓和认同彝族文化，强化彝族文化空间在本地的地位，从而带动经济的发展，这充分印证了布迪厄建立文化资本的原理。

事实证明，狮山大道的开发是成功的，它是当地人认同的结果，符合人们的认知模式，是民意所归的地方。罗婺彝寨的成功则取决于它在何种程度上成为当地政治、经济、文化、宗教、生活的核心，从它出发可以产生出多少内部互动性。从目前来看，罗婺彝寨已为当地人提供了娱乐、生活的便利，成为当地人茶余饭后休闲散步的地方。但比之楚雄"彝人古镇"有着丰富多彩的传统民俗节目展演，罗婺彝寨的民俗生活空间还比较欠缺。无论是景观认同抑或文化认同，难度都比较大。因此，如何使建筑空间成为民生空间、民俗空间，让建筑成为活的历史载体，成为记忆的容器，使认同空间不再只是表征，而发自于民心，都是值得我们持续思考的问题。

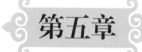

第五章

白族、纳西族、彝族景观消费空间与建筑景观艺术构形的共谋

❧ 当代景观消费空间的生产动力和本质是什么？

❧ 当代景观消费空间的表现形式是什么？

❧ 狂欢空间如何与建筑景观艺术构形嫁接？

❧ 文本空间如何与建筑景观艺术构形互动？

❧ 当代符号消费空间对建筑景观艺术构形产生怎样的影响？

　　如果说第二、三章所说的仪式象征空间、文化认同空间与建筑构形之间存在着深层次的同构和互塑关联，这种关联是独特、不可替代的，那么，本章以白族客栈、纳西族酒吧、彝族仿古镇为例，阐述的当代符号消费空间与建筑景观艺术构形之间便不再具有内在的关联性，它们也不再互为表里，而更像是同一战壕里的战友，为着共同的利益目标而奋斗。

依据法国哲学家让·波德里亚的仿象理论，仿象包括三个等级：仿造、仿真和仿象，我们把景观消费空间分为三个类型：狂欢空间、文本空间与符号消费空间。

第一节　当代景观消费空间的生产动力及模拟本质

一、景观消费空间生产的三重动力

空间生产（production of space）理论指出，空间已成为生产对象，消费主义与空间的再造、整合在今天达到了前所未有的程度。空间带有消费主义的特征，所以空间把消费主义关系，如个人主义、商品化等的形式投射到全部的日常生活之中，控制着生产的群体，也控制着空间的生产，并进而控制着社会关系的再生产（亨利·列斐伏尔，1991）。

何谓景观消费空间？顾名思义，景观是被消费的对象，只不过景观与一般的物品不能等同。景观既是指依附于土地之上的景物、景象，是人生活于其中的栖居地，同时又是法国思想家居伊·德波所言的视觉化影像，当代生活的本真存在，是一种被展现的图景性。因此，景观意涵可界定为：在一个被大众公认为风景的空间（地点）中，景观作为一种被展示、被观看的视觉化影像，被游览者所观赏和消费。景观既作为主体的观看，也包括作为被展示观看的客体。在此，景观已失去了大部分的居住意义，更多的是为了观看而存在。

亨利·列斐伏尔认为消费空间发生了三次明显的分离，景观消费空间是第三次分离的产物，景观作为消费的终极目标，目的不在于占有，而在于领略与体验，最终完成一次暂时性的情感满足和身份建构。空间已不再是被它的原住民所依赖的地域，而变成了一个共享的、脱离了日常情境的商品。

追问景观消费空间生产的动因，我们将从社会生产、文化动力及艺术自身的发展趋势展开说明。

（一）社会生产经历了从物、符号到景观的消费转变

当资本主义打倒了超验的神圣，把整个世界变得世俗化后，却又致力于建立新的神圣：物神。明明是很普通的人工制造物，却要借助媒体宣传炒作成为非常耀眼的明星产品，使之具备高度符号化特征。物不再是最初的物品本身，而是包含着文化意蕴、美好想象等多种综合因素的高级物品。物的象征性超过了实用性。例如，人们最初购物

是为了占用物品并使用它，一个家庭购买电视机、洗衣机是为了看电视、洗衣服。渐渐地，商品本身的使用价值悄然弱化，商品的符号价值变得更令人关注。在现代家庭中，电视机、洗衣机的品牌象征价值远远高于其使用价值。物因此成功地脱去了凡俗、具象之躯壳，与它的文化符号相对接，从而使物的符号价值高于一切。

正如让·波德里亚所说：消费的真相在于它并非一种享受功能，而是一种生产功能，它和物质生产一样并非一种个体功能，而是即时且全面的集体功能（让·波德里亚，2000）。从物到符号的转变，标志着消费理念和消费模式的重大转变。从马克思所说的商品拜物教转换到符号拜物教，符号价值由此成为消费文化的核心，物或商品的价值不再依据成本或劳动价值来计算，而按其所代表的社会地位和权力而定。如果说物是实体，符号是依赖于实体的意义与价值指向，那么景观则完全脱离了实体，成为影像或拟像，并且与实体形成两个对立面。以电视机为例，电视机一开始是作为观看节目使用的机器设备，然后转变为象征家庭财富及身份地位的符号，最后"电视即为世界"，让人足不出户便能与世界亲密接触，甚至让人忘了真实的世界是怎样的，或者说真实的世界已经不再重要，虚拟的世界才是真实可靠的。再如，对手机的依赖已使人们面对面的交流变得困难，只有借助手机才能完成更顺畅、愉悦的沟通，这些都足以说明，虚拟的影像及生活已经取代了生活的本真。

居伊·德波在《景观社会》一书里指出：马克思所指认的市场交换中已经颠倒为物与物关系的人与人的劳动关系，被再一次虚化，成为商业性影像表象中呈现的一具伪欲望引导结构。这就是社会景观现象（居伊·德波，2017）。从物到符号，视觉化的表象取代了实体成为世界本体。作为视觉化的景观成为构成世界的基本要素，它无所不在，无所不包，此时，社会生活发生了从占有到显现的转向，消费的目的不再是占有，而是显现，即被人看到，所谓被看到即存在。现代社会传媒业、娱乐业的发达正说明了这一点，商品极度重视包装，随处可见的广告表明了处处充斥着被看到的潜在欲望。然而，景观并非仅是视觉产物或影像本身，而是有着本体论存在的意义。

另外，从消费方式来看，物的消费具有排他性和单向性，而物的消费一旦被景观化和视觉化后，便具有公共性和交互性。例如，一个苹果不能被众人分享，但如果苹果呈现为视觉化的影像，便可以供人们共享。消费模式从实物占有到视觉占有，导致了消费空间的根本转变：从实体到虚拟，从狭小到扩大。消费空间的扩大化和延展化意味着消费群体的集体性在一个虚拟时空中被强化，形成了越来越多的消费共同体，越来越多的消费者被景观控制。值得注意的是，景观不仅仅包含看与被看的关系，还关系到看什么、如何看、怎样看等一系列问题。被观看的景观往往是多种观看视角混合后的产物，观看者带着已有的文化视角、消费诉求及价值判断进入，使得景观不再是单纯的风景，而包含着体验、评判与建构。总之，景观是规划策略、地方愿景、消费趋势等多因素共同作用后的复杂景象，涉及政治、文化、经济等多重动因。

（二）文化动力：消费的文化转向

毋庸置疑，文化是消费的主要动力。从一系列人类学家的观点来看（马歇尔·萨林斯、玛丽·道格拉斯、克里斯托弗·伊舍伍德），所有的消费行为都须放置在特定的文化背景中加以认识。在法国哲学家让·波德里亚的研究中，更是把商品与记号[1]相等同。他认为消费已变为对记号的消费。在对记号的消费中，文化起到了主导作用。日常的消费品与各种概念相关联，诸如浪漫、美丽、富有、高贵，使它们原来的用途和功能越来越变得模糊。

消费成为一种文化现象，原因大致有几点：第一，个体的消费目的和欲望受到文化的界定，不同文化层次的人，消费诉求有所不同；第二，使用者的文化背景会直接影响他对物品价值的判断；第三，通过消费行为，能让使用者与周围人群区分开来，彰显自己独特的文化品位，从而突出自己高于旁人的文化身份。因此，一方面，消费从某种意义上来说是文化的消费，通过文化的包装，商品改头换面，成为体面、内涵、深度的代言人，从而烘托出人的身份和地位；另一方面，商品从物中抽离出来，商品的影像构成了无所不在的景观，统治了一切。作为社会的一部分，商品的影像是全部视觉和意识的焦点。文化须通过一定的物质载体呈现，当物质载体的物性演变为景观或影像后，文化观念的物质载体也被景观载体或影像载体所取代……也正因为文化向物质载体的渗透，导致人们的消费对象从物转向景观……自然景观与人文景观一旦被赋予了某种作为人类精神价值的载体，便会生成文化空间（鲁品越，2012）。

综上所述，商品消费转为记号消费是基于文化概念的依附，消费行为本身受制于文化的限定，文化赋予消费以内涵。正因为人们从物的消费转向文化的消费，才使得消费现象从物的媒介向景观媒介转变。没有物质世界的文化化，景观或影像也就毫无意义。

（三）艺术发展的趋势：机械时代的艺术复制

景观无疑是艺术的一个种类，艺术正在经历瓦尔特·本雅明所说的"机械复制时代"，由神坛下降到凡间，失去了魅影，不再是高高在上令人崇拜的对象，而变成了大众皆可拥有、皆可点评的物品。艺

---

[1] 记号，指能引起注意、易于记忆辨识的标记。

术作品在原则上总是可以复制的，任何人制作的东西总是可被仿造的（瓦尔特·本雅明，2015）。艺术的可复制性催生了大量的复制品，印刷术、木刻技术的出现使得文字和原作被复制，摄影术、电影的出现更是使人的形象和声音也被加以复制。景观艺术也不例外，如果说绘画作品复制的是画板上所呈现画面的全部形式，那么景观艺术复制的则是出现在视线范围内的景观全貌。景观艺术的复制力度不可能做到像绘画作品那样接近原物，而只能是一种氛围和精神的移植。然而，即使是最完美的复制，也无法再现原件的魅力，因为它天然缺少一种生命力：艺术品的即时即地性，即它在问世地点的独一无二性（瓦尔特·本雅明，2015）。这样的独一无二性是无法复制的，正如同能复制一模一样的建筑景观，但无法复制其中所包含的意义。因此，制作技术的发展同时也把艺术自身带到了危险境地，当然这是指传统艺术，而不是现代意义上的艺术（如摄影、电影等）。在此，有必要对传统艺术和现代艺术做一个区分，传统意义上的艺术在人类起源的时候就出现了，如史前法国的拉斯科洞穴绘画，绘画作品不是为了观看而创作，相反却要隐藏起来，才能达成它特有的效力。这种效力便是把具有神圣意义的形象和所发生的事再造出来，供人崇拜，从而有利于史前人类形成更为统一的意识。人类早期艺术品的创造往往与某种特定的仪式或礼仪相关。例如，中国古代的青铜器，便是从祭祀和礼仪用品中发展而来；维纳斯的雕像，其最初是存在于信仰膜拜中。这就是瓦尔特·本雅明所说的艺术品所具有的魅影所在。在现代艺术中，魅影消失了，艺术不再为某种仪式目的而存在，人们提倡"艺术为了艺术本身"，艺术的复制更使得艺术品脱离了原有的创作情境而变成无根的浮萍，时间性和空间性被取消，艺术品沦为平面化的产物。

　　景观艺术所遭遇的与人类早期的艺术如出一辙，也许更糟，这与景观艺术的特殊性有关。它一方面有着艺术的一般性，可供人远距离观赏；另一方面人们又生活于其中。正如美国学者史蒂文·布拉萨所说，景观既是一种分离又是一种介入，两种方式难以区分。这也就涉及景观居住者和景观观赏者两类人，前者在人类学上称为"内在者"，后者称为"外在者"。如果说前几章主要以内在者视角来阐释景观构形的成因，那么本章则侧重于外在者的视角。内在者主要通过触觉去感受景观，通过身体的参与，空间意义得以激活，人与景才能产生同构感。外在者，尤其是现代观者，更倾向于使用视觉去看。观者不再与所观的对象产生深度接触，而通常采用陌生化、奇异化的视点，对景物做出观察与判断。观看不再是一个接受被动刺激的机械过程，而是杂糅了多种文化因子的意义建构过程。尤其是当观看影像作品时，影像铺天盖地、不断涌现，刺激主体的视觉感官，过量的形象使人眼花缭乱、应接不暇，视觉主体难以用审美静观、涵泳的方式去体悟对象，产生心灵感应，最终只能对景观进行机械式记录。人与景物分离，景物只是人观看的对象，且是一闪而过仅存留于影像里的对象。无论人也好，景也罢，都只是一晃而过的"隐形"存在，而消费了什么，能向外诉说看过什么倒变成了记忆的重点。总而言之，景观艺术在现代人眼里已经完全"去魅"化，景观的魅力须通过精心制作的图像、宣传册得以创造和呈现，体现出一种神圣感，然而当观赏者与景观亲密接触时，这种神圣感便会大打折扣。

在此，可把现代旅游与传统游览方式进行比较。古代文人，对景观艺术的欣赏往往抱以崇仰的态度，天人合一、物我一体，景物与人相互沟通、融合与互构。古人游览的方式呈多样化，比如晚明时期士人游历就有三种形式：宦游、游学、冶游，因游览方式不同，使得观景角度变得丰富。

诗歌一则道出天地山川与不朽之关联；二则道出人要与天地万物融为一体的壮志之向。可见，在古代文人眼中，景观象征着崇高，是人生存于其中的天地万物，人通过与外部景观的精神性相连而获得生命意义的提升。

综上所述，景观艺术在发展过程中，受到艺术自身向复制品发展的趋势影响，景观艺术也不免走向复制。这种复制的根源来源于现代大众想要使物在空间上和人性上更易"接近"的强烈愿望（瓦尔特·本雅明，2015）。景观复制带来的是一种超越时空限制的体验，能让人在节约成本的条件下观看到更多他地的风景，从而让人的生命经验得到更为丰富的拓展；从观看者的观赏视角转变来看，传统的看与被观看者之间存在着一定的时空距离，正因为有了距离才能有整体的观看，才能产生神圣之感，也才能把人的本质力量对象化。反之，在现代旅游中，距离被最大限度地弱化，被看的对象只能以碎片化形式出现，神圣感也就随之消失。观看者不再以热情或心怀敬畏的目光去看，而只是冷漠地观看，被观看者于是成为一个影像而存在。景观与原有生存情境相连的意义被解构，而以符号的面貌出现，承载景观的空间便成为符号拥塞的空间。

二、景观消费空间的模拟本质

景观艺术走向复制，但复制并非是它的本质，景观的本质在于模拟。要理解模拟须先从真实与表象的关系说起。究竟什么是真实，什么是表象，哲学家们各执一词。柏拉图主张越接近理念，越实在。德国哲学家伊曼努尔·康德也认为真实是遥不可及、不可触摸的。德国哲学家弗里德里希·威廉·尼采首先打破了这一言论，认为柏拉图纯属无稽之谈。他彻底否定了自柏拉图建立的纯粹精神以及二元对立的形而上学对立观，发出"上帝死了"这一振聋发聩的声音，开启了颠覆世界本原性存在的先河。20世纪，德国哲学家海德格尔和法国作家、哲学家皮埃尔·克罗索夫斯基对表象问题再次进行了评价。海德格尔提出三种概念：现象、显似与表象。现象指的是自我对自我的表现；显似指的是看上去像某物，但其实却不是它呈现出来的东西；表象则指自我不显现，靠其他显现之物而显示出来，包括符号、图画、征兆和象征。要解决的问题是：表象与实体本身参照物的关系是什么？海德格尔认为唯一的参照物为现象，因为它是作为本原意义上的"自我表现之物"。如果说海德格尔是回到事物本身去寻求存在与表象的联系，他还承认有现象的存在，那么克罗索夫斯基便是连存在的根基都否定了，他继承尼采的言论，认为自从上帝死后，就再也没有任何东西是本原的了。因此，事物成为了一种从未存在过的模型的复制品了，因为上帝之死已让模型永远地消失了。尼采曾指出模拟是存在本身的特性，那么模拟也就成为认识论的原则（皮埃尔·克罗索夫斯基，1997）。意大利哲学家马里奥·佩尔尼奥拉延续这一思路，提出模拟是没有原型的影像，是不存在的东西的影像（马里奥·佩尔尼奥拉，2006）。因此，在真实与表象的论争当中，我们看到了一条新的思路，即在不否认真实或表象时，又不必依赖于任何一方，模拟即是自主的存在。

　　模拟既没有本原的人工建构，自身也不能成为本原。模拟坚持的是影像自身的价值。在现代艺术的创造中，影像只有成为存在时，才能成为它自身，而这正好与模拟所表达的理念相同。模拟的理念表示既要摒弃外在原则，又要摒弃把影像作为原型的企图。在这个层面上，模拟就与复制形成一致。模拟既没有本原，自身也不能成为本原，这在当今的媒体景观中表现得尤其突出。大众媒体创造了各种各样的形象，这些形象创作不必依赖原型。总之，模拟的实质在于无根无基，它的价值正在于无价值。

　　模拟的理论显然和让·波德里亚的仿象理论一脉相承，让·波德里亚把仿象分为三个等级。第一等级"仿造"依赖的是价值的自然规律，是对原有物品的仿造。第二等级"仿真"依赖的是价值的商品规律，是对原物的提炼和再造。在此阶段，原物消失，技术成为源头。第三等级"仿象"。在此阶段，没有原物也没有物品，有的只是无根源的各种模式，如符号、代码。从中可以看到，仿象与真实之间的关系，逐级减弱直至消失，最终由代码、符号创造出来的虚无世界甚至比真实还要真实，这便是超真实。

　　空无一物的实质开启了模拟的引诱模式。通常意义上的引诱指的是使用诱导、劝导的方式使人认识模糊而做坏事。而在马里奥·佩尔尼奥拉看来，引诱是一个中性的词汇，引诱者的行为并不是出于他的主观意志，也不是实施了一个预谋已久的计划，相反，它只是借助于迷惑人的手段而改变人的一种规劝，其特点是：它总是应运而生（马里奥·佩尔尼奥拉，2006）。引诱者之所以能成功并不在于他是一个无所不能的人，而在于他恰恰是一个无特点却又具有多面化的人，他会随着时机的变化而变化，真正的主宰者反倒是被引诱者，被引诱者的意志决定了引诱者要接受他的全部条件。因此，引诱者要想成功，他首先应是一个毫无个性的无名之辈，他把自己隐藏起来，并且表现得一无所长。当引诱者成功之后，为了防止被引诱，他必须隐藏起所有外来的东西，继续表现得一无所长。最完美实现模拟的途径是电视这样的大众媒介，其引诱的魅力正是通过技巧的展示，而不是让人们在真理与谎言、表象和现实之间进行选择。电视影像只须让人看到。

模拟的实质与引诱的原则可以帮助我们更好地理解景观消费空间，尽管每一个景观都在努力宣扬自己的独一无二，但实际上却是如此雷同，如此空洞。例如，为了满足人们的怀旧心理，越来越多的"古"被创造出来，称为仿古；为了展示伟大的抱负，模仿最为先进的现代化城市，称之与时代接轨。前者把人引向过去，后者把人带入未来，唯独没有现在，与真实的地点无关。人们一面乐此不疲地涌向它们，却又无可奈何地感到审美疲劳。景观艺术已无可避免地沦为符号，它不再是人们赖以生存、建立意义的空间，而成为符号狂欢的世界和大众媒体中的吊诡魅影。它由各种信息的编译者、阅读者等人群共同打造，人们在景观被依次编排的序列中失去了判断能力，继而心甘情愿地被引诱，同时默认于景观的权力，自我消失在看的单向度活动中。从这个意义上来说，景观就是一种迷人、一个空无一物的符号世界，它已经失去了真实空间的原态，取而代之的是一些人为的标志；它的灵魂、个性及价值被符号所限制，变得不再唯一，而只是众多符号中的一员。人们也从体验景观的本真性转为寻找景观的符号意义。

三、景观消费空间的三个类型

依据法国哲学家让·波德里亚的仿象理论，仿象包括三个等级：仿造、仿真和仿象。该理论主要是围绕符号和现实之间的关系展开的。第二次世界大战后，基于现代化建设和高科技的发展，西方资本主义社会进入到消费社会阶段，符号消费成为人们消费的焦点，进而成为人的身份、地位、阶层的象征，让·波德里亚的仿象理论正是基于对符号消费的反思。让·波德里亚的"仿象"指的是现代社会中的符号，人造符号构成了现代社会的基本特征。第一级仿造依赖的是价值的自然规律，在这一阶段，符号的禁忌被打破，属于某一等级的专属符号被仿造，社会等级变得模糊。第二等级仿真依赖的是价值的商品规律，体现了商品的价值，商品被表征成为的那个符号。在这一阶段，大规模生产代替了仿造，无差别的复制品被制造出来，不再需要任何参照物，在产品上看不到原有物的样子，技术成为生产唯一的本源，符号遮蔽和颠倒了基本的现实。第三等级仿象依赖的是价值的结构规律，它不建立在任何真实世界的基础之上，自己产生了自己的现实，这就是让·波德里亚所认为的超真实。超真实指的是真实与非真实的区别已经模糊不清了，非真实超过了真实，比真实还真实。仿真产生了普遍"超真实"的幻境，超真实是真实的特性，是许多类像共同组成的一种新的现实秩序。超真实成为仿真文化产生的一种结果、一种状态。例如，网络正以它的数字化符号虚拟世界去逐步营造让·波德里亚所描述的仿象世界。

仿象形成的过程深刻揭示了消费社会的实质及其演变过程，基于仿象理论，我们把景观消费空间分为三个类型：狂欢空间、文本空间与符号消费空间。

第一，狂欢空间对应于原生本土空间。这一阶段，空间的禁忌被打破，社会等级被取消，空间加入了他者的想象，成为提供安放他者身体的狂欢性场所，寄寓了他者逃离的意图。因此在构形上表现为他者想象与本土的双重链接。

第二，文本空间基于对原有文化空间的提炼，是一种完全不同于原型空间的产物。在此阶段，原物已消失，文本书写成为源头。文本经过官方、媒体、企业、大众的阅读、阐释与改写，二度产生了更加普世化、凡俗化的新文本，成为推动原有文化空间发生变异的主要因素，同时也促成了建筑构形的再生产。

第三，符号消费空间的产生，模拟的是虚无，没有原物，它自己创造出一种真实。在此阶段，真实与非真实之间的界限非常模糊，非真实转变为了真实。

符号消费空间与建筑构形互相依赖，携手走向共同的利益。构形的一切努力都是为了突出符号的消费价值，而无论是打造民族化传统，抑或是挪用非地方性特色建筑模式，无一不是在编导一场自说自唱的符号狂欢。

第二节　狂欢空间与建筑景观艺术构形的嫁接

一、狂欢空间：他者想象的异地嫁接

景观消费空间的产生，其深层原因之一在于狂欢的需求。苏联著名文艺学家、文艺理论家、批评家、世界知名的符号学家巴赫金的狂欢理论指出，狂欢建立于对上层、官方规训的反抗与逃离，以及沉溺于那些被日常生活的状况所压抑的快感之上（约翰·费斯克，2001）。狂欢关注于身体的快感，以及对抗社会规则、道德和控制之上。狂欢意味着从被统治地位的短暂脱身。狂欢实际上就是为平民建立起来的一套文化策略，借此可以进入看似自由平等的世界。因此，狂欢在不同年代、不同文化体系中，都能唤起广泛的共鸣。狂欢在时间上表现为节假日；空间上表现为远离工作地的地方，表现为一种"去政治化"、"去制度化"和"去正规化"的自由空间，提供给人无拘无束、不期而遇的最大可能性。而消费所要营造的也正是这样一种身心解脱感。为了迎合消费，空间成为为消费者设计、提供多种文化相遇、发生碰撞的高度符号化场所。逃离者将不同于本土的地方进行浪漫化想象，使得异文化的他者变得光彩照人，成为凝视的对象和狂欢之地，而本地人为了迎合他者的想象，也在极力改造着自己的形象。

因此，狂欢空间实质上即是他者想象在异地的嫁接。观赏者与景观的关系是冷漠的，摄影镜头般的审视，他们与本地几乎不产生深层次连接，而只是走马观花、心不在焉的游览。对于观赏者来说，景观被添加进很多自我想象。由此而言，景观消费在很大程度上是与消费者的想象同步进行的。景观消费其实质是对"奇观"的消费，对"奇观"具有的引发关注、引人入胜的特性的消费。想象与建筑奇异地结合在一起，共同打造了一个景观化的现实（周志强，2011）。所谓奇观，实际上就是外来者看来陌生化的景致、内在者司空见惯的事物。消费者在消费中建构了自己的消费空间，从而获得了一种诗性。要使景观成为"奇观"，使日常成为"诗意"，必经之路就是想象。通过他者的想象，奇观得以形成。旅游使居住地变成了分离物，从原来的场所中独立出来，成为一种"自在"而不是"存在"，由此，地点变成了景观。

美国地理学和社会理论家大卫·哈维曾提出空间意识或地理想象概念，他认为地理想象的过程是一种空间意识，它使人们意识到自己在空间和地方中的角色，并将对周围空间和其他空间的感知联系起来（大卫·哈维，1996）。大卫·哈维的地理想象其实就是一种地理联想，通过联想（想象）把所置身于的空间与其他空间，特别是自己所生活的空间相关联，从而确认自己的角色并适当地做出修改。

在此，我们把地理比作文本，地理空间本是客观之物，但经由不同书写者的记录、描绘与改编，地理文本获得了魔幻性的生长空间。读者在解读文本的过程中，也并不是被动接受，而是带着自身的文化背景和以往经验进行再阐释。因此，地理这个文本可以说是作者与读者共同写的，是一个想象的共同体（imagined community）。狂欢空间由此而言是他者想象的一个产物，他者对异域的想象是一种自我投射性想象：一方面把异域定位为一个远离熟悉空间的地方，一个充满奇异、梦幻和自由之地。现代人相信只要远离都市，到异城社会中便能找寻到失落已久的平等和解放，他们渴望找到与生命相连的古老真实；另一方面又想把异域纳入现代文明的范围之内，希望那里能提供熟悉的生活：便捷的交通、畅通的网络、舒适的酒店设施等。与此同时，内在者也在想象着他者文明，对他们而言，狂欢不是逃离，而是帮助自己进入现代文明的途径。对现代文明的向往活跃于当地人内心，驱使着他们对原有的景观进行改造，既能迎合消费者，又能实现自我的现代性转变。

二、构形他者化与本土化的链接

狂欢空间为消费者提供了一个摆脱身体规训的场所，因为身体及其快感一直是并且仍将是权力与规避、规训与解放相互斗争的场所（约翰·费斯克，2001）。在狂欢空间中，构成人与人之间不平等的等级地位与特权被悬置，从而将万事万物拉低到身体原则的平等性上（约翰·费斯克，2001）。消费是对想象欲望的持续培育，消费者对空间的想象便是令身体得到最大化的自由和解放，而这正是促成了建筑构形生产的深层次动因。

一方面本土化的景观以其陌生化满足了消费者的想象，另一方面消费者又因现代性的需求对建构构形提出了新的要求，因此建筑景观呈现的是本土化与他者化的紧密连接。本土化体现在外观维持和本地符号的强化方面，景观浓缩于对符号的凝结及表现上，符号越深入人心，景观也就越能形成记忆。他者化则体现在功能标准化、空间格局一体化、建筑尺度加大和符号意义的弱化之上，下面以大理白族民居改造成客栈为例加以说明。

客栈是当代旅游目的地消费空间的一个集中体现。大理古城的客栈大多由古建筑改造而来，最大限度地保留着原初的风貌和氛围，满足了外地人对本地空间的想象。前文已指出，大理地区的传统民居建筑与儒家提倡的礼仪制度有着悠久的历史渊源，可以说它们是礼仪制度的产物。例如，方正院落、对称轴线、堂屋的中心地位与两侧厢房的等级安置等无不体现着儒家的礼仪制度。而今，除了一些特定文化符号：白墙、青砖、彩绘、门头和照壁等得到较好保留外，传统建筑格局与功能都发生了很大改变。

（一）强化功能性，降低礼仪性

身体摆脱规训的一大特点便是对传统礼仪的逃避，在大理，传统建筑所承载的礼仪功能逐渐走向弱化和消亡。例如，中轴线被弱化，作为礼仪场所的堂屋被改造为客栈前台等。如果说中轴线的弱化是对礼制认同的偏离，是一种有意识的民族特性的彰显，那么在客栈院落里开挖池塘，取消与中轴相关的通道空间，利用墙体或植物形成复杂的空间层次便是基于现代宜居的观点和审美情愫，而与礼制的认同与否无太大关联。

在传统建筑中，堂屋是最为重要的礼仪空间。堂在古代具有殿堂、正堂之意，是建筑群当中最具礼仪性的建筑空间。自汉代起，堂均为三间，面庭，前开敞无窗，后有室。在大理，堂屋不仅是家庭主要活动中心，还承担着供奉祖先与举办家族节庆仪式的功能。厢房则是配体，主体与配体之间的尺寸、内部格局、装饰、使用方式都不相同。建筑改为客栈后，首先是堂的礼仪性被取消，堂屋被改为前台或接待室，成为休闲活动的主要区域。例如，大理喜洲的喜林苑将正厅改为接待客人的前台，把厢房改为书房（图5-1）。另外，各厢房被改为符合统一标准的客房，相同床铺和卫生间的陈设代替了房间的差异性。

亨利·列斐伏尔有一段话很好地解释了这一现象：这个形式的与量化的抽象空间，否定了所有的差异，否定那些源于自然和历史，以及源自身体、年龄、性别和族群的差异。因为这些因素的意涵，正好掩饰与驳斥了资本的运作。属于富裕与权力之中心的支配空间，不得不去形塑属于边缘的被支配的空间（包亚明，2003）。差异性的存在不适合资本的运作规则，资本的运作就是要消除差异，而表面上差异的消除恰恰是为了掩盖更大的等级差异。空间生产的均质化逻辑（homogenity）与重复策略（strategy of the repetitive）是以社会关系的再生产为取向。所以，从表象上来看，房间的规格化、统一化改造是

图5-1　改造为书房的厢房

适应现代化进程的需要，实际上却反映了空间资本化的本质，反映的是支配与被支配的社会关系。

（二）空间格局的改变

为满足新的功能需求，大理民居建筑传统的空间格局^[1]被改造、扩建成了一个个独立的简单形院落，或者是异形院落，从而开拓出更多可利用的空间，原来的方正格局被打破，空间不再出于居住的需求，而是被游览的需要所主宰。例如，大理喜洲喜林苑客栈，建筑主体依然保持四合五天井的格局，位于左侧的一个天井功能发生变化，被改造为露天餐厅和厨房，院子上方加盖玻璃顶，院子中摆放着餐桌，具有中西结合的味道，在一进院落的右侧加盖了一个院落，据工作人员介绍，这个院落是后期盖的，原来没有。此院落面积较大，它的存在并没有起到组织建筑的功能（并不作为四合五天井中的一部分），而是通过它联结更大的空间，从此院落的一侧围墙上方通达一个平台，站在那里便能看到喜洲蔚蓝的天空、广袤的田野，户外景观尽收眼底。

由此可以看出，就算是喜林苑客栈这样的历史文物保护对象，为了适应旅游经济的发展，空间格局也在发生着变化。在喜洲，喜林苑客栈算是保持原貌最好的客栈，更多客栈则完全是现代建筑风格，把传统的白族合院式建筑改造为现代化的酒店，空间格局由原来的封闭式、私密性以及具有等级性转为开敞式、去私密及平等化，一切目的都是为了让身体能自由穿行，并实现全景式观看，"被看见"变得异常重要。

（三）建筑尺度加大

传统建筑因循自然的法则，按照木材的肌理，强化建筑构件的整体性联系，发展了梁柱扣榫的连接方法，加强了梁、柱、枋等各房屋构建的柔性联系。由于木质材料的特性，中国的传统建筑单体体量都较小，注重形态的美，讲究线条的流动、婉转和韵律，擅长以线造型，以线传情。木质轻盈、柔软，富有亲切感，与中国文化讲求和谐的传流相吻合。在大理、丽江，传统建筑的尺度都不大，民间营造口诀有"七上八下"的说法，即落地的柱子顶部直径应有7寸（1寸≈3.33厘米），柱子根部直径要有8寸。实际上，大多数建筑的柱子的胸径只有6寸，其顶部直径也就不可能为7寸了。横向由于横梁长度的限制，同样也不能建造很大的空间。为了适应旅游者对空间宽敞的需求，建筑体量开始向纵深方向扩展，新材料钢筋混凝土的使用使建筑更加坚固，造价更加便宜，但也无可挽回地失去了木结构建筑所拥有的柔和感和尺度感。建筑尺度的增大也使得亲近平和的宜居

---

〔1〕 三坊一照壁、四合五天井、前后院、一进两院、两坊拐角。

模式向宽敞高大的标准化空间转化。

（四）装饰元素的脱落与意义感的弱化

传统的建筑装饰与礼仪道德、人文修养、家族荣誉等内容相关联，并受到户主地位和财富的限制。通过图案、色彩、陈设等手段来体现其特有的象征意义，图案组合、字画、雕刻都包含着丰富的寓意。门楼、照壁、门、窗、山墙、色彩往往是装饰的重点。

1. 门楼

门楼在白族建筑中是辨等级、明富贵的标志。门楼有两种形式：一为有厦门楼[1]，屋顶为瓦顶庑殿式四撒水，飞檐起翘，一高两低，檐下饰华丽多彩斗拱，气势宏大，起初仅限于官宦人家使用，后来大户人家也常采用；另一种是无厦门楼[2]，形制较为简单，为普通住宅。

作为客栈最具吸引力的元素，门楼自然须保存完整，修筑得富丽堂皇，但其意义较之以前有很大改变。首先，它不再具有辨识等级、财富的功能，只要条件允许，所有住宅都可以修建"三滴水"门楼；其次，大理石上的题字变得随意，不再具有表明身份、志向、节气的作用。图5-2所示为喜洲一家客栈的门楼，雕饰繁富，色彩艳丽，气势不凡，门匾上题有"艳阳高照"，传统的门楼题字里没有这种写法，说明此门楼代表的不再是居住者的身份地位，而只是作为吸引游客的

图5-2　喜洲某客栈有厦门楼

---

〔1〕 民间称"三滴水"，檐下有斗拱装饰，极为华丽多彩。
〔2〕 门顶为普通的坡屋面式，一面厦出水，有着较为朴素大方的装饰。

一种景观。

2. 照壁

入户观壁，可知住宅主人的姓氏来源、家风遗训或理想志趣，同时照壁也是彰显大理人审美情怀的重要媒介。而今，随着居住主体发生变化，文化空间也发生了根本改变，照壁所承载的意义已经失落，它不再具有严格的指向性（如通过照壁题字知晓姓氏、家风等）。于是，照壁便从多意符号载体转变为平面化的建筑构件，发挥着其空间隔断、美学构件、民族符号等功能。

3. 门、窗

大理的门、窗素以高超的雕刻技艺而著称。大理建筑中的槅扇门[1]分为上下两节，上节采用多层镂空技法，为浅浮雕，内容一般为花草虫鸟等，也有雕饰道家八宝的。线条柔美，造型生动活泼；下节为镂雕，以鹤、喜鹊、梅等寓意吉祥的动植物配成图，表现手法朴实，概括洗练，表达主人追求平安、富贵、康寿的心理。窗以槅扇窗为主，有着各种不同的图案。传统的门、窗多以表意为主。

在礼制的规范下，制作门窗并不是为了追求光线的通透明亮，反而有意避开外部的视线所及，形成较为封闭私密的内部环境。在现代客栈中，多追求向外的敞开感和光线的明亮感，因此传统的小格局窗子被改为大面积的玻璃窗，使得内外景观连接为一体，视线所及之处皆为景致，从而延伸了客栈的空间体验范围。旧时的窗框、门板被拆卸下来作为古董陈设物，摆放在公共区域供人欣赏，或在古玩店待价而沽。

4. 山墙

山墙是大理景观装饰中重要的组成部分，是彩绘的表现场所。大理的山墙均抹以白色、灰色等清雅灰粉，在接近檐部处加重装饰，或以装饰堆砌成框，中间填绘花鸟山水、渔樵耕读、八仙图案等。山墙的山尖部分也是重点装饰的地方，彩绘多以卷草、莲花、盘龙等为题材，最典型的形式是以"莲、升、戟"构成的"连升三级"的山尖花饰，也有在花草图案中书写"富""福""寿"等字样。现如今，有的建筑墙体被玻璃材料所取代，属于墙体的艺术空间也随之消失。

5. 色彩

大理传统建筑（图5-3）的颜色以木头的原质色为主，显得古朴淡雅，颇有历史沧桑感，壁面装饰色彩尚灰、白、青，虽注重彩色的搭配，但总体显现清秀明丽之风。改造后的客栈（图5-4）则重视色彩的鲜亮度，以此来凸显建筑物的"新"，木构件上耀眼的金色、鲜亮的红色成了人们下意识的选择。

---

[1] 槅扇门为厅堂檐柱间一排可拆卸的窗式木门，又称槅扇、格扇、长窗。既具有墙、门和窗的功能，又便于采光、通风，主要用于堂屋和过厅的明间的前后门，是建筑装饰的重点所在。

图 5-3　大理保留传统建筑风格的客栈

图 5-4　改造后的客栈

综上所述，客栈作为大理古城中的一个新兴元素，是他者想象与本土化结合的产物，是身体逃避规训的理想家园。原来由礼仪主导的空间象征关系被实用主义所取代，牢牢地立足于地方的、面对面性质的团体也濒临解体了（布莱恩·威尔逊，2005）。旅游经济的大规模进入对于地方文化空间的解构是显而易见，然而也是无法避免的。包亚明曾以上海"新天地"为例说：在"新天地"系列的营造过程中，具有地域特色的历史文化元素已经沦为了创建全球化消费空间与氛围的辅助材料，本地文化和传统社会空间已经被消费主义所占据，被分段，被降为同质性，被分成碎片（包亚明，2006）。

传统社会空间的变化不仅表现为居住环境、建筑模式的变化，最为根本的还是传统生活方式与生存状态被分割、被同质化，从而失去了地方性经验和人文关怀。因此，反映于建构构形之上便是，外观虽保持一致，内部格局与装饰元素却发生明显的改变。

第三节　丽江文本空间与建筑景观艺术构形再生产的互动

文本空间是指文学文本借助文学语言的描述出来的精神空间。当代空间理论认为，空间不是一个装填万物的容器，即它不只是一个承载物质生产和社会关系演变的自然场所，它自身是被生产出来的，尤其在当代资本主义生产关系中，空间已成为一种生产资料，既参与剩余价值的生产，也作为产品被消费。因此，文本空间作为一种再生产出来的空间，具有消费属性。

本节以丽江为例，探讨纳西族景观文本化及建筑景观艺术构形再生产的过程。按景观人类学的观点来看，景观分为一次性景观和二次性景观，一次性景观是指景观的原生型场所，二次性景观则是经由外来者解读及再创造的景观（河合洋尚等，2015）。一次性景观被作家发现、记录、传播，继而被大众知晓、阅读、追捧、误读与改写，形成二次性景观。"作者式"文本[1]和"读者式"文本[2]相互作用，互为推动，从而形成与原生型空间有所差异的新型文化空间，最终促成了新的建筑景观艺术构形的再生产。

一、景观的文本化过程

回顾丽江的形成历程，唐人樊绰《蛮书》载：贞元十年，南诏破西戎，迁施、顺、磨些诸种数万户以实其地。又从永昌以望苴子、望

---

[1]　"作者式"文本强调的是作者对文本的书写和创造，突出文本本身的"被建构性"。
[2]　"读者式"文本强调的是读者对景观的理解与解读。

外喻等千余户分隶城傍，以静道路（樊绰，1962）。么些族[1]在唐代与南诏开战，被阁罗凤击败，退到泸水以北，聚成部落，其势渐盛。这个时期，南诏势力强大，形成了统一各部落的局势。由于每个部族生活的自然环境不一样，生产方式和文化习俗迥异，洱海以北部族，多居山林，无农业，多以牧业和采集为生，比起坝区的民族自然落后一些。

据此，可大致知晓，早在5世纪就有么些族迁居丽江之地，7世纪么些族兴盛。丽江之名始于元代，设置行政区丽江路。"丽江，尤界极西，外与吐蕃接境，号荦都国。其曰丽江者，以金沙江得名。金江即古所称若水，一名丽水者是也。丽郡横亘千余里，铁桥、石门隔绝外蕃，最称险要。澜沧、怒江出其西，而金沙大江，则周遭环绕。殆天地涉险以限夷夏者焉……唐宋以来久为越析、么些诸蛮所据。"（丽江县县志编委会办公室，1992）

从史书的记载我们大致可以看到，对于丽江地理范围的描述，多以军事要塞为边界，军事防御重于一切，引人入胜的景观多以险峻而著名，如金沙江、玉龙雪山以其险要之势而闻名，突出其高险奇寒。么些族作为纳西族的前身，是丽江这片土地最早的开拓者，此时的文化空间可以概括为迁居之所、防御空间。在外来者看来，三江、雪山是丽江的标志性景观，明末的《天下名山志》早已把玉龙雪山列入其中，而在内在者看来，三江、雪山是丽江的天然防线，代表着领域的不可侵犯性和神圣性。

丽江古城称为大研古城。大研古城始建于南宋末年，距今有800多年的历史。明代，为了适应木氏土司政权的进一步发展，大研古城完成了从原始集市向城市聚落、从东巴文化向多元复合型文化空间的转变。著名旅行家徐霞客来到丽江，描写的便是大研古城的景观。徐霞客对于大研古城的描绘逼真传神，如"民房群落，瓦屋栉比""居庐骈集""家家垂杨，户户流水""宫室之丽，拟于王者"（徐宏祖，2006）。如果把《徐霞客游记》当作一个民族志文本来看，对名川古迹的赞叹，对奇风异俗的惊异，无不透露出徐霞客所带有的他者眼光。徐霞客在该书中描写了木氏对自己的热情款待，表现出木氏统治者对中央政权的靠拢以及对中原文化的向往。由于徐霞客充当着中原文化与木氏统治者交流的使者，使得他在观看丽江的时候始终保持着一种二元视角。一方面宫室富丽堂皇可比王室，描述丽江木府对中原天子宫殿的极尽模仿；另一方面百姓民居则较为简朴，极具地方特色，王室建筑与民居完全呈现两种不同

---

[1] 么些即今纳西族先民，又称磨些。其称谓在《华阳国志》中作"摩沙夷"。自南诏、大理国以来，他们一向以丽江为聚居中心。其地凉，多羊马及麝香、名铁，依江（指金沙江）附险，酋寨星列，不相统摄。

的建筑景观。虽然描绘丽江景观的古书较多，但《徐霞客游记》无疑是最为出色的一本，他把明代的丽江鲜明生动地描绘下来，呈现给世人，成为后世研究丽江文化必不可少的历史文献。从他的视角出发，也可折射出古代外来学者、文人看待丽江景观与当地人形成的差异。

自宋、元、明以来，前来丽江游览、考察的人络绎不绝，主要有巡视官员、遭贬谪的名宦及中原名士等。他们对丽江风土人情皆有记载，有不少成为传世之作。这些著作对丽江的描述，简要概之，主要有两点：一为蛮荒，二为奇异，两者均带有"有色眼镜"般的观察视角。在中原作家笔下，丽江的风景大多呈现为奇异诡谲，甚至是危险的，当地人被描述为异人。例如，《丽江府志略》的作者管学宣来自江西安福，任丽江知府，他把丽江视为蛮荒之地，试图把其改造为文明城市，极尽移风易俗之能事。学者、文人不同的观察视角，形成两种对丽江的印象：一是保有浓厚巫风、仪式氛围浓厚的民间社会，二是极力学习中原礼制文化、吟诗作赋的上流社会，两个迥然相异的文化空间同时并存。

如果说徐霞客等作家只是把丽江介绍给了中原地区，那么，有几位西方学者便是把丽江介绍给了全世界。他们是美国学者约瑟夫·洛克（J. F. Rock）、俄国学者顾彼得（Peter Goullart）和美国诗人埃兹拉·庞德（Ezra Pound）。丽江人普遍认为，是约瑟夫·洛克让丽江闻名于世。

约瑟夫·洛克在《中国西南古纳西王国》一书中记载了丽江的地理风貌及风俗人情。比起中国古代学者、文人颇为主观化的叙事方式，约瑟夫·洛克的笔调平和、冷静，有着西方游记体的特点。我们知道，引导一个人看待、描述景观的角度取决于文化背景和学科素养。约瑟夫·洛克是一名植物学家，起初他只是在美国《国家地理》杂志上发表一些探险考察的文章，后来转而对丽江的文化、民俗、宗教等进行研究，从而获得了伟大成就。

在约瑟夫·洛克的笔下，丽江已经不再神秘，那种云雾缭绕、神秘莫测的气氛大大减弱，呈现出来的仿佛是和其他任何一个村落无太大区别的地方。约瑟夫·洛克在对景观进行描述时偶尔会与欧洲做对比，如把地震中倾斜的大理崇圣寺三塔与意大利比萨斜塔比拟，不乏幽默的笔调在一定程度上消解了大理崇圣寺三塔的神圣性和严肃感。

约瑟夫·洛克用笔非常简洁，他写道：丽江府位于两大江之间，丽江的边界，东与永胜接壤，东北与西康的木里土司和永宁毗邻，南接鹤庆，西南接剑川，西接兰坪和维西，北接香格里拉（约瑟夫·洛克，1999）。在玉龙雪山一节，他却不再惜墨，用了很多形容词描写雪山，并用了大段篇幅描述山的壮美以及当地人对三多神[1]的崇拜。经过观测，约瑟夫·洛克把围绕着纳西人居住地的山脉、江河分为了三江和四山，三江并流的提法于 2003 年列入了《世界自然遗产名录》。约瑟夫·洛克在书中提到一个"香阁（格）里"的地方，更直接成为英国作家詹姆斯·希尔顿所作《消失的地平线》的灵感来源。在约瑟夫·洛克并非十分浪漫美妙的文字里，一个古朴、神秘、多姿多彩的纳西世界徐徐展开，令人着迷。

在介绍美国意象派诗人埃兹拉·庞德之前，我们还要简单介绍另一位了不起的人物——俄国作家顾彼得。在《被遗忘的王国》中，顾彼得描述了一个和约瑟夫·洛克笔下截然不同的丽江。在他的笔下，丽江自由而欢快，充满了浓厚的人情味，妇女是强壮且精明能干的，男人总是笨手笨脚的。四方街之水景堪比威尼斯，大研古城布满水渠网络，家家房后都有淙淙溪流淌过，加上座座石桥，使人产生小威尼斯的感觉（顾彼得，2007）。商店、集市、商人、官府都是顾彼得乐此不疲描写的对象，其中对集市和酒馆的描述尤其生动。在丽江，无论男女老少都喜欢喝酒，酒馆只是普通商店，人们来买酒，顺便可以在那里坐一坐，这成为顾彼得观察、了解丽江社会的一个主要窗口。人们通过酒馆交流，在那里存放东西、传递信息或者买卖东西，总之酒馆是乡村中最为活跃而通达的元素，以至于顾彼得称家酒馆老板娘为"高级新闻情报员"。由此可联想《美国大城市的生与死》一书中反复重申的小街巷对于人的作用，原书作者经常待在柜台后面较暗的地方，通过宽大的窗子，观察街道上的活动（顾彼得，2007）。

通过顾彼得的叙述，我们看到的是一个生机盎然的丽江社会，里面生活着多个民族，纳西族的包容成就了多个民族的杂居与融合，对人类平等与尊严的追求形成了他们对待外来者与外来文化的态度，那就是：只要真正尊重本地人，不是鄙夷或者同情，那么，都可以成为他们的朋友。

从顾彼得的描述中，我们可以窥见纳西族人 20 世纪四五十年代的文化空间为：多民族交融，凡俗享乐气息浓厚，爱好喝酒、闲聊、交友、做生意，女子充当了社会的主干力量。

在宗教信仰方面，纳西族是山地民族，历史上的生产、生活区域大都是山地，他们对山有着很深的感情。在东巴教的自然崇拜中，对山的崇拜是很突出的，对居那世罗神山的崇拜和民间对玉龙雪山等的崇拜即是这种崇拜意识的典型反映。

因此，在顾彼得对景观的描述中，雪山崇拜占据了重要部分，人们对于神圣的崇仰及对死亡的认知都集中于神山之上。四方街、酒店

---

[1] 三多神亦称为阿普三多、三朵神、恩溥三多，是战神、天神、玉龙雪山的化身，纳西族的最高保护神。

和集市较为突出，私人住宅没有太多提及，这都说明纳西族喜爱公共空间，喜爱自由和无拘无束的生活。

约瑟夫·洛克、顾彼得的作品激发了埃兹拉·庞德对丽江的好奇与想象，埃兹拉·庞德未曾到过丽江，却写下了许多关于丽江的美丽诗章，让丽江在国际上获得更大声誉。埃兹拉·庞德展开对丽江的认知和想象是经由约瑟夫·洛克、顾彼得及学者方孝贤三者之间频繁互动的文化语境之下得以生长起来的。埃兹拉·庞德通过方孝贤知道了东巴文字并为之着迷，继而为纳西文化所折服。他对纳西王国的描写主要见于《诗章》。《诗章》的史料多数来源于约瑟夫·洛克和顾彼得关于纳西语言文化的记录和论述。

埃兹拉·庞德被纳西文化吸引并非偶然，这和他钟情于中国文化，受到中国儒家学说及古典诗歌的深远影响分不开。在埃兹拉·庞德看来，中国诗歌与西方诗歌最大的不同便是充满了古老、神秘的意象，而非长篇累牍的叙事，这让他沉浸在东方神秘世界里不能自拔。东巴文是一种兼备表意和表音成分的图画象形文字，象形意味很浓厚。洛克、顾彼得笔下的丽江有着无比的魅力，终让埃兹拉·庞德抛下多年唯儒独尊的桎梏，开始谈论神灵及死后的世界。

纳西族的自然风景在《诗章》里出现很多，例如：

丽江雪山下
大片的草地
纳西语和着风声
（埃兹拉·庞德，1975）

风的意象多次出现在有关中国的诗句中，在埃兹拉·庞德看来，中国文化就像风一样轻盈，东方文明被风吹进了西方世界中。风在纳西族语境里有着别样的深意，大祭风仪式便是以风来吹走殉情人们的灵魂，使其超脱。

在《诗章》中，不仅埃兹拉·庞德生活过的意大利的风光和纳西风景时常交错在一起（113：789），他记忆中的法国风景也时常与纳西风景"有意叠加"，成为纳西文化之旅的"前奏"。

《诗章》112章：

在石榴河边，
纯净空气中
丽江上空
松林中浑厚的声音，
条条溪流流过
象山脚下

在庙宇池边，龙王的

清晰话语

恰如玉水河

（埃兹拉·庞德，1975）

在这首诗当中，埃兹拉·庞德提到了几个景观：石榴河边、象山、庙宇，这些是可见的风景，但在地理指陈后面却是不可见的文化空间。象山，是大研古城所依靠的一座山，是纳西族认为的署神[1]的居住地，署神掌管精灵之神，是人类的兄弟姐妹，与人类有着密切的联系。在纳西族东巴教中，"署"与"龙"常常并提（杨福泉，2008）。玉泉龙王庙位于象山脚，曾被明、清两代皇帝敕封为"龙神"。龙王庙现今为集宗教祭祀、民间集会和商品贸易的大型庙会场所，汉语又称"黑龙潭"，是大研古城中一个重要景观。玉水河是顾彼得笔下清澈见底的玉溪，这首诗构建了埃兹拉·庞德心中的天堂，纳西族的景观成为天堂的构建元素。

在《诗章》中，还有表现纳西族仪式的诗句，与风景联袂，形成了仪式浓缩进风景之中，而风景又在仪式中复活（王卓，2016）的景象。

纳西景观与文化要素，在此不一一列举，总之，埃兹拉·庞德所建构的纳西空间是基于文本阅读所形成的第三重文本。如果说约瑟夫·洛克、顾彼得对丽江的描写带有自身的文化烙印，那么，埃兹拉·庞德就是借助于他们的文本进行了再创造，映衬出来的实则是埃兹拉·庞德内心对理想天堂空间的期待。对于埃兹拉·庞德来说，意象就是为特别的感情寻找客观对应物，让读者获得突然的解放感，从时间和空间中的限制里得到的解放感（蒋洪新等，2014）。

经历了从西方文化到中国儒家文化追寻的过程，埃兹拉·庞德后期对儒家学说建立的礼制秩序有所失望，于是，纳西古国古朴纯真的文明才能闯入他的世界，成为他对天堂的幻想之地。

除了西方作家对丽江的描绘，我们也应关注本土作家所创造的文化空间。丽江的本土作家由两类构成：一类是丽江本地人，包括本地的汉族、彝族、藏族、纳西族、普米族等作家；另一类是外来的汉族作家，其作品以丽江自然景观和人文景观为主要题材。

据统计，本地作家笔下出现最多的自然景观有玉龙雪山、泸沽湖、天空等，人文景观有木楞房、青春棚，对应的文化空间主要有神圣空间、仪式空间、东巴空间、女性空间等。对于外来汉族作家来说，他们在纳西文化和汉文化两种文化空间中游走，在夹缝中找寻自己对这片土地的理解，在汉文化的参照下寻找丽江文化的根源，

---

[1] 署神，是纳西族的自然神，大自然之灵。

并对那里的一切进行反思。因此在他们的作品中，更多呈现的是与汉文化相异的景观，如峡谷、雪山、坝子、古城，反映的主题内容则是摩梭女儿国文化等。正如迈克·克朗所说：文学作品不能被视为地理景观的简单描述，许多时候是文学作品帮助塑造了这些景观（迈克·克朗，2005）。

进入 21 世纪，影视作品成为表现丽江景观的重要形式。较为著名的有《千里走单骑》《一米阳光》《北京爱情故事》《木府风云》等。《千里走单骑》中的拍摄地点石鼓镇迅速走红。张艺谋之所以选择石鼓镇作为背景，有其特别的用意。第一，石鼓镇的地理位置很重要。丽江处于三江并流之地，三江携手奔流至云南的金江，金沙江突转方向，向东方太平洋流去，三江至此而分道扬镳。可以说石鼓镇是三江分流前暂别之处。第二，石鼓镇蕴含着丰富的历史故事和民间传说，以及百姓所期待的民俗价值。石鼓镇的名称来源于镇中的一块石碑，据说是诸葛亮南征时为了震慑吐蕃而立，后来被刻上木氏政权大破吐蕃的丰功伟绩，民间传说中把此石碑看为埋藏宝物的地方。第三，石鼓镇是茶马商道的重镇，是丽江通往香格里拉、印度的第一站。在石鼓镇有座"铁虹桥"很著名，在电影里出现过几次。因为是茶马商道，所以石鼓镇在清代便已形成热闹的集市，商业贸易很发达。第四，由于位于险要的交通要道之上，石鼓镇在历史上是重要的军事战略阵地，无论是诸葛亮南征，忽必烈革囊跨江，还是元代"丽江路"一度设立在此，均显示出它的重要位置，它还是长征时期红军强渡金沙江的渡口之一。经过影视剧的宣传，石鼓镇迅速演变为一个风景名胜区。

2003 年由孙俪、何润东主演的《一米阳光》，则将丽江渲染成小资空间、爱情胜地，引起了无数人的向往。其中引人入胜的景观当属玉龙雪山上的"一米阳光"。传说"一米阳光"仅在每年秋分日月交合时才会出现，象征着被神灵赐予美好爱情的时刻。大研古城风光也时时出现在影片中，青石板小路、木楼咖啡厅、古旧的客栈无不散发出浓郁的浪漫气息。

《木府风云》是以描写木氏三位土司权势更迭为线索的大型历史剧，这部电视剧的开拍和播放正值丽江旅游业迅速发展时期。剧中展现了丽江神奇壮丽的山河风光，风格一致、优美壮阔的建筑群体，以及带有神秘色彩的祭祀仪式、歌舞活动，描绘了一个多民族融合、安居乐业的木氏统治时期。

通过以上古今中外学者、官员、文人、作家、影视编剧等对丽江的描写，我们可以大致梳理出一条这些作者对丽江景观认知和塑造的线索，并且可以观察到文本之中所浮现和隐藏的文化空间的内涵（表 5-1）。

表 5-1　有关丽江作品、景观对应的文化空间

创作者	作品	描述的景观	文化空间
管学宣	《丽江府志略》	奇风异俗	蛮荒之地，有待汉文化改造的空间
徐霞客	《徐霞客游记》	大研古城、山川河流、园林建筑、古寺庙塔、宫宇楼阁、居庐交集、板屋茅房	一为丽江的奇山异水，秀丽风光；二为趋近于中原汉文化的上层社会与较为原始的被统治阶层社会
约瑟夫·洛克	《中国西南古纳西王国》《纳西－英语百科词典》《纳西文献研究》	玉龙雪山、怒江、澜沧江、金沙江、卡格博峰、高黎贡山、梅里山脉、三江并流、四山并立	神秘国度，有着丰富的自然奇景和动植物资源，更有着深厚的纳西文化
顾彼得	《被遗忘的王国》	玉龙雪山、四方街、酒店、集市	一个有着淳朴民风的多民族区域，生机蓬勃，喜欢热闹享乐，讲求平等的市民社会
埃兹拉·庞德	《诗章》	玉龙雪山、象山、龙王庙、黑龙潭、玉水河、草地、天空	人间天堂，灵魂的归属地
丽江本地作家：拉木·嘎吐萨、沙蠡、木丽春、蔡晓龄、和晓梅	《梦幻泸沽湖》《玉龙第三国》《丽江三部曲》《水之城》	玉龙雪山、泸沽湖、天空、木楞房、青春棚	神圣空间、仪式空间、东巴空间
丽江外来作家：汤世杰、于坚等	《情死》《丽江后面》	峡谷、雪山、坝子、古城、草甸	异质空间、反思空间
影视剧创作者：海岩、张艺谋等	《一米阳光》《千里走单骑》	三江并流、石鼓镇、玉龙雪山、大研古城、青石板路、云杉坪、丽江坝、金沙江	文化遗产空间、浪漫空间、历史空间

　　从以上梳理我们可以看到，在对景观的描写中，玉龙雪山是永恒的主角，在每一位文本创作者眼里，玉龙雪山都是神圣不可侵犯的。作为丽江不可或缺的精神象征，可以说，没有玉龙雪山，丽江的景观价值也将大大降低。大研古城，作为纳西族人的生活空间和文本创作者的主要叙事空间，存在着较大的异质成分。古代官员看到的是蛮荒之景，旅行家（如徐霞客）看到的是与上流社会相异的平民之景，国外学者感受到的是富有当地特色的民风民俗，当代影视剧里则呈现出浓厚的浪漫气息。除此以外的景观元素，或隐或显，并没有一致的表现。可以说，文化空间的构建，随着文本创作者的不同视角发生着改变。在古代志书中，丽江通常展现为一片蛮荒之地，需要借助中原文明加以改造；在西方学者笔下，丽江呈现为神奇、包容且具有救赎意味的空间形貌；在本地作家的文本里，东巴空间、反思空间等成为描写的重点；而影视剧创作者则较为关注浪漫空间等层面。

总之，相同景观经由不同人的视角观看，呈现出意义迥然的一面。经过不同视点的选择，入选文化空间的景观也不同。文本中反映的文化空间是创作者文化观念的映射，并不等同于当地人的文化空间。以上各个时期不同的文本描绘对丽江的声名远播有着莫大的推动作用，如果说 1996 年大地震使得丽江出现在大众视野中，那么跨越几百年的文本描绘应是最早引导人们认知丽江景观文化意义的先行者。

那么，产生的问题是：应该如何解读文本，文本又如何通过物化生产为现实景观？在此，我们认为，这是文本与文化空间的互动的结果：首先，原初的文化空间是文本产生的土壤；其次，文本又导致了文化空间的凸显、变革与创造，新型文化空间应运而生；最后，新型文化空间又需要新的景观来配合。

二、文本空间到新型文化空间的转变

通过以上章节分析可知，从不同视角出发，丽江可呈现为不同的文化空间。文本中所展现的文化空间与真实的文化空间之间不是反映与被反映的关系，而是互相交织、互为塑造的关系。从各个时期文本中所描绘的景观和文化空间的异同，可看到历代作者关注点的演变。继而，消费大众对文本进行阅读，并结合自我文化视角的想象，即可得出对"地方"的印象，重构出另一个文化空间，并最终生产出新的景观。因此，我们在对文化空间探究的过程中，首先要避免旅游决定论，即认为旅游经济是造成景观变迁的唯一因素，从而忽略了其他维度；其次，文本描绘对地方形象的建构作用虽然很明显，但只是众多因素之一，其影响力有限。

（一）神圣空间：旅游奇观

约瑟夫·洛克等人的研究吸引了大批西方学者对纳西族文化的关注，东巴经书被收藏于西方众多大学和研究机构中。由于约瑟夫·洛克的足迹遍布丽江，与纳西族人结下了深厚友谊，至今仍然有很多当地人提起他。约瑟夫·洛克等学者对丽江的观察和研究成果，反过来进入了当地人的地方性知识体系中，如约瑟夫·洛克对祭天仪式的研究，他的"三江并流，四山并立"学说更是成为当地政府、媒体的宣传文本。植物王国、动物王国、奇花异草世界的提法也来自约瑟夫·洛克，他对地理、动植物的发现与描绘使得丽江快速走向全世界。1989 年年底，云南省旅游局做出了开发"四区一线"[1]的规划，并把丽江文化旅游概括为两山、一城、一江、一风情、一文化为代表的旅

---

[1]　玉龙雪山、丽江古城、老君山、泸沽湖、金沙江沿线。

游品牌。

玉龙雪山作为丽江自然风光的标志，在以上提到的任何一个文本里都占据着首席之位，在当地百姓看来，它是神圣与圣洁的象征，是三多神的化身，保护着丽江地域的每一个人，是神圣不可侵犯之地。在玉龙雪山，神与人同在，是人们神圣信仰的源头。人们对山的祭祀属于宗教行为，山能带给人福分也能降罪于人。在现代旅游者的眼中，玉龙雪山依然神圣，却与自己的生活无关，神圣所牵引出来的审美情感更接近于崇高感，远道而来的人们惊讶于山的雄伟与奇绝，惊艳于它的洁白与圣灵，却无法切身体会它的神圣。导游对玉龙雪山的介绍，只能完整勾勒山的地理要素、传奇色彩、神秘景观、奇花异草以及素洁的雪景，即"险、奇、美、秀"，尽管导游词非常完美，也能激起旅游者无限的神往与好奇，但终究不是来自于生命本身所自然流露的膜拜和崇仰，这与当年约瑟夫·洛克发现这片土地时的震惊与动容不能同日而语。

黑龙潭是丽江的又一重要自然景观，它与玉龙雪山互为映照，是连接聚落与雪山的重要纽带。在埃兹拉·庞德诗中，黑龙潭是龙神所居之所，潜伏着神圣的力量，是人们祭祀用的神圣空间。随着黑龙潭从神圣空间向游乐性公园的转变，其神圣性逐渐流失。特别是为了保护文物，人们把一些古建筑迁移到这里，如五凤楼、光碧楼等，与原来的古建筑龙神祠、得月楼、锁翠桥等并置，虽然看似增加了不少建筑景观，但因为后迁进来的建筑与龙王祭祀主题没有关联，反而削弱了龙王庙的支配性地位，打破了神圣空间的格局，尤其是在观光目的的引导下，设置了游览路线，使得龙王庙由神圣的祭祀场所转为供人观赏的景区。

（二）古城空间：休闲空间

在徐霞客笔下，大研古城被描述为：历象眠山之西南垂，居庐骈集，萦坡带谷，是为丽江郡所托矣。……木氏居此二千载，宫室之丽，拟于王者。虽然笔触不多，但可想象古代丽江的大致样貌。后来的研究者、媒体在描述大研古城时几乎都是借用徐氏的描述。徐氏的描述大致包含以下几方面的信息：

（1）房屋的样式是瓦房，徐氏到访的时间为明崇祯十二年（1639年），明代以来瓦房已逐渐取代木楞房。

（2）房屋十分密集，以至呈骈集状。

（3）民间百姓的居住条件与木氏土司府相比，有着天壤之别。这两种完全相反的建筑景观同时出现在一片土地上，反映了官民之间的区别。而更多祭祀神灵的空间则被徐氏隐去，说明了以木氏为代表的上流社会对中原汉文化的认同，以及中原文人对民间文化空间的忽视。

在明、清两代，木氏土司与历代流官因身份、统治目的与管理方式的不同，对大研古城的利用与规划皆呈现很大的差异。大研古城本没有明确的城市中轴线及街道格局，由于处于茶马商道重地，商贸的发达形成了以四方街为中心向四面扩展的城市布局。城市布局依随山形、水道，建筑与山水、道路相结合，相得益彰、互相补益，显示出随机、井然且灵动的城市空间形态，且因古城无城墙更是处处与自然相接、相融。当木氏决计在大研古城确立土司府时，便开始了一系列的规划行为，首先建构出了一个贯穿丽江的南北轴线，使得大研古城位于一个宏大的纳西文化序列之中，从而使自己的建筑聚落具有神圣性与历史感；其次，依靠狮子山建立府衙，意在强调狮子山的中心位置，这种群山环绕，一府独尊的傲态表明了木氏自比为"天王"的自信与骄傲。清代丽江有改土归流，府衙的设计则截然不同，由于是外来者且带有汉文化的观念，狮子山不再是象征，而变为"靠背"，府衙安置于一个左右平衡的"太师椅"之上，形成一个比较稳定的局面。由此可见，同一个地方，由于建构目的、观看视角的不一样，景观的形式与意义都是不一样的。

在百姓眼中，也许不会太在意上述规划的目的，古城又是另一番模样。首先，是灵动的水景。大研古城虽然是山城，却有着江南水乡般的小桥流水。顾彼得把大研古城比作水上威尼斯，埃兹拉·庞德对丽江的想象更是与水相关，"玉水河"既宁静又高贵，符合埃兹拉·庞德的想象之维。水的丰沛缘自三江并流的地理环境，这一点约瑟夫·洛克早已指出。而水也正是丽江引来八方游人的重要因素。四方街水系的源头来自玉水河，玉水河在四方街之北，纳西人崇北，从玉水河分流的水系自由地流淌在大街小巷，成为联系空间的主要脉络。在大研古城，水与街巷并行延展，水就是道路的一种。

其次，怡人的建筑与街巷，建筑顺水而置，颇具随遇而安的感觉。与中国很多古老的聚落一样，大研古城的民居，建筑尺度适宜，街巷宽度维持在3～5米，接近人体的比例，方向多变，交叉路口众多，道路陡直，正是简·雅各布所赞赏的小街巷。简·雅各布认为小街巷是熟人社会的最佳反映，它里面蕴藏着许多人际关系网络，令人着迷。只有在城市规模大到一定程度，才会依托抽象地图与道路命名以让人不至于迷路，这实则是抽象思维发展的结果。在丽江，因为路的完整性与连续性明显缺失，人们对道路的命名是以村为名的，如乌伯村、乌托村、打铁村、编竹村、杀猪村等，显示了人们并不以道路作为划分区域或记方向的标准，在本地人中存有一套特殊的记路方法。

这样富有居住智慧且古意盎然的古城，在丽江大地震以后恢复重建，本着"修旧如旧"的原则，获得了全世界的关注。20世纪末，非物质文化遗产旅游还未兴起的时候，很多人来到丽江就是为了追寻约瑟夫·洛克、顾彼得曾经走过的路线，人们被他们笔下描述的神秘世界所吸引。丽江的美景还成就了一批当代写手，《丽江的柔软时光》（2003）是在当时颖脱而出的一部作品，今天的人来看此书，也许会觉得稍显稚嫩，但在当时却造成了轰动效应。此书一出，几乎全国各地热爱旅游的人士人手一本，大家乐此不疲地谈论它，以它所引领的生活方式作为时尚。如果说约瑟夫·洛克、顾彼得、埃兹拉·庞德，或者当代作家们的读者和追随者是来寻求丽江的神奇和美妙，参与当地生活并感受其中的文化奥妙，那么《丽江的柔软时光》一书的读者们则是来此地"发呆"。在《丽江的柔软时光》中有一篇文章题为"发呆到落泪的巷"，列举了使人发呆的四个条件：①建筑古老，才有历史感；②街道悠长，容易致呆；③周围环境要不太熟悉，联想不会俗套；④岔路要多，随时准备迷路（大番茄传媒机构，2003）。发呆意味着与景观保持隔离，只是把景观当作提供肉身所在的背景，而不是身心俱在的场所，人们带着一系列都市中产生的伤痕、劳累和烦躁，来到这几乎与世隔绝的地方，静静地发呆，从而使自己得到净化和解脱。因此大研古城成为游客的阈限之地。于是乎，背景是什么似乎变得不再重要，重要的是能有一个窗口进行发呆且百无聊赖地观望。由是，大众媒体、旅游公司纷纷推出"发呆"景观、"发呆"文化等概念，继而又用"柔软"二字戳中都市人日趋坚硬的心灵，对于丽江整体的想象便定格于适合发呆、十分柔软这样的感官层面之上，正如卞之琳的诗——"你站在桥上看风景，看风景的人在楼上看你"。

（三）酒馆：现代酒吧空间

在顾彼得的描述中，酒馆属于集市的一部分，是纳西族人交往的空间，在这里，人与人之间的关系亲近而自然，没有过多的等级之分，即便是有，也消弭在豪爽的酒量中。而现代的酒吧，则与集市分离，与货物交换无太多关系，不再是人们劳作之余喝酒解乏的地方，也更不是人们交换信息、互通有无的区域。当年眼观六路、耳听八方的老板娘置换为来这里淘金赚钱的外地商人。客人们也由当年不分贫富的各路人马，换做找寻刺激、追求享乐的游客。于是一个向外观望、向内聚集的窗口自然演变成了貌似消除隔阂、不分彼此、共同欢愉的空间。前者带有一定的私密性，只有柜台区域是公共空间，其余为老板娘家的后台（私人寓所），即所谓的店后院；后者则全无隐私，敞开和暴露。

顾彼得笔下的纳西人待客豪爽，酒量惊人，不论男女都爱好喝酒，喝酒是劳作之余最好的解乏方式，也是人与人沟通交往最有用的方式，这在现代丽江也是通用的社会法则。然而在现代消费视角下，酒吧却有着与传统酒馆完全不同的功能。酒吧是西方的舶来品，是全球化娱乐生活方式在某一地方的复制。人们正在远离一个有特色地点的空间，而走向一个为"无序流动的空间"所支配的世界。现代人在现实中普遍存在的缺失感和失落感使得酒吧成为欲望寄托的场所，而丽江这样一个远离都市文明且充满异域风情的地方，恰能提供人们更多刺激性、麻痹性的感官愉悦与精神逃离。

伴随 2003 年电视剧《一米阳光》的走红，人们对丽江的想象与日俱增。大研古城、阳光、雪山，让这部电视剧穿越于现代都市与古老文明，对情感的执着深深地打上了纳西文化的烙印，而之后一系列的影视剧，如《北京青年》《千里走单骑》《木府风云》《转山》《古城琴声》《女神织梦》《错爱天使》等更是把丽江的形象定格为：浪漫、痴情与神圣。

至此，对于丽江的想象与休闲、发呆、小资、邂逅等词汇紧密相连。顾彼得笔下的酒馆正是在如此的环境之下发生了悄然转变，从人们日常的交往空间过渡到与情感相连接的交互空间。

通过上述场景论述，我们可以了解丽江的酒文化、酒吧所营造的交往空间，是如何经由大众、媒体的解读和传播，再次以一种新的形象和符号进入旅游者的视野，从而完成了一次新的文化空间的定位。

（四）女性空间

在丽江，女性是能干、精明的群体。她们在家庭中的地位没有男性那么高，但实则，男子娶了妻子，便有了生活的依附，女性抛头露面，掌管着家里的经济命脉，男子只负责打理琐事，酒馆、商铺、集市都是女人的天下，在丽江永宁地区的摩梭人社会，女性地位就更加高了，这些在顾彼得书中都有着生动鲜活的描写。

摩梭人在民族识别中隶属于纳西族，纳西族由母系氏族社会向父系过渡，但是又不完全等同于汉族的父系社会，女权与男权并没有绝对的孰高孰低，而是处于并置的状态。女性空间在纳西族社会始终占据着重要位置，如女性对于公共空间的主导。在摩梭人那里，院落是以母房为中心的四合院设置，房屋结构设置也以女性空间为中心，男性空间居于次位和辅助。

由上所述，我们可以看到文本空间在当代，通过政府、开发商、大众媒体及旅游者等多重主体的"阅读"后，重新塑造出了新的文化空间。

三、新型文化空间到现代建筑景观艺术构形的生产

在后现代人类学者对民族志的反思中，美国人类学家詹姆斯·克利福德提出了四种人类学写作样式：经验的、解释性的、对话性的、复调的，这四种方式没有优劣之分，却各有各的弊端。对于来自异文化的书写者或本文化的书写者，无论如何声称客观性表述，都只是一种表征（詹姆斯·克利福德等，2006）。相对于表征所建构的对象即为表象，即挑选部分事实以扩大为社会全体意象的过程。人类学家对民

族志写作的反思同样适用于对景观的描述之上，任何一种对景观的书写都不会是绝对真实且客观的，都存在着主体性建构，就算是本地人的视角也一样。每一位文本书写者都有自己的建构目的与挑选出来的景观，这些景观又构成了一个文本当中的文化空间，谁也不能妄自称这就是真实。随着这些文本流传于世，更多的人开始关注文本及文本中的景观，进而进行解读、想象、再阐释。媒体为了迎合大众创造出易于人接受的新奇术语与奇妙景观，继而再次诱导大众。由众多书写者层层累积的信息，再由政府、媒体、旅游公司挑选、归纳和总结，形塑了当地的景观意象。这样的景观意象，忽视了与当地人生活密切相关的景观内涵和意义，所形成新的景观文本影响着当地人对景观的塑造（河合洋尚，2013）。这种影响并不完全是单向的权力控制，更多可能来自于当地人的配合。

对于景观生产而言，文本书写已经完成了"第一次生产"，因为是由文本首先发现和宣传了某处景观，让大众熟知的。第二次生产为"再生产"，指的是在文本影响下的景观制造，即景观的位移、重建、改建、演变、创设、放弃或隐藏等。

（一）位移

以丽江黑龙潭公园为例。为了保护文物，人们把一些古建筑迁移到黑龙潭公园，如福国寺中的五凤楼与解脱林门楼，与原来的古建筑龙神祠、得月楼、锁翠桥等并置，来此地的游客大部分并不知道这两处建筑来自于别处。新移植过来的景观，虽然增加了旅游景点，但由于与龙王祭祀主题没有关联，反而是对原有的文化的一种破坏。神圣空间变为观光空间后，神圣要素尽失，建筑所具有的意义也被观光功能所取代。

（二）重建

以福国寺为例。福国寺原名"安乐寺"，又名解脱林，是木氏土司的一个别墅，位于白沙西面的芝山上，天启年间由熹宗更名为"福国寺"，其有公房5院，僧房18院，是丽江第一大寺，也是丽江最早的藏传佛教寺院。徐霞客游丽江时，曾被木增邀约盘桓寺中七日，留下了颇多笔墨。徐霞客写道：寺当山半，东向，以翠屏为案，乃丽江之首刹，即玉龙寺之在雪山者，不及也……正殿之后，层台高拱，上建法云阁，八角层甍，极其宏丽……（夫巴，1999）。这是关于丽江第一大寺解脱林最为翔实的一篇记载。关于福国寺的记载还见于明末的碑文《丽江府芝山福国寺禅林纪胜记》，约瑟夫·洛克当年也拍了一张福国寺远景照作为图像记录。

福国寺自建成以后，几经损毁，1864年为兵火所毁，1882年重建（赵沛曦，2009）。现如今寺院已经不存，仅存的五凤楼和解脱林门楼迁至黑龙潭公园。

为了恢复历史文化，在社会各界的呼吁下，福国寺计划复建。关于如何复建，学者们达成一致意见，周围景点遵照《丽江府芝山福国寺禅林纪胜记》修建，福国寺建筑则遵循《徐霞客游记》所记载原貌进行复建[1]，充分体现了对历史文本的尊重。福国寺修建方案主要遵循以下几点原则：

（1）寺院选址，应在四面环山之中、幽谷之地，寺庙应建于半山或山脚，视野开阔，气势非凡。

（2）寺院布局，与藏传佛教寺院相似，中心由佛殿与经堂组成，四周僧舍（喇嘛小院）环绕。

（3）纵向布局，以佛殿和经堂为主的中心轴线上，受汉传佛教影响，呈伽蓝七堂制。纵深方向的建筑为院落格局，一进两院，且门前都有一片开阔的空地。

（4）建筑单体形式。在屋檐的处理上，运用重檐歇山顶方式，如出檐深远的悬山顶、悬鱼装饰，楼顶采用攒尖顶等，突出了纳西族风格。遵循徐霞客对五凤楼的描写，僧舍的布局与纳西族合院式建筑构形相一致，多为东西朝向、三坊一照壁形式。

（5）内部空间，沿袭了藏式建筑的风格，呈回字形平面。

（6）体量规模。依循徐霞客的描述，福国寺里的建筑体量都不大，佛像亦不宏伟，但却异常庄重威严、干净整洁。

现如今五凤楼已建成，新建的五凤楼虽尽量尊崇原貌，但体型规模变大，色彩更加鲜艳出挑，雕饰工艺也大不如前，因而，我们可以看到，尽管建筑空间可以复制，但是文化空间的内涵却随着岁月的迁移而不可再现了。

（三）改建

由于满足现代人生活、休闲、情感的文化空间的产生，大量现代化的休闲场所：酒吧、茶室、咖啡店、客栈等也随之应运而生。大研古城的建筑构形也随之发生了很大的改变。

1. 建筑外部环境的改造

虽然大研古城建筑的外观仍保持传统的封闭式模式，但玻璃门、玻璃墙的设置使得建筑物内外环境变得通透。原本非常具有传统文化色彩的墙体被取消，成为由外向内观看的窗口。墙体发生的变化，可以看作是农业社会向工业社会转变的一个侧影，见证了曾经封闭一隅、自给自足的小农社会是如何被裹挟到全球化潮流中来的。正如让·波德里亚所说，既不内在也不外在，既非私有空间也不完全是公共的特定空间，包括透明玻璃门、玻璃墙后面的保持着不明确地位的

---

[1] 徐霞客对福国寺外围环境和单体建筑都有详细描述。

商品和产生距离感的街道，这个特定空间也是一种社会关系的场所（让·波德里亚，2000）。

2．建筑内部格局的改造

有些建筑物虽然外部结构没有发生大的改变，但内部格局及装饰元素的改变非常明显。如房屋尺度的增大，底层作为开敞铺面，以便容纳更多的游客，由于营利性场所对空间的需求，使得院内天井被肆意占用，导致了院落布局的消失。建筑不再强调对称性，房屋间数也不再以三间为限，任意开间以及不强调自身构图完整性和自足性的做法，使得建筑呈现出随意、均衡且连续的特征；室内空间因功能的转换，不再分隔，而是全部连通在一起，传统的建筑主体构形被完全拆解。

3．传统建筑元素的弱化

当代丽江酒吧擅于运用拼贴、混搭手法，把诸多传统与纳西文化元素组合在一起。如在传统老宅中开设的酒吧、茶室，在门口或房间内悬挂传统物件，让穿着纳西族服饰的老人坐在酒吧门口揽客，汉语、英语与东巴文混搭的招牌，这些都彰显着多民族文化融合的文化空间的转化和再生产。

（四）演变及创设

纳西族的女性空间既体现在室外：集市、酒馆、劳作场合，又表现于木楞房中的"一梅"空间。男女双柱的"一梅"空间至今在永宁摩梭人木楞房中还可以看到，在丽江市古城区大研镇纳西族那里经历了截然不同的变化：由男女双柱演变为顶天柱（一柱），女性空间消失；再由一柱转变为汉式的梁架式柱网结构，彻底取消了柱的象征意义。

（五）放弃或隐藏

板屋[1]作为纳西族古老的建筑模式，一直是民间百姓的居所形式。《徐霞客游记》里提到：其处居庐联络，众多板屋茅房，有瓦屋者，皆头目之居（夫巴，1999），顾彼得也曾描述过贫苦百姓的住处十分简陋。可见，板屋虽属于下层百姓的住屋，但它却见证了纳西族的发展历史。清代以后，丽江纳西人在建造瓦房时，还会刻意地在瓦中覆盖木板片，使得传统文化得以维系。而如此重要的建筑形式，在历代的文本书写中却呈现隐性或失语状。在现代旅游语境下，对板屋的描述更是完全隐没，如今当地的年轻人也并不清楚这一传统的由来，这很让人匪夷所思。而在另外一个纳西族聚居地——香格里拉市三坝纳西族乡白地村，木楞房虽不再使用，却得到完好的保存，并被当地人移至正在筹建中的纳西古聚落博物馆里进行展示。这里的村民称它们是真正的纳西文化源头，并指出：山那头

---

[1] 用木板搭盖的房屋。

（指丽江市古城区大研镇纳西族）是从这里出去的支系，他们没有木楞房，已经被汉化了。在这里，我们可以设想，一个民族对于某项事物呈现集体失忆或者有意回避的现象，也许存在两种可能：一是来自于政治势力或文化精英的操控或策略；二是来自民众自身，认为此物与落后、原始或贫穷的历史相关，所以不愿再提及。

另外，在现在的大研古城中，一些宗教建筑往往隐而不彰，一些昔日非常著名的景观，青莲寺、普贤寺、文昌宫、天主堂等，因其建筑体量有限，且因神圣空间的衰落，也逐渐被排除在当代旅游景点之外，湮没在众多的民居建筑之中。

第四节　符号消费空间与仿古建筑景观艺术构形的利益联袂

在 20 世纪 70 年代以来的后工业社会文化消费的浪潮之下，空间从人们生活的场所演变为消费载体，人们以购买的方式对空间实施占有，在对空间进行消费时，本身也参与了空间的建构过程。

空间成为商品，空间的意义成为商品符号化的对象，具备消费的价值，资本的介入，重点即是将这个空间意义编码后投入符号消费的市场之中。当代对于空间的消费首先是文化消费，文化消费的实质是商品拜物教中所传达出的那种对于商品符号的消费与占有。

因此，符号消费空间指的是消费者在选择消费空间过程中，所追求的并非空间在物理意义上的使用价值，而是空间所包含的符号价值，如附加性的、能够为消费者提供声望和表现其个性、特征、社会地位以及权力等带有一定象征性的概念和意义。

比之狂欢空间与文本空间，符号消费空间是一个纯粹的虚拟空间，在其中不再有原型，有的只是虚构的乌托邦，符号大行其道，成为虚拟空间中的主角。当代建筑符号的选择与表现的目的在于刺激消费，赚取公众的眼球。符号选取与创设不再遵循唯一性和真实性原则，而变得随意，建筑构形的制造也呈现出多元化和拼贴化的特征。因此，符号消费空间与建筑构形之间的关系不再是相互制约或互相建构，而是互不干涉，它们有着共同的目标，即创造最大的经济效益。

一、凝视与彝族景观符号空间的生产

（一）凝视与景观符号空间的生产

凝视（gaze）理论源于对视觉的关注，它是对于"看""注视"

的思考，意为长时间地看、专注地看。凝视作为哲学概念，涉及几个方面的关联：凝视的主体是谁？谁在凝视？什么东西成为凝视的对象？谁制造了凝视的对象（景观）？凝视并不是简单意义上的观看，而是带有权力意识的"看"。既然凝视是带有权力意识的看，那么在看的过程中必然产生多元的社会性、政治性关系，因此，反凝视甚至颠覆凝视也就成为抵抗权力的途径。

景观符号的形成与凝视有着莫大的关系，凝视是通过标志（signs）被建构起来的，而旅游就包含这种标志的收集（约翰·尤瑞，2009）。景观是静态的视觉图像和动态的文化展示在空间上的重新组合。旅游过程成为地方生产符号，中介传播符号，游客验证符号、收集符号的过程（胡海霞，2010）。例如，埃菲尔铁塔之于巴黎、西湖之于杭州一样，如果没有看到标志性的符号，就意味着游客没有到过该地。凝视的方式表明了观看者从某种意义上成为符号学家，他们阅读景观，从中找出事先预设好的概念和标志。正因为有如此需求，才滋生了供游客凝视的目标的生产。仿古镇正是基于这样的目标所建造的，它展示了一系列符号的空间，具有仿古意味的符号满足了众多游览者的凝视需求，从中获得愉悦。因此，仿古镇与真正的古镇之间最为重要的区别在于：符号的生产与生成。仿古镇是一种人为的提炼与创制，古镇则是从已有的实体中突出标志性的符号。如果说古镇还拥有真实性因素，那么仿古镇则完全建立在模拟的基础之上。仿古镇并不是对某个原型的模仿，而只是对历史的虚构，对无原型的原型的模拟，因此它的意义指向是虚无。而这也正符合了后现代生产的基本结构特征——去区别化。正如瓦尔特·本雅明所说，后现代文化没有鲜明性，它不具有唯一性，是机械的和电子的复制品。符号的大量使用及滥用，只能说明复制品在人们生活中占有越来越大的比例。

事实上，对景观的凝视不仅是由旅游者发出的，还涉及多方面的凝视，多重目光的交织。多重凝视互为参照、互相影响，但最终起决定性作用的还是权力较大的一方。因此，比之景观符号的生产事实，我们更需要关注景观符号是如何生产的？其后的生产机制是什么？要充分考虑到其中存在的权力运作。凝视概念被法国哲学家米歇尔·福柯借用至社会学领域，转义为监视和监督。米歇尔·福柯认为监督网络是有效治理国家和控制社会的重要工具，而凝视也被视为主客体间的隐形作用力。居伊·德波也曾指出，景观拒斥对话，而崇尚视觉的看（凝视），说明景观的制造由凝视来决定，而凝视正好是权力的显现途径。去除表面繁花似锦的迷雾，景观就是一种无形的控制，消解了人的判断力和思辨性，使人变得懒惰和顺从。集中的景观，根本上与官僚政治资本主义相联系——从本质看，集中的景观就是官僚政治专政的工具（居伊·德波，2017）。

如果说古镇是以固有景观作为消费对象的空间形态，注重于对空间的呈现，那么仿古镇则是将景观进行符号化后的表现形态，即对空间的表现。对符号的展现成为景观的首要任务，同时，景观的产生也取决于系统化的符号生产体制。

（二）彝人古镇景观符号空间的生产

彝人古镇是在云南省委牵头，发展楚雄彝族自治州旅游产业，建设"中国彝族文化大观园"构想的背景下应运而生的。

为什么要建立这个项目？根据 2010 年楚雄彝族自治州第六次全国人口普查主要数据显示得出：楚雄彝族自治州是以汉族、彝族为主，融合了其他少数民族的地区，在国家的政治板块中楚雄一直是以彝族作为主体的少数民族地区。与大理、丽江不同的是，楚雄的彝族在人口数量上并没有汉族多，且长期和汉族杂居，呈现大杂居、小聚居形态。彝族的原生文化受到汉文化的影响很大，目前很难找到相对集中的彝族聚集地以展现彝族文化，彝人古镇的建立正是为了弥补这一方面的不足。

彝人古镇的凝视焦点在于"彝人"二字，彝族文化的展示是其核心要义。通过文化景观的展示来塑造彝族形象，继而彰显楚雄彝族自治州的彝族主体意识形态，是地方政府对彝人古镇建成后的期许。那么，彝人古镇景观该如何建构呢？作为看的主体，主要有旅游者、本地人（非彝族人）、彝族人。

（1）旅游者的凝视。通常旅游者观看景观的目的是不一样的，英国学者尤瑞也曾归纳了凝视的几种类型，但不管有多少类型，符号的收集是"旅游凝视"的共同点，旅游就是追逐一系列符号的过程。

（2）本地人（非彝族人）的凝视。这部分人群没有彝族的文化根基，但又从属于楚雄彝族自治州的文化空间之中，因此观看身份具有双重性：一方面是作为彝族文化的外在者，另一方面是作为楚雄彝族自治州文化共同体内的内在者。

（3）彝族人的凝视，包括两方面：一方面作为文化持有者对本民族文化景观进行观看；另一方面作为景观所塑造的意象成为被观看的对象。对于彝族人来说，被看未必是实在发生的，但被他者的凝视却无处不在，这个凝视是先在于看而发生的，且存在于主体的想象中，也就说主体认为自己是被看的对象，从而通过认同他者的目光来完成自我的建构。

彝人古镇作为一个项目，是由楚雄彝族自治州政府和开发商联合开发的，规划者与经济利益追求者是制造的主体。景观制造的几个要素为：旅游者 A、景观 B、景观拥有者 C［本地人（非彝族人）＋彝族人］、景观制造者 D。他们的关系可列为：A 在看 B 同时也被 C 看，C 在看 B 同时也被 A 看，B 是 D 想象 A 凝视的视角所建构出来的认同形象，这便是景观制造的逻辑（图 5-5）。景观制造者在塑造

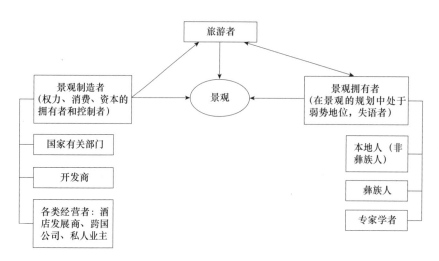

图 5-5　景观制造的主体逻辑关系

凝视对象时主要考虑的是外在旅游者的视角，景观拥有者的视角次之，文化持有者彝族人因为被包含在景观拥有者里从而被约化、忽略和遮蔽。他们被景观制造者默认为同意者，从而剥夺了他们作为主体的自我塑造权利。因此，最后呈现在旅游者眼前的景观就只能如法国学者雅克·拉康所说：在这一可见性的情形中，一切都是陷阱（雅克·拉康等，2005）。

如何塑造景观？通常，观光者和景物的第一次接触不是景物本身，而是对景物的某个描述（迪恩·麦坎内尔，2008）。对景物的描述与标志相连，迪恩·麦坎内尔指出景物标志是标志景物的信息及信息载体，景物标志在很多时候也是作为景物而出现。例如，金门大桥是美国旧金山的象征性标志，它能使旧金山之旅显得真实、充分或者完美，因为它已经在人们脑海里形成了不可磨灭的印记，成为旧金山的代名词，而金门大桥本身也是一个景物，只不过它自身的景物价值可能不如标志价值那么重要。景观符号与景物标志有着同等的作用，在旅游中，观光者更多追寻的是景观符号而不是景观本身，基于此，景观符号的创造甚至要比景观本身更为重要。符号的吸引力和传播力度在某种程度上决定了一个景观是否成功、是否受欢迎，同时也决定了城市形象在何种意义上被构建起来。美国政治学家、传播学四大奠基人之一哈罗德·D.拉斯韦尔认为：宣传就是运用象征符号来控制人们的群体态度（哈罗德·D.拉斯韦尔，2003）。景观制造者当然深谙这一点，符号正是他们所借助的手段，以此来实现对城市形象的表达及提升，并且达到影响人们的目的。总之，旅游地通常是通过符号全面展现自我的形象、理念、文化及身份，并努力建构一种存在于他者脑海里的美好印象。

那么，如何选择符号？什么样的符号才能创造最大化的利益？这是景观制造者最为关心的方面。因此，景观符号的选择就不一定遵循真实性原则，而是要符合吸引力原则。吸引力就是景物、标志和游客之间的关系（迪恩·麦坎内尔，2008），它意味着，处于景物与游客之间的中间物——标志（符号），是营造吸引力的关键。

在对彝人古镇的景观符号提取中，大致体现了以下几个吸引力法则：

（1）可视性。视觉是人们运用得最多的感觉器官。符号提取的首要原则是满足视觉的需要。美国哲学家查尔斯·S. 皮尔士提出相似符号概念，指的是符号载体所具有的物质属性与所指称对象之间有相似、类比的关系，相似符号多以图像或其他可感形式呈现，如彝族土掌房的夯土平顶，壁面上的虎图像，牛头、羊头装饰，日月鸟兽等符号。这一类符号最易提取，有的来源于彝族原有的图像、物像；有的则根据神话故事或仪式信仰中的人物原型再度创造。总之，视觉符号的提取最为直观也最为简易，也最容易对人产生冲击力，在人脑中形成记忆。

（2）可感性。这类符号诉诸听觉、触觉、味觉，能让人感同身受。舞蹈、音乐、大型庆典活动就是此类符号，它们直接来源于彝族的民间生活、艺术活动，只需进行一定的加工改编，从后台移到前台即可。

（3）象征性。象征符号与所指称的对象之间没有明显联系，而是对原型的高度抽象化。象征符号有赖于符号接收者的理解和解释，如彝族的图腾柱所象征的意义。象征性符号因为提炼难度大，因此数量也最少。

（4）变异性。符号的提取并非全然照搬，而是经过一定的变形。变形分为几种：①简易化。旅游符号遵循着只有形式上的简明性才能赋予其文化传播的最大化原则，通常将复杂的形式向简明化方向发展，如简单的装饰图案、纹样。②鲜明化。鲜明突出的形象是景观创造吸引力的主要法则，如民族建筑色彩的运用。③杂糅性。为了提供更多的符号意指，形成一种符号大观，符号就不能单一，必须包罗万象、风格多样。在彝人古镇的空间中，杂糅性符号随处可见，如葫芦本是拉祜族的标志性符号，在古镇景观中随处可见，使观者有应接不暇的感觉。

从符号的提取法则可以看到，消费性是其根本原则。首先是要被看见、被感受；其次是被吸引、被记住，最后达成对符号所关联的商品的消费。符号区分的功能是把个体与群体之间不平等的、等级化的安排加以合法化（戴维·斯沃茨，2012）。

空间的生产总是伴随着策略，空间一向是被各种历史的、自然的元素模塑铸造，但这个过程是一个政治过程（包亚明，2003）。这种策略性，可以在新闻报道中窥见一斑。在《楚雄市国民经济和社会发展第十二个五年规划纲要》中，对发展特色大城市总体空间布局的构想是，把15平方千米的地方建设为"中国彝族文化大观园"，从而形成一个景观圈。从规划中可以看出，"中国彝族文化大观园"内容丰富、包罗万象。

美国学者詹姆斯·C.斯科特在评价法国建筑师勒·柯布西耶对法国城市的规划时指出：这些计划的规模是不言自明的。庞大的规划完全是以自我为中心的，与原有的城市没有任何协调，新都市景观完全取代了原有的城市（詹姆斯·C.斯科特，2012）。追求大而全的景观设计，从现实层面上来看，大的工程能带来大的效益、大的影响力，未来能形成大的景观圈，实现大的形象制造，于是大等同于好。从审美层面上来看，反映的是"大即是美"的理念。中国自先秦两汉以来就开始了对大美的追求，这与中国古人推崇"义尚光大"的社会风尚相一致。美字作"羊大为美"的解释意味着美与大的关联，在孔子看来，善是美的最高境界，而善的极致则归之于大。孟子更是推崇充实之美，至大则刚。道家也崇仰大美，然古人所讲的大美，不仅是体量的大，容积的大，而且是内容的充实完满，胸怀的博大广阔，精神的崇高伟岸。反观"中国彝族文化大观园"的大，实际上只是代表了规模、形式，而并不是就其内容而言的复杂和充实。詹姆斯·C.斯科特又说，任何一个规划都不参考城市的历史、传统，或者建筑所在地点的美学特征。不管如何惊人，所描绘的这些城市没有背景，它们是中性的，可以放在任何地方（詹姆斯·C.斯科特，2012）。

在追求大的规模下，符号的设置自然是越多越好。大的景观就像一个超级文本，里面装满了各种各样的符号，这样才能显示出文本的丰富多彩。彝族现有的符号显然不能满足如此需求，因此只能向其他文化寻找符号，于是便出现符号的挪用、并置与拼贴。

综上所述，旅游凝视是产生景观符号的主要原因。对旅游者来说，凝视的对象为彝族景观，凝视的核心是彝族文化。对于景观制造者而言，最为关注的是旅游者的凝视需求。真正的景观主体——彝族人，恰恰是被遗忘、被忽略的群体。这一点在景观符号的选择上有着充分的体现，符号的运用紧紧追随旅游者的喜好，完全脱离了原有意义。无疑，这就是景观符号开发的策略。

仿古镇空间的生产意味着一种新生产方式的出现，即以景观符号作为空间生产的主导要素，目的是引起游览者的凝视，并完成消费。在这个空间中，游览者找寻到自我与符号的对接，并且在对符号的消费中确认了此行的意义。彝人古镇景观空间的生产伴随着标志性景观符号系统的制造和符号性旅游产品的舞台化表演与产业化开发（桂榕等，2013）。亨利·列斐伏尔认为：当由文本组成的符号应用于空间时，人们就必须停留在纯粹的描述层次上。任何试图应用符号学的理论去阐释社会空间的企图，都必须确实地将空间自身降至为一种信息或文本，并呈现一种阅读状态，这实际上是一种逃避历史和现实的方法（亨利·列斐伏尔，1991）。

二、符号消费空间的表现形式及对建筑景观艺术构形的影响

与传统的古镇相比，仿古镇不再是人们生活的地方，而是由一个个符号组成的空间。基于符号的展现方式，我们把彝人古镇符号空间分为两类：主题化空间和舞台化空间。这两类空间并不是完全对置的，而是可以重叠、交融、包含和转换的。

（一）主题化空间

主题化空间指的是围绕着某一个"主题"被组织起来的环境，主题是消费社会典型的物质表现形式，是文化越来越具有幻想和象征主义特征的产物。在消费社会中，人们很容易被吸引到一个具有象征或主题化的背景中来。根据美国学者马克·戈特迪纳的理论，进入主题化的环境就是允许个体去实现他们的"消费自我"。消费者借由这个市场驱动的消费空间所提供的机会去寻求个人的实现。因此，主题化把产品简化为它的形象，并且把消费者的体验简化到它的象征性意义（马克·戈特迪纳，2000）。

主题化的空间或环境，随着全球化的进程演变为一种在世界范围内随处都可能找到的普遍现象。主题化的产生正是符号的高度浓缩和集中后的表现，是人们凝视的结果。主题符合人们的认知心理过程：首先，正如我们在看一本小说或一部电影之前，总喜欢先确认主题，继而再决定要不要往下看，对于景观的观看也同样如此；其次，主题对应于人内心的某种潜意识需求，一种由缺失引起的向往。主题化空间正是利用了人们的这种心理，创造出了诸如怀旧、梦幻、快乐等主要意象，同时隐藏了消费的真正目的，让消费者心甘情愿地参与到自我的实现中来。例如，仿古镇建造的心理根源在于以对记忆的操纵为基础来制造想象中的风景，从而唤起人对历史的缅怀之情，让人们沉溺其中不能自拔。很明显，这是一个以舞台形式出现的场景，表现出对历史元素的挪用却无法再现历史的本意。

在此，须追问真实的历史与仿造的景象之间的关系，仿古镇究竟是不是仿古？能不能仿古？能在多大程度上仿古？这些都是理解仿古镇景观制造的关键所在。答案应是不言而喻的，如同阿莱达·阿斯曼所言，在那些被改建成纪念场所和博物馆的回忆之地，存在着一个深刻的悖论：出于保留原真性的目的，对这些地点进行的保存工作不可避免地意味着丧失原真性。当这些地点被保存时，它们已经被遮掩、被替代了（阿莱达·阿斯曼，2016）。可见，即使是历史场所进行的改建都不可避免会丧失本真性，更何况仿拟的场所。回到前文所讲，景观的本质在于模拟，模拟的对象并不是真正的原物，而只是一种模

式。仿古镇的模拟，其真实目的并不是要再造原物，而只是借古之名对古元素加以利用，创造出以"古"为吸引力的消费空间，这个空间恰恰是去历史化的。

古意虽不能再造，但真实还包含另一个含义便是：彝族文化的本真，这也是彝人古镇最大的看点。彝人古镇，顾名思义，是以"彝人"为主题的空间，它一方面是一个以彝族文化为主题的空间，另一方面又是一个包罗万象的异文化主题空间。

以彝族文化为主题的空间，包括彝人部落、火塘会广场、梅葛广场、咪依鲁广场、土司府、庙会戏台、望江楼、威楚楼（彝王宫）等分布于彝人古镇中的主要区域，是古镇中的主要景观。

异文化主题空间，包括：①桃花溪，江南水乡主题。体现江南小桥流水的风光，杨柳、水车、戏台相得益彰。河道两旁皆是江南风格的四合院建筑，青砖灰瓦，白墙粉画，乍一恍惚，仿佛来到了江南古镇，而桃花溪上六座桥又反映的是彝族历史。②茶花溪，云南西部古镇主题。茶花溪沿岸是模仿大理风格的三坊一照壁、四合五天井建筑景观，颇具灵秀之气。③韩国街，国际商贸主题。韩国街是一条以吃喝玩乐为主的街道，有多家韩国商家入驻。除了韩国商家，这条街上还有东南亚的商家，如泰国、缅甸、越南、老挝等国的商家。可谓颇具国际化风格。

主题化的产生对应于游客的凝视，可表示为：符号←凝视→主题。从这组关系中看到，凝视同时产生了符号与主题，而符号与主题是共生的，符号是主题的抽象提取，主题是符号的集中概括。这一切的最终目的都是为了消费而准备的，"消费自我"不是一个被动的概念，而是积极地被消费。分析主题化空间产生的深层次原因，在于提供了体验的可能性。在过去，商品提供给人的是实用价值，而如今当体验成为消费模式中的主要样式时，商品就成为提供个体消费者进行体验的后备支持。换言之，过去通过非经济活动得到的东西，如今却要通过商业活动去获得。例如，去迪士尼乐园是为了获取快乐。因此，主题化空间提供给消费者的是一个须通过参与体验才能进行的主题化叙事流程，让消费者感觉自己真正被卷入其中，从而获得不一样的感受。另外，主题化空间还体现了后现代时空压缩的特征，它提供了一个封闭、独立的场所，让人们沉浸其中，进而暂时忘却了真实。当今，城市充满了被主题化的空间，主题化空间已然成为现代城市的象征。

再来看看彝人古镇的主题化空间设置，在彝族文化主题区域，可以体验彝族的"原生态"文化，参与跳左脚舞，参加体育比赛，观看彝族庆典等；在江南水乡文化主题区，可以观水景、划船，入住四合院体验江南秀美的人文风情；在国际商贸主题区，可以体验休闲健身，或乘坐洋车、欧式宫廷马车游览全镇，品尝韩国、泰国、缅甸等地的美食，购物，与国际友人交流。在各类庆典活动中，还可以体验各种节日氛围。在景观制造者看来，单一的彝族文化主题无法满足更多的消费需求，因此需要更多的文化主题参与进来。然而主题的"多"可能会造成彝族文化主题被冲淡，最终趋向无主题，旅游者在众多的主题当中也容易变得无所适从，产生选择性焦虑，主题的多样性同时也折射出制造者对于如何才能满足消费者口味的担忧。

对此，我们曾做过一个调查问卷，其中有一个题为：彝人古镇里面什么最吸引您？①富有特色的彝族文化；②可参与体验彝族文化活动；③多种多样的文化区域；④休闲娱乐活动。

47%的人选择休闲娱乐活动，25%的人选择富有特色的彝族文化，15%的人选择可参与体验彝族文化活动，13%的人选择多种多样的文化区域。

我们是在彝人古镇内发放的问卷，当地人占了很大部分，虽然大部分人并不认为彝人古镇具有很多彝族特色，但对彝人古镇还是持认同态度，因为这里提供了一个休闲娱乐的好地方。人们可以在这里散步、聚会，还可以品尝美味，坐在河边喝茶聊天。还有一部分当地人认为彝人古镇举办的活动比较吸引人，能参与到其中，十分好玩。可以说，景观拥有者（当地人及彝族人）对彝人古镇的彝族文化特色认同度并不高，但对于参与活动和娱乐功能的认同度较高。而外地游客反而比较认同彝人古镇的彝族文化，表示通过这里可以了解到一些彝族风土人情，对娱乐功能不是很在意，对于多种文化区域的认同比例最低。

从中我们可以看到，彝人古镇的主题设置虽以"彝人"为主，但究竟要凸显什么样的文化主题其实并不明确，主题不仅是景观要表达的素材，其本身往往也成为了一种象征符号。而彝人古镇的符号提炼，因为没有达到象征的高度，导致符号提取看似众多，却颇为杂乱，主次不分，缺乏系统化；在主题区域的划分上，虽有主要表现彝族文化的区域，但较为零散，区域之间没有形成连贯性和可意象性，因此难以形成广泛的认同。美国著名城市规划师凯文·林奇曾指出，一个高度意象性的城市应该看起来适宜、独特而不寻常，应该能够吸引视觉和听觉的注意和参与（凯文·林奇，2001）。这一点在彝人古镇的主题设置上显然是比较缺失的。

面对仿古镇古意不浓的问题，学者讨论的焦点主要在于景观开发是否需要基于真实性之上。对于真实，普遍存在几种观点：第一，认为只有原生文化才是真实的，真实性不能被创造；第二，文化可以通过移植、嫁接等方式在别的时空获得重生，只要内核不变即为真实；第三，只要旅游者认可，那就是真实的文化。真实性主要依据于解读者个人的理解。事实上，从文化变迁的角度来看，任何一种文化都处于不断变迁的历程中，在传统文化已经不复存在的当下，再去谈论是否要坚持过去的真实似乎已经意义不大。再者，游客对真实性的追寻也并非就是旅游地的客观真实性，也许只要部分真实就可以了，旅游开发是对旅游地客观真实性的一次又一次改写。旅游就是某种社交平台，它的目的是要让消费者相信他们正在获得一种本真的体验，而不是相反地由事实给他们提供了这种体验（斯蒂芬·迈尔斯，2013）。

因此，如果非要返回到古代，按照当时的真实情形去营建景观，看起来才是真正的彝族古镇，不免又落入"仿造的真实"当中。因此，改进的方向是否能换成：如何在真实基础上进行添加和创新，从而让更多的人体会到彝族人的文化内涵并产生一致的认同。一个城市或地方的发展从来都不是少数人能控制的，就算是按照规划建立起来的空间，也会很快脱离规划者而独立发展。换一种角度思考，一个不太成功的项目飞快地植入到城市机体当中，它有可能会损害城市的健康，但也可能激发了身体内部的抗体自发地消灭它们。换言之，城市本身会经过吸收、改良，让更多的人参与进来，共同创造出更多的复杂性，这也是景观具有的自我革新效能。

（二）舞台化空间

美国社会学家欧文·戈夫曼提出"拟剧理论"或"戏剧理论"。拟剧理论认为社会和人生是一个大舞台，社会成员作为这个大舞台上的表演者都十分关心自己如何在众多的观众（即参与互动的他人）面前塑造出能被人接受的形象。

欧文·戈夫曼提出，人们为了表演，可能会区分出前台和后台。前台是让观众看到并从中获得特定意义的表演场合，在前台，人们呈现的是能被他人和社会所接受的形象。后台是相对于前台而言的，是一个向观众和外来者封闭的地方，是一个能保持真实性的地方。在后台，人们可以放松、休息，以补偿在前台区域的紧张。前台和后台可以是同一个地方，也可能不是同一个地方。

在旅游地，舞台化空间既包括展现文化符号的旅游空间形态，也包括为前台表演做准备、掩饰，在前台不能表演的东西的场合——后台。

仿古镇旅游空间的前台舞台化空间是物质景观、人造景观等，游客在此空间中看到被展演的物品、建筑和表演；后台空间是古镇社会生活空间，它记录了古镇居民最真实的生活场景，是古镇行为事件发生的物质载体，是容纳社会生活行为的场所，叙述着古镇居民的故事。该空间是古镇原真性保存最好的空间。后台空间不可能完全封闭，其作为生产资料，并不对所有旅游者开放，它仅满足部分游客为深层次挖掘古镇原真性文化而与古镇原住居民进行文化互动。后台保护性空间旨在满足古镇原住居民对自身文化的保护和传承。

在前台，可以说一切皆是表演。旅游就像一场安排好的表演，游客观看到的都是安排好的演出。很多游客并不满足于此，他们想要寻求当地的真实性文化。那么，何谓真实性？舞台化是不是一种虚假？

美国社会学家麦康纳把欧文·戈夫曼的理论运用到旅游中来，并把前台、后台做了一个理论上的划分，他认为，在现代社会的旅游情境中，两者往往呈互相交融状态，很难作出区分。关于本真性（即真实性），也是由麦康纳最早引入旅游领域中的。他认为真实性是存在的，且对于旅游者来说意义重大。但真实并不等同于客观事物本身的真实，而是基于主体的需要及感受。不同的旅游者会根据个人的目标和标准，在不同的物体、符号和事件中找寻真实性，以此来确定自我的存在感和真实感。旅游者会积极建构对他们有用的真实性，继而作为对抗社会标准化的动力（麦康纳，2010）。

根据麦康纳对真实性的看法，我们认为文化符号的再生产并非与本真性截然对立，大部分还是建立在真实之上，只不过进行了加工和改造，只有少部分是因为本真性不能满足游客的需求而进行的全新创造。另外，游客对真实性的评判，因人而异，大部分应该还是基于他们对当地文化的一种想象。因此，舞台化表演不完全是非真实的。舞台化的表演主要包括以下三类：

（1）原生表演型。当地人自己组织的一种表演形式，或是举行仪式而用，或是自娱自乐，不为游客参观而表演，但也可以对游客开放。例如纳西族一年一度的祭天仪式，游客可以参与到其中。

（2）纯粹表演型。专门为了游客参观而进行的表演，没有时间和空间的限定，不再具有情境性，这种脱离了时空限定的表演失去了其特有的功能。表演形式也呈多样性，甚至增加了一些现代艺术的元素。

（3）创新表演型。当本真性表演不能满足游客需要时，就会促使当地人创造出新的习俗和新的表演形式。这种纯属虚构出来的新型表演，也可能会成为新的发明、新的传统。

以上三种类型的表演，第一类毋庸置疑，肯定属于真实性表演；第二类虽然脱离了具体情境，但因内容还是基于原生态表演，而且演员也大多是该少数民族的人，所以也可以说是真实的一种表现；第三类是被创造出来的新型表演，从时间上来看，当下是新的，也许不久的将来会成为新的传统。

因此，过于强调真实性一定要等同于原生态文化是不太现实的。我们认为关键不在于真实与否，而在于这样的表演是否契合当地文化的核心，是否有活力，是否具有吸引力。

彝人古镇里的表演（表5-2）主要有：彝族歌舞、祭火仪式、火把节节日狂欢等，舞台化空间集中于彝人部落、毕摩文化广场及各主街道上。

表 5-2　彝人古镇各景点活动一览

日期	时间	地点	活动内容
8 月 6 日～ 8 月 10 日	9:30～11:30	入口照壁	东北大秧歌
8 月 7 日～ 8 月 9 日	14:40～15:40		杂艺表演
8 月 6 日～ 8 月 10 日	14:30～16:30		腰鼓巡演
8 月 6 日～ 8 月 10 日	全天		与卡通人物合影
8 月 6 日～ 8 月 10 日	9:00～11:30	太阳历文化园	原生态左脚舞、打跳
	14:30～16:30		彝家毕摩祭火仪式
	19:50～23:30		彝族绝技表演（踩犁头、添犁头）
			彝族篝火晚会（耍火把、左脚舞）
8 月 6 日～ 8 月 10 日	10:00～11:30 14:30～16:30	葫芦长廊	民族乐器演奏
	10:00～11:30 14:30～16:30 19:00～20:30	太阳历公园小舞台	歌舞戏曲汇演（民族及现代歌舞、花灯、对歌、活动游戏）
8 月 6 日～ 8 月 9 日	10:20～11:00 14:50～15:30	楚威大道	土司巡游
	9:30～11:30	清明河岸	民族乐器演奏及情歌对唱
	14:30～16:30	茶花溪	
8 月 5 日～ 8 月 30 日	全天	清明河	乘坐卡通船游览古镇
		毕摩文化广场	乘坐马车游览古镇
		古镇内	骑自行车游览古镇
		毕摩文化广场	市井文化展示
		庙会广场	火把节专场演出
		清明河岸	彝族"羊汤锅"等特色美食展出
		茶花溪沿岸	建设幸福美丽新楚雄文化旅游艺术品展
		古镇内	体验火舞激情、品舌尖美味
		古玩街、沿台街、梅葛广场	古玩、奇石砚台鉴赏交流会
		铁路桥一侧促销区	东盟旅游商品博览会
		楚威大道	酒水饮料展示促销区

注：据 2015 年 8 月田野调查及景区资料整理。

　　从表 5-2 可以看到，彝人古镇的表演多以表现彝族文化、民俗为主，同时辅之以其他文化的艺术表演形式，呈现出一个多元化、碎片化的舞台空间。

　　首先，以彝族文化元素为主题的舞台空间。彝族人能歌善舞，并且喜欢群聚而舞的特性使得彝人古镇成为一个大的舞台化空间，在这个空间里不仅有组织良好的、程式化的表演，也有来自民间自娱型的表演，相比前者，后者显然更加真实，多半是由彝族文化持有者参与。彝人从其文化主位的视点出发，很清楚自己是彝人古镇的真正主人，他们的文化身份借助于景区内的自娱表演得到确认和强调。这样的自发表演往往是游客喜欢看到的景观，通过参与其中可以获得舞台化体验。然而自娱表演形式毕竟较为随意和散漫，不能满足旅游者更高的要求，因此还是需要对表演进行组织和包装，能让旅游者方便快捷地通过节目单找到自己的兴趣所在。

如前所说，排练过的表演虽也来源于真实，但因时空发生了转换，表演中蕴含的神圣意味将大大减弱。例如彝族人的毕摩祭火仪式，毕摩是祭火仪式的权威，须通过念诵《指路经》、钻木取火、点火把，带领众人巡游等过程以表达彝族人对天地神的敬畏之心，祈祷丰收。祭火本属于神圣的仪式，它可以加强彝族人的集体记忆和彼此认同，然而，一旦这样的仪式变成周期性的表演，神圣感的丧失可想而知，毕摩也失去了宗教的权威性，成了表演的艺人。在大量舞台化的表演中，还穿插了其他文化的表演，如东北大秧歌、杂艺表演以及卡通人物合影等，这些活动明显游离于彝族文化主体之外。

如果说前台是具有表演性质的舞台化空间，那么后台便是真实可见的民族村落，旅游者可以到那里体验真实的民风民俗。旅游者观赏完前台的表演后，意犹未尽，可以退到帷幕地带进行缓冲，然后到后台进行"凝视"，以进一步加深对当地文化的了解。然而在楚雄，由于缺乏后台的强有力支撑，前台的展演无法形成一个有效的延伸带，舞台化的空间只是把后台的东西搬到了前台，却对后台不加以保护，使得后台无形中受到了一定程度的损害。从旅游者视角出发，彝人古镇中彝族的真实生活空间是缺失的，因为后台过于分散，且被汉化的程度较高，即一切皆为前台，已无地方可退，观看表演之后，缺乏可以再回味的余地。

因此，建立舞台化空间前台-后台的关联至关重要，它能让游客在观看前台表演的同时，感受到后台本真性文化的魅力。

（三）对构形的影响

1. 功能分区与街道的几何秩序

主题化空间对彝人古镇景观的一个直接影响便是区域不再是复合型的，而是按功能进行划分。从彝人古镇整体规划来看，分为住宅区、休闲区、商业区、娱乐区等，功能分割区域的原理被全面运用。整个古镇由不同的主题功能区域组成，人们在其中各得其乐。但正如前文所言，彝人古镇的主题分区较为混杂，缺乏明确的主线与副线，难免使得主题分散，不够集中鲜明。多主题、多功能的设计在某种程度上割裂了原生型古镇的整体性，导致主题与主题之间缺乏交流与协调，从而呈现出一种非统一的局面。

以下以街道设置为例进行讨论。

第一，彝人古镇在街道设置上采用的是现代网格状的规划方案。街道的设置呈棋盘状，比较规范、单一，缺少转弯，由横向的五条大街与纵向的三条道路组成，其中楚威大道是整个彝人古镇的主轴线，主轴线上有重要的景观，再往外侧延伸则为不同的主题区域，街道与主干道呈平行线，几乎没有旁逸出去的小路。楚威大道长 500 米、宽为 30 米，贯穿南北，气场十足，按日本学者芦原信义对街道比值的估算，这样的街道过于宽阔，容易给人疏离感，并且比例也不是很合理。另外，街道与街道之间的关系并非错综复杂，而是井然有序，标志感很强，呈现出现代社会规划中的网格状。街道两旁皆为商铺，并排矗立，显得整个街道空间单调、缺乏变化、棱角生硬。美国思想家简·雅各布斯一再强调：大多数的街道必须要短，也就是说，在街道上要容易拐弯（简·雅各布斯，2005）。孤立的互不相连的街区从社会角度来讲，会陷入孤立无助的境地。简·雅各布斯从街道角度论述了这种功能分区的弊端，称它为加速"街道死亡""城市死亡"的途径。詹姆斯·C. 斯特罗也认为城市规划的作用就在于将偶然事件可能发生、群众自然聚集的未经认可的地方从设计中取消，分散和功能分割意味着人会面也需要计划（詹姆斯·C. 斯科特，2012）。在一个缺乏转弯、街角的空间中，人们失去了"社会聚焦之点"。缺乏复杂性的街道也因此失去了曲折往复的审美效应。我们曾就这个问题问过彝人古镇的游客，游客的回答是：街道太过于直白，没有转弯的变化，让人一览无遗，失去了期待感。

第二，各处景观并未作为街道的一部分来使用，而是各行其是，互不关联，一定程度上削弱了街道用途的多样化，如广场、公共建筑等。在传统的彝族村落，广场一般是作为村落范围或是更大聚落范围内的中心点而存在，是举行重大仪式活动和庆典的地方，也是人们聚会、赶集、交流情感之地。同时，广场也是村落中各条道路的汇聚点，由它出发可到达各支点，因此，这里总能看到不断聚集、散去的人们。在彝人古镇中，广场也是比较重要的景观，火塘会广场、梅葛广场等都展现了彝族公共区域的神圣性和聚合性，然而除了在大型活动举办的时候能感受到人潮涌动的热闹以外，其余时间都冷冷清清。传统村落里广场作为村落核心空间、作为街道的一部分功能也就无法实现。

第三，街道的设置满足了舞台化空间的需求。舞台化空间要求将不透明转为透明，将真实转变为象征真实性，人与物间的对立逐渐消弭，人与人的距离从二维转为三维：人—展示物—人。法国城市规划家保罗·维瑞里欧针对虚拟信息时代城市实体消亡，时间、空间在信息技术里变成透明和暴露的状况，不无担心地说：这种过度暴露的特点之所以吸引我们的注意，是因为它呈现了一个没有对峙地也没有隐藏面的世界，在这个世界里，晦暗不明只是暂时的插曲（保罗·维瑞里欧，2008）。

在一个城市进行规划时，人们常常以一种标准化的眼光去看待本该复杂的生活体系，认为秩序化就等同于完善的设计。实际情况恰好相反，任何一个看似单纯的小型社会，它们的秩序都可能异常复杂。在此，我们再看看真实的彝族村落。彝族是一个山地民族，村寨多半是依山而建，根据地形不同，形成不同的村落分布形态。无论哪一种村落形态，彝族村寨总是按照相同的模式来构筑具有一定向心性的群落整体。群落包括祖灵洞、墓地、寨神树、山神、祭祀场地、"蒙格"家支会议地点、磨秋场、公房、寨树门等各个组成部分。建筑则是对以"火塘为中心、墙壁为界限"的同态模式的扩大和完善。

如图5-6所示，彝族村落依山而建，街道的设置并非单调的直线，而是曲折多变，道路两边的建筑错落有致，相互倚靠，共为一体。村落景观自然舒展，街巷收放自如，空间丰富多样。建筑具有高度统一性，但又富于变化，门、窗、柱、檐口、屋顶等处的装饰精美别致，使得街巷空间也获得了丰富性。同时，村落街巷的墙面均采用石灰刷白，白色使得原本狭小的街道变得明亮与开阔，从而使得土地的紧张关系在视觉上得以缓解。很显然，失去了居住情境的新古镇，很难重现往日的人居景观。地理位置、自然环境、生产方式及风俗习惯所生成的"原型结构"无法复制于当今的人文景观里；景观的特质也不允许对原貌生活的再现，景观展现出来的图景只能是片段的、浅层的、符号的、奇异的、标准化的，而不可能是整体的、连续的、深度的、复杂的全景式形貌。可见"景观的在场是对社会本真的遮蔽"（居伊·德波，2017）。

2. 景观空间生产的杂糅性：风格多样的建筑和符号的拼贴

彝人古镇景观消费符号空间呈现多元化和杂糅性，反映于建筑之上同样如此。

彝人古镇建筑景观空间生产综合了历史复原、模拟示范、创新复

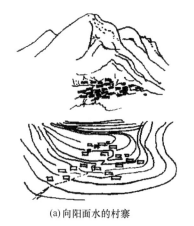

(a)向阳面水的村寨

(b)沿山势分布的村寨

(c)坐西向东的村寨

图5-6　彝族村落布局图

（郭东风，1996. 彝族建筑文化探源［M］. 昆明：云南人民出版社.）

合等多种方式（桂榕等，2013），表现出一种无所不包的空间情态。以建筑景观艺术构形来说，古镇一个重要景观便是富有地方特色的民族建筑。古老的建筑是千百年来人类智慧的结晶，在彝人古镇中，传统建筑主要包括土掌房、一颗印、青春棚、瓦房、土司衙门、茅草房等，主要分布于彝族文化主题区域，尤其在彝人部落里得到了集中的体现。非传统的建筑分布在其他主题区域。传统建筑进行了或多或少的变形与重塑，以适应于现代化商业景区的需求。变形包括新材料的使用，并采用现代化的营建技术，空间设置以功能性为主导，重视装饰。

（1）仿古建筑内外有别。彝人部落中毕摩的家为传统的土掌房样式。传统的土掌房墙壁应该是黏土，房顶为夯土平顶，可作晒台或凉台用，冬暖夏凉。彝人古镇中的土掌房较之传统的外观相似，但建筑材料已经被现代材料所代替，改用砖木结构，外墙敷上泥巴。虽然，门外有牛头标志（图5-7），内部空间设置有火塘、中柱（图5-8）、祭坛（图5-9），祭坛上方还悬挂着一头老鹰的雕像（图5-10），但在毕

图5-7 毕摩家门口的牛头标志

图5-8 毕摩家内的空间设置：火塘、中柱

图5-9 毕摩家内的祭坛

图5-10 祭坛上老鹰的雕像

摩家旁的餐厅却不再是传统建筑样式，尽管装饰构件和艺术也延续了彝族特色，结构却是青砖瓦顶、白墙的仿汉土木混合结构。

彝人古镇内的大部分建筑虽然采用的是抬梁式构架方式，然因材料多用钢筋混凝土立柱和横梁组合而成梁架系统，使立柱成为了承重结构，而墙壁不再承重，只起到围护的作用。

（2）现代化营建技术制造仿汉风格。在彝人古镇中类似斗拱、屋顶的建造，采用的是现代营造技术，借鉴的中国古代汉族的建筑技艺，用短木和斗形方木纵横交叠后形成向外悬挑的斗拱，成为立柱和横梁之间的装饰构件，使得建筑的标志性构件——屋檐富有层次感，出挑体量增大，可遮挡太阳、保护梁架，增强了实用性，如城门楼、牌坊、六祖庙等，增加了景观的可视性和美感。屋顶呈多种样式，造型丰富。重要的建筑群，如庙会、戏台等，更加注重屋檐的造型，通过曲檐、曲坡、曲脊等表现以曲为美的古代建筑意蕴，使屋面呈动态的几何形态，从而构成一个立体、多样的空间曲态体系。

（3）建筑主题与功能相分离。彝人部落里供奉着天地君亲师[1]的牌位与摆放供桌的堂屋，现已用作餐厅。土司府是少数民族地区地方统治者所在机构，现成为××房地产开发项目售楼部。高氏相府本是高家的府宅，前院为宴客厅和宗祠，后院为家宴举办的地方，展示的是彝族大户人家的官宅文化，现在已成为专门包办婚礼和宴会的餐厅。彝家公社也成为销售服饰的商铺。

单体空间设置以功能性为主导。无论是大型建筑，如相国府，还是小型的建筑，如客栈、酒吧、歌厅等，均采用大空间格调。室内多用槅扇、门罩、屏风等隔断，方便拆移、安装，能随时改变空间格局，适应于需求。庭院作为室内空间的延伸，也放上桌椅等设施，供人休憩。

（4）装饰的着重与强调。在彝人古镇利用各种可视的元素对建筑进行修饰，以增强彝族的文化特色，如壁画的大量绘制，这在传统建筑中是不多见的。建筑细部纹饰的使用也很突出，采用了很多装饰符号，但符号出现简易化倾向，如原来表现图案的雕刻转变为平面彩绘，色彩也发生了很大的改变。

装饰手法一：大量采用壁画。进入彝人部落便会看到各式各样的壁画，传统的彝族建筑壁画的绘制并不是很突出，现如今频繁出现的壁画似乎在有意传达彝族文化的信息，如虎图腾图案、牛头图案，彝族妇女盛装图，反映神话、民俗、历史的图案（图5-11～图5-14）。

装饰手法二：细部纹饰的运用（图5-15、图5-16）。最常见的纹样有锯齿形、圆形、卷草纹、连续的四方连纹（万字形，与佛教相

---

〔1〕 天地君亲师为中国儒家祭祀的对象，多设一天地君亲师牌位或条幅供奉于中堂。为古代祭天地、祭祖、祭圣贤等民间祭祀的综合。

图 5-11　壁画：抢婚[1]

图 5-12　壁画：天台求水[2]

图 5-13　壁画：猎人射鹿图[3]

图 5-14　壁画：无题

关），牛、羊等木雕装饰也较为普遍。彝人古镇建筑十分注重从装饰细部体现彝族特色，在门面、门头、门楣等部位都融入了彝族的装饰元素，但装饰风格具有简易化倾向。

装饰手法三：色彩的炫目化。彝族喜用红、黄、黑三色，整体色

---

〔1〕　抢婚是彝族人民的一种传统习俗。

〔2〕　天台求水：三国时期，诸葛亮南征到达茅州（今楚雄牟定县）。在此过程中将士因哑泉而不能言，最后饮用楚雄牟定天台泉水得以获救。

〔3〕　云南彝族主要部落支系的口述及其相关文学中经常出现麝香鹿的形象。彝族创世史诗《梅葛（Meige）》中"狩猎与畜牧"一节，写到猎人围捕鹿的场景："鹿子跑出来，/阿赌拼命追／从山头到山脚／从河头到河尾／追过一山又一山／追过一林又一林／追到大河边。"

图 5-15　彝族建筑纹饰（1）

图 5-16　彝族建筑纹饰（2）

调相对暗沉和稳重。在彝人古镇中，突破了三色，增加了蓝、绿、金等颜色，让原来呈暗色调的色系变得明亮鲜艳，整个建筑物更加炫目辉煌，这也符合了景观的可视性法则，能吸引人的注意力。

从上述建筑艺术样式可以看到，彝族建筑外观与传统建筑相比得到较为完整的保留，但从材料选取、技术运用、内部空间设置及用途方面来看都发生了很大改变，多以功能性为主导方向。装饰的运用上，采用了多种装饰元素和符号进行修饰，符号的使用已脱离原来的文化语境，变成一种为了展示而展示的物件，装饰符号倾向简易化和程式化。另外，从量上来看，传统建筑总体数量较少，彝族多种风格的建筑并没有得到全面的体现，因此很难展现彝族悠久的建筑历史文化。

除了仿彝族的传统建筑以外，彝人古镇中一些建筑还模仿了江南、大理以及丽江等地的建筑风格。古镇水体主要是桃花溪，溪上置有小桥、假山、戏台等。为了营造小桥流水的氛围，还借用了丽江和江南特有的水景符号。水景本并不为彝族所特有，借用于此的目的是为了打造"清明上河图"主题街区，事实证明这样的做法也确实带来了一定的经济效益。调查显示，当地人对水景特别喜欢，他们到彝人古镇就是为了在临水的地方休闲一下，达到身心的最大化放松。

在颇具江南风格的建筑（图 5-17）中，设计者为了让游客不忘彝人古镇的标签，在其中还添加了一些彝族文化元素，如悬挂的牛头、悬鱼，以及斗拱、封檐、门楣上的纹样装饰，虽然出现频率不高，但也时时提醒着游人这里是彝族文化的主题古镇。

除了移植异文化建筑景观，现代建筑景观也开始介入彝人古镇（图 5-18）。一座座摩天大楼竟然出现其中，其建筑突兀的高度，貌似一个个的"怪物"，与古镇内整体建筑风貌和街巷比例很不协调。

在开发商、地方经济双赢的局面下，对于古镇的建筑风格来说，自然会呈现以消费为主导的规划愿景。彝人古镇中所有临街建筑都是

图 5-17 彝人古镇的江南风格景观

图 5-18 彝人古镇里的现代建筑景观

（周仲伟，2012. 云南楚雄"彝人古镇"旅游景观价值研究［D］. 昆明：昆明理工大学.）

商住一体的独栋别墅，呈现一楼店铺、二楼居住的模式。四合院的建造虽依循了中国传统四合院的基本特征，但与传统四合院注重礼仪功能、居住习俗不同的是，为了能使游客更方便地行走和扩大居住空间，各房之间采用抄手游廊相连，不必经过中间的院落，院落面积相应减小，房间数量得以扩充，远多于传统的四合院。空间形态也出现变形，并不必以方正为主，而是依照地形随意而为之。

彝人古镇建筑景观，是后现代旅游情境中去差异化的表现，这种去差异化、同质化的现象背后是碎片化的趋势。

三、符号消费空间与仿古建筑构形的利益联袂

彝人古镇建成至今，所取得的旅游声誉及经济效益都是很可观的，赞美之文和溢美之词不绝于耳。但是，也有一些质疑的声音，如彝人古镇景观是否真正仿古？彝族文化是否缺失？彝人古镇是近几年来中国各地兴建仿古镇现象的一个缩影，同时也是建筑景观艺术构形空间生产的一个典型案例。在被消费空间充斥的当代社会，每一个地方都面临着失去"原境"的危机，民族文化的逐渐丧失也成了无法回避的境遇，这也正反映出当代建筑景观艺术建设当中普遍存在的困境与难题。

比之前文所述的狂欢空间和文本空间，符号消费空间是一个没有本原、完全虚构的空间。这个空间被开发商购买之后，其最终结果是被当作商品进行分割出售、出租，无论是楼盘还是商铺，概莫能外。消费主义的逻辑最为关心的是商品出售前的符号化表征，即采用广告对其进行品牌化包装。空间商品化之后，其符号价值居于首位，实用功能却退居到次要位置。

仿古镇的建立实质上就是一个建筑景观符号化的过程。后工业社会来临以后，全球化、时空压缩等趋势使得人们的社会生活全面趋于同质化，城市变得千城一面，缺乏生机，资本的运作也变得举步维艰。后工业城市有着与工业时代完全不同的运行方式，即不再以发展实业为核心和动力，而转向企业化的立场，实质在于创造一种有利于资本积累的合适环境。地方[1]作为一种空间，成为用来生产和消费的产品，它的身份和价值被设计出来加以推销。西方国家自20世纪中后期便开始了地方的商品化过程，中国在21世纪初也开始了类似的征程。因此，作为城市改造的一个切面——仿古镇开发，是建筑景观空间商品化过程中的一个写照。仿古镇开发的目的是用"古意"来加大自己的知名度，提高象征资本[2]，继而获得经济利益。

提高象征资本的途径是什么？法国哲学家皮埃尔·布尔迪厄认为文化是重要的手段，文化已成为消费的主要动力，文化同样是商品经济竞争的关键要素。全球化席卷着每一个地方，每一个城市都不得不面临这样的困境：对全球化的依赖性越来越大，要想从中颖脱而出，具有竞争实力，就要获得全球化的认证。文化空间的构建能帮助一个城市成为独一无二的个体，从而获得最大范围的认同，并带动经济的

---

[1] 地方是人类学上的一个概念，指一个空间概念，具有情境性，人们在此空间中形成特定的民俗文化和知识等。
[2] 在皮埃尔·布尔迪厄的研究中，象征资本即社会资本和文化资本。

・227・

发展。彝人古镇的制造逻辑也显示了这条思路：地方文化＝民族文化＝象征资本，要提高知名度就必须发展地方文化，地方文化最为突出的是彝族文化，彝族文化是楚雄地区被大众熟知并认可的象征资本。象征资本建立的最佳途径是景观，景观成为文化得以展开的空间表达。正如美国学者 W. J. T. 米切尔所说，风景是以文化为媒介的自然景色。它既是再现的又是呈现的空间，既是能指又是所指，既是框架又是内涵，既是真实的地方又是拟境，既是包装又是包装起来的商品（W. J. T. 米切尔，2014）。

仿古镇的再地方化，也即符号化过程，包括：符号创制—符号推广—符号消费三个阶段。

符号创制依据是"古"的建筑聚落（古城镇）及其所蕴含的文化（包含的文化事项），这是对地方的一种再定义。仿古镇开发是建立在再地方化基础之上的，再地方化，是通过地方性的再生产、地方传统的发明和新景观的制造等形式得以实现。通过再地方化，景观获得了诗意的重建，使作为消费品的景观呈现出反消费的特征，从而延续了消费主义的逻辑。再地方化意在重新恢复地方传统，以防止本土文化的流失，将地方特色在空间上充分表现出来。

彝人古镇的景观建设、符号创制依据来源于大理国时期德江城旧址的一段史实，谁也无法考证，但也不能辩驳。民族文化恢复则依托于历史悠久的彝族文化，用"彝人古镇"来冠名，自然要对彝人（彝族）特色有所表现。除了对大理国德江城史料的挖掘和复现外，长期以来一直存在于民众话语中对彝族文化的想象也成为建构当地民族特色的重要参照系。

建筑作为景观中最能体现文化意象、历史、符号、权力的载体，当然成为景观塑造的重点。彝人古镇的建筑主要分为两类：一类是彝族本土建筑；另一类是仿江南风格的外来式建筑。

彝族本土建筑侧重于对传统符号的采纳与运用，传统符号包括：①传统建筑形式：茅草房、垛木房、闪片房、土掌房、瓦顶土掌房；②空间布局：一字形、曲尺形；③装饰：牛羊头虎纹样，日、月、鸟、兽等图案；④颜色：黑红黄三色等传统符号的采用和展现。在建造过程中，传统符号全盘采用，建筑外观尽量保持传统样式，但内部构造为了满足展演、游览需求，采用了现代化的功能分区方法。在古镇整体景观规划中，东西南北四座标志性城楼、轴线的确立，街道的网格状划分无不彰显着汉文化的景观构造视角和现代景观规划的方法。由此可以看到景观制造者的多重目标：一方面，想通过建立代表彝族文化的建筑景观来增加地方的象征资本，从而使地方被他者认可；另一方面，仿汉空间布局象征着的汉文化在彝人古镇中依然处于主导地位，在本地人心目中形成另一重文化认同。

另一类仿江南风格的合院式建筑，反映的是江南建筑文化与本地之间的渊源关系，同时也表现出一种文化建构的倾向，即认为江南的文化传统有很多值得学习的地方。通过建筑形式的借鉴挪用，丰富了古镇景观类型，同时也能够吸引到不同层面的游客。

另外，商业空间、娱乐空间、国际文化交流空间的开发，意味着彝人古镇的再地方化除了表现为民族化外，还包括了都市化和国际化层面。

显而易见，各种追求民族特色的策略与安排都是为发展地方经济的目的而服务。再地方化除了考虑最大可能恢复彝族传统文化外，还须想到其他问题。因此，在再地方化开发过程中，通过把彝人景观与诸多外来景观意象进行融合，才能达到获取象征资本的目的。

经过空间的符号化创制阶段后，一个新的空间应运而生。接下来，资本开发的重点便是将此空间意义编码后投入符号消费市场中，进行推广。从大量的媒体报道作、广告宣传可以看到这一点。人们在空间中进行消费，其实质是对景观符号的消费与占有，同时，作为在场者，人们也利用自身独特的审美能力，参与到对空间的重构过程中。

消费主义的迅速增长，使得景观不再是人居生存环境，而变为消费符号，景观项目也因此成为流水线批量生产的商品，即便是再三标榜为独一无二的景观，也只不过是拿来主义的典范。正如彝人古镇显示的那样，在中国，众多的仿古景观建设项目正充斥着每一个可能的角落，例如，"唐风一条街"、"明清一条街"和各类"古镇"。怀古文化已然成为消费的主要动力，对地方历史的挖掘也成为提升文化资本及树立地方形象的有效途径。

观之这样的现象，其背后隐藏的不是狂欢的盛宴，反而是深深的焦虑。这是一种"焦饰的欢颜"，一种从内在的发展焦虑情境中乔扮出来的欢颜，一种焦虑地希冀进入全球化的流动空间的热切企图（杨宇振，2010）。

景观已演变为一种被观看、被消费的商品，已由深度化沦为平面化，已由当地人的居住空间变为"虚无空间"。景观艺术复制化、单向度的存在，其目的在于制造幻象吸引观者的注目。仿古镇由于"古"的根基——文化传统的缺失，极易导致文化的"空心化"，从而形成全国范围内"古镇"同质化的局面，进一步造成资本的失效。

观之一些景观建造成功案例，无不是在空间意义的开发和营造方面做出了很多努力。当代城市空间的开发重要的是如何为空间寻找一个确定的意义，空间意义指的是空间作为功能性场所的定位所传达出的一种观念。假如将空间看作城市当中的一种符号，那么由建筑所构成的物理外形，必然是它的能指，而它的功能却恰恰是它的所指。这里的"功能"应当从两个方面来理解，即一方面是空间的实际功能，而另一方面则是空间功能所传达出的意义，这种意义受到空间实际功能的影响。

最典型的案例为全球闻名遐迩的迪士尼乐园。迪士尼乐园塑造了很多主题园区，追求让每块木头、每块石头充满故事。迪士尼乐园最吸引人的地方就是创造了一个童话般的世界，让人仿佛回到童年，找到童真的乐趣。从建筑模式、节目表演、节日体验各方面，都能让人找到深度参与的感觉。在此，前台和后台融为一体。这样一个超级虚拟空间，模仿童话世界创造了一个人间乐园，堪称空间生产的一个奇迹。

再如上海的田子坊，艺术家们看中了它独具特色的建筑结构和极具生活气息的老上海市井氛围，进驻之后主动参与了对空间的改造。很快，田子坊就由一个濒临破败的后工业时代空间景观与具有地方特色的市井文化的混合物，转变为一个艺术家聚集的颇具理想特色的乌托邦空间，空间的文化内涵逐渐被建立，空间也因而成为消费品，其商业价值在不断攀升，越来越多的商业户跟风而至，挤占了原有的艺术家的创作空间，最后，空间仅剩下被消费的意义。

从诸多案例可以总结，符号消费空间的建立，仅是符号的运用、建筑构形的模仿是远远不够的，如何在空间开发过程中既创造出独特的空间意义而复活一个历史性的街区，又能够在商业气息与文化气质之间保持良性的张力互动，是我们亟须思考的问题。在进行消费符号空间的设计时，应注重当地人对生存环境的体验、记忆与认同，探究当地人或外来者对景观的独特理解、感知、想象和实践方式，从而认知不同地方、不同历史、不同文化形成的不同景观特征，并立足于人文景观的发掘，探求建筑景观艺术的商业与文化潜能，创造出具有意义的符号消费空间。

参 考 文 献

阿莱达·阿斯曼，2016. 回忆空间：文化记忆的形式和变迁 [M]. 潘璐，译. 北京：北京大学出版社.

阿摩斯·拉普卜特，2007. 宅形与文化 [M]. 常青，徐菁，李颖春，等译. 北京：中国建筑工业出版社.

阿诺德·柏林特，2006. 生活在景观中：走向一种环境美学 [M]. 陈盼，译. 长沙：湖南科学技术出版社.

阿斯特莉特·埃尔，冯亚琳，2012. 文化记忆理论读本 [M]. 余传玲，等译. 北京：北京大学出版社.

艾自修，1986. 重修邓川州志：卷十二·祠祀志 [M]. 王云，校勘. 大理：洱源县志办公室.

安东尼·吉登斯，1998. 现代性与自我认同：现代晚期的自我与社会 [M]. 赵旭东，方文，译. 北京：生活·读书·新知三联书店.

安琪，2015. 从《南诏图传·祭柱图》看"南方佛国"的神话历史 [J]. 云南社会科学（1）.

奥斯瓦尔德·斯宾格勒，2006. 西方的没落 [M]. 吴琼，译. 上海：上海三联书店.

白馥兰，2006. 技术与性别：晚期帝制中国的权力经纬 [M]. 江湄，邓京力，译. 南京：江苏人民出版社.

白羲，白庚胜，2013. 西方纳西学论集 [C]. 北京：民族出版社.

白胤，2010. 转经道：藏传佛教建筑环境中的空间特征 [J]. 建筑与文化（1）.

包亚明，2003. 现代性与空间的生产 [M]. 上海：上海教育出版社.

包亚明，2006. 消费文化与城市空间的生产 [J]. 学术月刊（5）.

保罗·维瑞里欧，2008. 过度暴露的城市 [M] // 汪民安，陈永国，马海良. 城市文化读本. 北京：北京大学出版社.

鲍江，2008. 象征的来历 [M]. 北京：民族出版社.

布莱恩·威尔逊，2005. 世俗化及其不满 [M] // 汪民安，陈永国，张云鹏. 现代性基本读本（下）. 开封：河南大学出版社.

布鲁诺·赛维，2006. 建筑空间论：如何品评建筑 [M]. 北京：中国建筑工业出版社.

曹逢甫，等，1983. 文馨当代英汉辞典 [M]. 台北：文馨出版社.

查尔斯·F. 孟彻理，1992. 根与骨：纳西传统空间结构中建筑体现的宇宙与社会的关系 [D]. 芝加哥：芝加哥大学.

常青，1992. 建筑人类学发凡 [J]. 建筑学报（5）.

常青，2010. 人类选择了宅形 [J]. 重庆建筑（6）.

常璩，2000. 华阳国志·南中志校注稿 [M]. 缪鸾和，校注. 昆明：云南大学西南古籍研究所.

陈文修，2002. 景泰云南图经志书校注 [M]. 李春龙，刘景毛，校注. 昆明：云南民族出版社.

寸云激，2015. 从"安龙奠土"仪式谈白族的土府神信仰 [J]. 大理大学学报（5）.

大番茄传媒机构，2003. 丽江的柔软时光 [M]. 昆明：云南人民出版社.

大卫·哈维，1996. 地理学中的解释 [M]. 高泳源，刘立华，蔡运龙，译. 北京：商务印书馆.

戴维·斯沃茨，2012. 文化与权力：布尔迪厄的社会学 [M]. 陶东风，译. 上海：上海译文出版社.

丹·扎哈维，高新民，徐瑞阳，2016. 意识的统一性与自我 [J]. 江海学刊（5）.

邓启耀，2015. 视觉人类学视阈下的空间意指 [J]. 民族艺术（3）.

杜巍，2008. 文化·宗教·民俗：首届中国佤族文化学术研讨会论文集 [C]. 昆明：云南大学出版社.

段炳昌，赵云芳，董秀团，2000. 多彩凝重的交响乐章：云南民族建筑 [M]. 昆明：云南教育出版社.

段伟菊，2004. 大树底下同乘凉：《祖荫下》重访与西镇人族群认同的变迁 [J]. 广西民族学院学报（人文社科版）（1）.

段义孚，2017. 空间与地方：经验的视角 [M]. 王志标，译. 北京：中国人民大学出版社.

段玉明，2001. 西南寺庙文化 [M]. 昆明：云南教育出版社.

恩斯特·卡西尔，1992. 神话思维 [M]. 黄龙保，周振选，译. 北京：中国社会科学出版社.

樊绰，1962. 蛮书校注 [M]. 向达，校注. 北京：中华书局.

冯智明，2013. 人类学仪式研究的空间转向：以瑶族送鬼仪式中人、自然与宇宙的关系建构为例［J］. 广西师范大学学报（哲学社会科学版）（1）.

夫巴，1999. 千古奇人生命的最后旅程：徐霞客与丽江［M］. 昆明：云南民族出版社.

弗雷德里克·巴斯，2014. 族群与边界：文化差异下的社会组织［M］. 李丽琴，译. 北京：商务印书馆.

付爱民，范琛，2009. 沧源岩画出人葫芦图形与佤族《司岗里》神话的比较［C］// 那金华，中国佤族"司岗里"与传统文化学术研讨会论文集. 昆明：云南人民出版社.

高歌，2015. 云冈石窟楼阁式中心柱的涅槃象征［J］. 文博（2）.

格勒，1984. 论藏族本教的神［C］// 中国西南民族研究学会编辑组. 藏族学术讨论会论文集. 拉萨：西藏人民出版社.

葛荣玲，2014a. 景观人类学的概念、范畴与意义［J］. 国外社会科学（4）.

葛荣玲，2014b. 景观的生产：一个西南屯堡村落旅游开发十年［M］. 北京：北京大学出版社.

顾彼得，2007. 被遗忘的王国［M］. 李茂春，译. 昆明：云南人民出版社.

关昕，2007. 文化空间：节日与社会生活的公共性［J］. 民俗研究（2）.

桂榕，吕宛青，2013. 符号表征与主客同位景观：民族文化旅游空间的一种后现代性：以"彝人古镇"为例［J］. 旅游科学（3）.

郭东风，1996. 彝族建筑文化探源［M］. 昆明：云南人民出版社.

郭华瞻，2011. 民俗学视野下的祠庙建筑研究：以明清山西为中心［D］. 天津：天津大学.

郭净，2010. 朝圣者：雪山笔记之一［J］. 书城（8）.

郭净，2015. 转山与中阴救度［J］. 中国民族（10）.

郭松年，1986. 大理行记校注［M］. 王叔武，校注. 昆明：云南民族出版社.

国学整理社，1935. 十三经注疏［M］. 上海：世界书局.

哈罗德·D. 拉斯韦尔，2003. 世界大战中的宣传技巧［M］. 张洁，田青，译. 北京：中国人民大学出版社.

汉斯·格奥尔格·伽达默尔，2013. 诠释学 I：真理与方法［M］. 洪汉鼎，译. 北京：商务印书馆.

河合洋尚，2013. 景观人类学视角下的客家建筑与文化遗产保护［J］. 学术研究（4）.

河合洋尚，周星，2015. 景观人类学的动向和视野［J］. 广西民族大学学报（哲学社会科学版）（4）.

贺明辉，2010. 罗婺故土满眼春：写在武定县城旧城改造狮山大道开工之际［N］. 楚雄日报（9）.

胡海霞，2010. 凝视，还是对话：对游客凝视理论的反思［M］. 旅游学刊（10）.

华瑞·索南才让，2002. 中国佛塔［M］. 西宁：青海人民出版社.

黄公渚，1936. 周礼［M］. 上海：商务印书馆.

黄凌江，刘超群，2010. 西藏传统建筑空间与宗教文化的意象关系［J］. 华中建筑（5）.

季富政，1997. 羌族建筑随想三题［J］. 中外建筑（3）.

简·雅各布斯，2005. 美国大城市的死与生［M］. 金衡山，译. 南京：译林出版社.

蒋洪新，李春长，2014. 庞德研究文集［M］. 南京：译林出版社.

居伊·德波，2017. 景观社会［M］. 张新木，译. 南京：南京大学出版社.

卡尔·古斯塔夫·荣格，2011. 原型与集体无意识［M］. 徐德林，译. 北京：国际文化出版公司.

凯文·林奇，2001. 城市意象［M］. 方益萍，何晓军，译. 北京：华夏出版社.

阚勇，1981. 云南宾川白羊村遗址［J］. 考古学报（3）.

勒内·韦勒克，奥斯汀·沃伦，2005. 文学理论［M］. 刘象愚，邢培明，陈圣生，等译. 南京：江苏教育出版社.

黎志添，曹本治，邹婧，等，2009. 宗教学与仪式研究［J］. 大音（1）.

李新伟，马萧林，杨海青，2005. 河南灵宝市西坡遗址发现一座仰韶文化中期特大房址［J］. 考古（3）.

立强，1998. 周易·系辞上传［M］. 北京：宗教文化出版社.

丽江县县志编委会办公室，1991. 丽江府志略［M］. 丽江：丽江县县志编委会办公室.

连瑞枝，2007. 隐藏的祖先：妙香国的传说和社会［M］. 北京：生活·读书·新知三联书店.

梁思成，1981. 清式营造则例［M］. 北京：中国建筑工业出版社.

梁永佳，2005. 地域的等级：一个大理村镇的仪式与文化［M］. 北京：社会科学文献出版社.

梁永佳，2006. 作为本土知识的仪式空间：以大理喜洲为例［J］. 中南民族大学学报（人文社会科学版）（2）.

梁永佳，2008. 象征在别处［M］. 北京：民族出版社.

林广思，2006. 景观词义的演变与辨析（1）［J］. 中国园林（6）

刘敦桢，1980. 中国古代建筑史［M］. 北京：中国建筑工业出版社.

刘敦桢，2004. 中国住宅概说［M］. 天津：百花文艺出版社.

刘军瑞，林青，周燕来，2009. 拉萨老城区贵族府邸空间解析［J］. 南方建筑（9）.

刘临安，1997. 中国古代建筑的纵向构架［J］. 文物（6）.

刘尧汉，卢央，1986. 文明中国的彝族十月历［M］. 昆明：云南人民出版社.

刘正爱，2016. 景观意味着什么：从河合洋尚《景观人类学的课题》谈起［J］. 广西民族大学学
　　报（1）.

刘致平，1996. 云南一颗印［J］. 华中建筑（3）.

鲁道夫·阿恩海姆，1998. 艺术与视知觉［M］. 滕守尧，朱疆源，译. 成都：四川人民出版社.

鲁品越，2012. 当代文化空间的转型［J］. 学术月刊（11）.

陆泓，王筱春，朱彤，2004. 云南西盟大马撒佤族传统建筑文化地理研究［J］. 云南师范大学学
　　报（哲学社会科学版）（3）.

罗哲文，1985. 中国古塔［M］. 北京：文物出版社.

马健雄，2017. 明代的赵州与铁索箐：滇西以"坝子"为中心的地理环境与族群建构［J］. 大理
　　民族文化研究论丛（5）.

马里奥·佩尔尼奥拉，2006. 仪式思维：性、死亡和世界［M］. 吕捷，译. 北京：商务印书馆.

迈克·克朗，2005. 文化地理学［M］. 杨淑华，宋慧敏，译. 南京：南京大学出版社.

弥渡县文联，弥渡县档案馆，2013. 弥渡县志稿［M］. 大理：弥渡县文联，弥渡县档案馆.

米歇尔·福柯，2003. 规训与惩罚：监狱的诞生［M］. 4版. 刘北成，杨远婴，译. 北京：生活·
　　读书·新知三联书店.

莫里斯·梅洛·庞蒂，2001. 知觉现象学［M］. 姜志辉，译. 北京：商务印书馆.

莫里斯·梅洛·庞蒂，2010. 行为的结构［M］. 杨大春，张尧均，译. 北京：商务印书馆.

宁晓萌，2006. 空间性与身体性：海德格尔与梅洛庞蒂在对"空间性"的生存论解说上的分歧
　　［J］. 首都师范大学学报（社会科学版）（6）.

潘力，2009. 间：日本艺术中独特的时空观［J］. 美术观察（1）.

彭兆荣，肖坤冰，2008. 人类学与"遗产"研究［J］. 西北第二民族学院学报（哲学社会科学版）
　　（5）.

覃莉，王星星，2018. 消解与重构：土家族吊脚楼的表征性空间与空间实践的互动性研究［J］.
　　原生态民族文化学刊（3）.

让·波德里亚，2000. 消费社会［M］. 刘成富，全志钢，译. 南京：南京大学出版社.

单军，铁雷，2011. 云南藏族民居空间图式研究［J］. 住区（6）.

申波，2010. 大理古戏台的文化学意义［J］. 云南民族大学学报（哲学社会科学版），27（1）.

沈克宁，2006. 重温类型学［J］. 建筑师（6）.

史蒂文·布拉萨，2008. 景观美学［M］. 彭锋，译. 北京：北京大学出版社.

史继忠，1986. 瑶山的房屋建筑［J］. 贵州民族学院学报（哲学社会科学版）（3）.

舒家骅，何永福，1993. 大理密教文化［J］. 大理大学学报（1）.

司马迁，1995. 史记［M］. 延吉：延边人民出版社.

斯蒂芬·迈尔斯，2013. 消费空间［M］. 孙民乐，译. 南京：江苏教育出版社.

斯图尔特·霍尔，2003. 表征：文化表象与意指实践［M］. 徐亮，陆兴华，译. 北京：商务印书馆.

斯心直，1992. 西南民族建筑研究［M］. 昆明：云南教育出版社.

孙筱祥，2005. 国际现代 Landscape Architecture 和 Landscape Planning 学科与专业"正名"问题
　　［J］. 风景园林（3）.

陶立璠，2003. 民俗学［M］. 北京：学苑出版社.

瓦尔特·本雅明，2015. 单向街［M］. 陶林，译. 南京：江苏凤凰文艺出版社.

汪宁生，1985. 云南沧源崖画的发现与研究［M］. 北京：文物出版社.

王炳社，2009. 意象、象征与隐喻艺术思维［J］. 电影文学（24）.

王东杰，2008. "乡神"的建构与重构：方志所见清代四川地区移民会馆崇祀中的地域认同［J］.
　　历史研究（2）.

王贵祥，2006. 东西方的建筑空间：传统中国与中世纪西方建筑的文化阐释［M］. 天津：百花
　　文艺出版社.

王丽珠，1995. 彝族祖先崇拜研究［M］. 昆明：云南人民出版社.

王鲁民，吕诗佳，2013. 建构丽江：秩序·形态·方法［M］. 北京：生活·读书·新知三联书店.

王明珂，2006. 华夏边缘：历史记忆与族群认同［M］. 北京：社会科学文献出版社.

王宁，2002. 汉字构形学讲座［M］. 上海：上海教育出版社.

王胜华，2008. 云南古戏台的分类与价值［J］. 云南艺术学院学报（4）.

王思任，1936. 王季重十种［M］. 上海：上海杂志公司.

王斯福，2009. 帝国的隐喻：中国民间宗教［M］. 赵旭东，译. 南京：江苏人民出版社.

王卓，2016. 庞德《诗章》中的纳西王国［J］. 外国文学研究（4）.

维克多·特纳，2006. 象征之林：恩登布人仪式散论［M］. 北京：商务印书馆.

魏明德，2001. 佤族文化史［M］. 昆明：云南民族出版社.

温迪·J. 达比，2011. 风景与认同：英国民族与阶级地理［M］. 张箭飞，赵红英，译. 南京：
    译林出版社.

乌丙安，2009.《孟姜女传说》口头遗产及其文化空间：国家级非物质文化遗产《孟姜女传说》
    评述［J］. 民俗研究（3）.

巫鸿，2005. 礼仪中的美术：巫鸿中国古代美术史文集［M］. 郑岩，等译. 北京：生活·读书·
    新知三联书店.

巫鸿，2006. "明器"的理论和实践：战国时期礼仪美术中的观念化倾向［J］. 文物（6）.

巫鸿，2008. 中国古代艺术与建筑中的"纪念碑性"［M］. 郑岩，李清泉，译. 上海：上海人民
    出版社.

巫鸿，2009. 时空中的美术：巫鸿中国美术史文编二集［M］. 北京：生活·读书·新知三联书店.

西奥多·C. 贝斯特，2008. 邻里东京［M］. 国云丹，译. 上海：上海译文出版社.

西蒙·沙玛，2013. 风景与记忆［M］. 胡淑陈，冯樨，译. 南京：译林出版社.

西盟佤族自治县文联，2009. 司岗里［M］. 昆明：云南人民出版社.

向云驹，2008. 论"文化空间"［J］. 中央民族大学学报（哲学社会科学版）（3）.

向云驹，2009. 再论"文化空间"：关于非物质文化遗产若干哲学问题之二［J］. 民间文化论坛
    （3）.

肖笃宁，2004. "景观"一词的翻译与解释［J］. 科技术语研究（2）.

肖旻，2002. 楼台与深院：试论古建筑群体构图方式的两种现象［J］. 华中建筑（3）.

徐宏祖，2006. 徐霞客游记（下）［M］. 北京：华夏出版社.

徐嘉瑞，2005. 大理古代文化史［M］. 昆明：云南人民出版社.

徐永利，2012. 外来密檐塔形态转译及其本土化研究［M］. 上海：同济大学出版社.

许烺光，2001. 祖荫下：中国乡村的亲属、人格与社会流动［M］. 王凡，徐隆德，译. 台北：
    南天书局有限公司.

玄奘，辩机，等，2007. 大唐西域记校注［M］. 季羡林，等校注. 北京：中华书局.

薛艺兵，2003. 对仪式现象的人类学解释（上）［J］. 广西民族研究（2）.

雅克·拉康，让·波德里亚，等，2005. 视觉文化的奇观：视觉文化总论［M］. 北京：中国人民
    大学出版社.

杨昌鸣，2004. 东南亚与中国西南少数民族建筑文化探析［M］. 天津：天津大学出版社.

杨大禹，朱良文，2009. 云南民居［M］. 北京：中国建筑工业出版社.

杨福泉，2008. 略论纳西族的生态伦理观［J］. 云南民族大学学报（25）.

杨甫旺，2007. 试论佤族火塘文化［J］. 文山师范高等专科学校学报（1）.

杨金鉴，2001. 鹤庆碑刻录录［C］. 大理：大理白族自治州南诏史研究会.

杨文辉，2010. 本主·村庄源流·凝聚力：关于白族本主信仰的一项个案研究［J］. 西南边疆民
    族研究（1）.

杨小彦，2007. 中国古代城市方形制度与等级空间关系初探［J］. 新美术（3）.

杨永生，王莉慧，2007. 建筑百家谈古论今：地域编［M］. 北京：中国建筑工业出版社.

杨宇振，2010. 焦饰的欢颜：全球流动空间中的中国城市美化［J］. 国际城市规划（1）.

杨政业，2000. 白族本主文化［M］. 昆明：云南人民出版社.

杨卓然，1982. "喜洲帮"的形成与发展［C］//中国人民政治协商会议云南省委员会文史资料研
    究委员会，云南文史资料选辑（第十六辑）. 昆明：云南人民出版社.

俞孔坚，1987. 论景观概念及其研究的发展［J］. 北京林业大学学报（4）.

俞孔坚，2006. 生存的艺术：定位当代景观设计学［J］. 景观设计（10）.

约翰·费斯克，2001. 理解大众文化［M］. 王晓珏，宋伟杰，译. 北京：中央编译出版社.

约瑟夫·洛克，1999. 中国西南古纳西王国［M］. 刘宗岳，译. 昆明：云南美术出版社.

云南省人民政府参事室，云南省文史研究馆，2002. 滇考校注［M］. 李孝友，徐文德，校注. 昆明：云南民族出版社.

云南省社会科学研究院宗教研究所，1999. 云南宗教史［M］. 昆明：云南人民出版社.

云南省武定县志编纂委员会，1990. 武定县志［M］. 天津：天津人民出版社.

曾晓泉，2013. 人神共存的境界：尼泊尔古宗教禾建筑空间文化赏析［M］. 设计艺术研究（3）.

詹姆士·斯科特，2016. 逃避统治的艺术：东南亚高地的无政府主义历史［M］. 王晓毅，译. 北京：生活·读书·新知三联书店.

詹姆斯·C. 斯科特，2012. 国家的视角：那些试图改善人类状况的项目是如何失败的［M］. 修订版. 北京：社会科学文献出版社.

詹姆斯·克利福德，乔治·E. 马库斯，2006. 写文化：民族志的诗学与政治学［M］. 高丙中，吴晓黎，李霞，译. 北京：商务印书馆.

张光直，1999. 中国青铜时代：二集［M］. 北京：生活·读书·新知三联书店.

张宏，2006. 中国古代住居与住居文化［M］. 武汉：湖北教育出版社.

张十庆，2007. 从建构思维看古代建筑结构的类型与演化［J］. 建筑师（2）.

张曙光，2010. 身体哲学：反身性、超越性和亲在性［J］. 学术月刊（10）.

赵沛曦，2009. 丽江藏传佛教的寺院及制度述论［J］. 楚雄师范学院学报（24）.

赵世瑜，2015. 从移民传说到地域认同：明清国家的形成［J］. 华东师范大学学报（哲学社会科学版）（4）.

赵玉中，2014a. 祖先历史的变奏：大理洱海地区一个村落的身份操演［M］. 昆明：云南大学出版社.

赵玉中，2014b. 民族文化的"本质化"建构：以白族知识精英有关"本主"崇拜的学术书写为例［J］. 中南民族大学学报（人文社会科学版）（2）.

赵志浩，2015. 《西藏生死书》对"中阴"的阐释［J］. 南昌师范学院学报（2）.

郑晓云，1992. 文化认同论［M］. 北京：中国社会科学出版社.

郑元者，1998a. 试论劳动说与模仿说的有效性问题［J］. 复旦学报（社会科学版）（3）.

郑元者，1998b. 艺术之根：艺术起源学引论［M］. 长沙：湖南教育出版社.

郑志明，2014. 传统小区文化的宇宙图式与神圣空间［J］. 民间文化论坛（3）.

周武忠，2009. 中国景观艺术研究现状及展望［J］. 艺术学界（2）.

周志强，2011. 景观化的中国：都市想象与都市异居者［J］. 文艺研究（4）.

朱狄，2007. 艺术起源［M］. 武汉：武汉大学出版社.

邹启山，2005. 联合国教科文组织人类口头和非物质遗产代表作申报指南［M］. 北京：文化艺术出版社.

最新高级英语词典修订版编委会，2005. 最新高级英汉辞典［M］. 北京：商务印书馆.

A. R. 拉德克利夫·布朗，2014. 原始社会结构与功能［M］. 潘姣，王贤海，刘文远，等译. 北京：中央民族大学出版社.

C. G. 荣格，2014. 荣格文集［M］. 申荷永，高岚，译. 吉林：长春出版社.

C. P. 费茨杰拉德，2006. 五华楼：关于云南大理民家的研究［M］. 刘晓峰，汪晖，译. 北京：民族出版社.

DAVID HARVEY, 2005. The Sociological and Geographical Imaginations [J]. Journal of Politics, Culture, and Society, 18 (3).

DEAN MACCANNELL, 2008. 旅游者：休闲阶层新论［M］. 张晓萍，译. 桂林：广西师范大学出版社.

EDWARD W. SOJA, 2005. 第三空间：去往洛杉矶和其他真实和想象地方的旅程［M］. 陆扬，刘佳林，朱志荣，译. 上海：上海教育出版社.

HENRI LEFEBVRE, 1991. The Production of Space [M]. Trans Donald Nicholson-smith, Oxford Blackwell Press.

JENNIFER BRADBERY VICTORIA Bull DIANA LEA, 2015. 牛津美式英汉词典［M］. 北京：商务印书馆.

JOHN URRY, 2009. 游客凝视［M］. 杨慧，赵玉中，王庆玲，等译. 桂林：广西师范大学出版社.

MARK GOTTDIENER, 2000. New Forms of Comsuption: Comsumer, Culture and commodification [J].

Lanham, MD: Rowman and Littlefield.

MICHAEL B, 2010. The Quest for Authenticity in Consumption: Consumers'Purposive Choice of Authentic Cues to Shape Experienced Outcomes [J]. Journal of Consumer Research, 36 (5).

MICHEL DE CERTEAU, 1988. The Practice of Everyday Life [M]. Berkeley: University of California Press.

PETER F. SMITH, 1977. Syntax of Cities [M]. London: Routledge.

PIERRE KLOSSOWSKI, 1997. Nietzsche and the Vicious circle [M]. translated by Daniel W. Smith. The university of Chicago Press.

POUND, EZRA, 1975. The Cantos [M]. London: Faber and Faber.

RICHARD SHUSTERMAN, 2008. Body Consciousness: A Philosophy of Mindfulness and Somaesthetics [M]. Cambridge: Cambridge University Press.

T. H. 黧黑, 1990. 心理学史: 心理学思想的主要趋势 [M]. 刘恩久, 宋月丽, 骆大森, 等译. 上海: 上海译文出版社.

URGEN Moltmann, 1996. The Coming of God: Christian Eschatology [M]. London: SCM Press.

W. J. T. 米切尔, 2014. 风景与权力 [M]. 杨丽, 万信琼, 译. 南京: 译林出版社.